**Polikarpov I-16 „Rata" eines sowjetischen
Jagdfliegerregiments 1942.**

Chronik der Jagdflugzeuge

Chronik der Jagdflugzeuge

HEEL

Impressum

HEEL Verlag GmbH
Gut Pottscheidt
53639 Königswinter
Tel.: 02223 9230-0
Fax: 02223 923026
E-Mail: info@heel-verlag.de
Internet: www.heel-verlag.de

Genehmigte Lizenzausgabe 2009
© Verlagsgruppe Weltbild GmbH, Augsburg
Veröffentlicht im Verlagsbereich Weltbild Sammler-Editionen, Augsburg

Umschlagfoto: © International Copyright for this image
is held by Philip Makanna/GHOST (www.ghosts.com)
Gestaltung: TIM Verlag, Daniel Jarczok
Druck: Polygraf Print spol s.r.o., Slowakische Republik

Printed in Slovakia

ISBN: 978-3-86852-207-5

– Inhaltsverzeichnis –

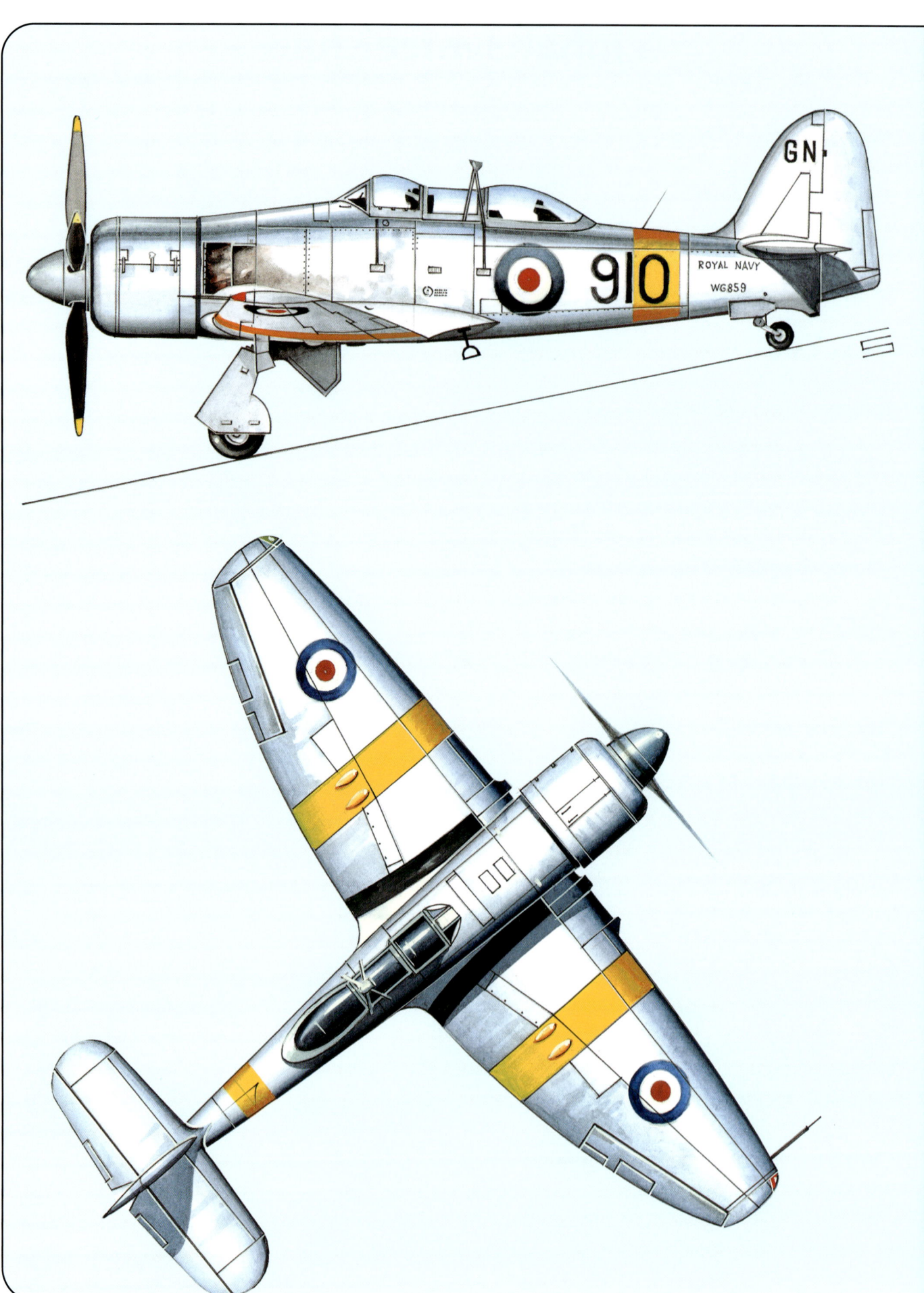

Hawker „Sea Fury" T-20
der Royal Navy

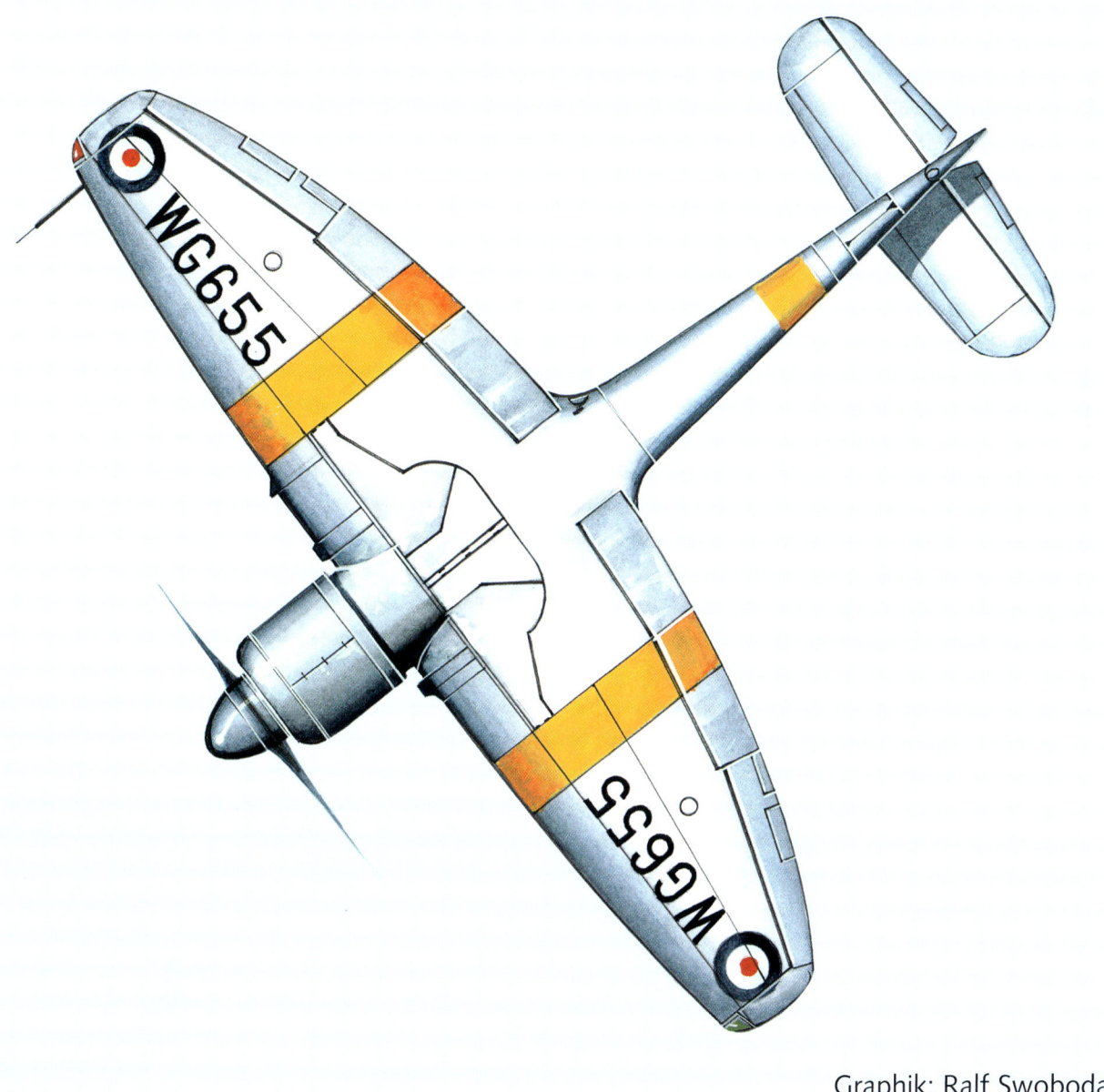

Graphik: Ralf Swoboda

■ Eine AEG G.IV, Werknummer 157/16, im Sommer 1917 auf einem Feldflugplatz.

Foto: Archiv Schmeelke

AEG G.IV (1916)

Die Allgemeine Elektrizitätsgesellschaft (AEG), Abteilung Flugzeugbau, in Berlin Henningsdorf, begann bereits im Jahr 1910 mit der Entwicklung und dem Bau von Flugzeugen. Zu Beginn des Jahres 1915 erschien der erste zweimotorige Bomber, zu dieser Zeit als K.I bezeichnet. Die Klassifizierung G = Großflugzeug wurde erst im Sommer 1915 eingeführt. Von diesem dreisitzigen Flugzeug, das von zwei 100 PS Mercedes-Motoren angetrieben wurde, setzte die deutsche Fliegertruppe nur 11 Maschinen ein. Noch während der Erprobung der AEG G.I wurde dieser Typ zur G.II weiterentwickelt. Diese erhielt als Antrieb zwei 150 PS Benz Bz.III Motoren und konnte eine Bombenlast von 200 kg tragen. Die Defensivbewaffnung bestand aus zwei beweglichen MG. Im Juni 1916 wurde die AEG G.III in Dienst gestellt, die mit zwei 220 PS Mercedes D.IV Motoren ausgerüstet war. Die Bombenladung betrug 300 kg. Im September 1916 absolvierte dann die AEG G.IV ihren Jungfernflug. Wie ihre Vorgänger war die G.IV wieder ein zweistieliger, verspannter Doppeldecker. Der rechteckige Stahlrohrrumpf mit flach gewölbter Decke erhielt im hinteren Teil eine Stoffbespannung, der vordere Teil eine Holzverkleidung und die Rumpfnase eine Blechverkleidung. Der Oberflügel bestand aus drei Teilen, hiervon war das Mittelteil ein fest aufgesetzter Baldachin mit flachem Kreisausschnitt. Die beiden Außenteile be-

■ Sieben 50-kg- und eine 100-kg-Bombe unter dem Rumpf einer AEG G.IV. Zur besseren Kühlung der Motoren wurden die Verkleidungen abgenommen.

Foto: Archiv Schmeelke

saßen eine leichte Pfeilform. Die unteren Flächen waren zweiteilig und hatten eine V-Form von 10°. Als Antrieb dienten zwei 260 PS Mercedes-Motoren mit Stirnkühlern und Zugpropellern, welche auf den Unterflügeln mit Stahlrohrstreben befestigt waren. Versuchsweise installierte man auch die Maybach Mb.IVa (245 PS) und Basse & Selve BuS.IVa (300 PS) Triebwerke. Letztlich blieben aber die Mercedes D.IV die Standardmotoren der AEG G.IV. Die Motorenverkleidungen bestanden aus Blech. Die Doppelradfahrwerke schlossen unter den Motorstreben an den unteren Flächen an. Als Bewaffnung erhielt die G.IV in der Regel zwei Parabellum MG, eines auf der Rumpfnase (A-Stand) und eines im Beobachterstand (B-Stand). Mit letzterem konnte der Beobachter durch eine Rumpföffnung auch nach unten feuern. Die Bomben (10 kg, 50 kg und 100 kg) beförderte man teils im mittleren Rumpfteil und als Außenlast unter dem Rumpf und den Flächen. Im April 1917 erreichten die ersten AEG G.IV die deutschen Bombereinheiten, den Kampfgeschwadern der Obersten Heeresleitung (Kagohl), später umformiert in Bombengeschwader der Obersten Heeresleitung (Bogohl). Hier setzte man die AEG G.IV als Kurzstreckenbomber bis ca. 700 km ein. Dabei flogen die Besatzungen, je nach Einsatz und Zuladung 2 - 4 Mann, oftmals mehrere Einsätze hintereinander.

Mit Zusatztanks ausgerüstet statt der Bombenzuladung, kam die AEG G.IV auch als Langstreckenbildaufklärer zum Einsatz. Im Herbst 1917 modifizierte man einige AEG G.IV zu einer dreistieligen Ausführung (G.IVb), mit einer auf 24 m vergrößerter Spannweite, um eine 1000 kg Bombe tragen zu kön-

nen. Außerdem stellte man noch einige G.IVk als Tiefangriffsflugzeug und zur Panzerabwehr, mit 2 cm Becker Kanonen ausgestattet, her. Letztere erhielten neben einem Kastenleitwerk auch eine Panzerung am Rumpfbug und an den Motorengondeln.

Insgesamt stellten die AEG Werke 320

Technische Daten	
AEG G.IV	
Spannweite:	18,40 m
Länge:	9,70 m
Höhe:	3,90 m
Rüstgewicht:	2400 kg
Zuladung:	1235 kg
Höchstgeschw.:	165 km/h
Flugzeit:	4,5 Std.
Dienstgipfelhöhe:	4500 m
Triebwerke (2):	Merc. D.IVa
Leistung:	je 260 PS
Bewaffnung:	2 x M14/17

■ Diese mit Bomben vollbeladene AEG G.IV wurde mit einem Haifischmaul bemalt. An der oberen Rumpfspitze erkennt man die Halterung für das Nachtzielgerät.

Foto: Archiv Schmeelke

■ Das letzte erhaltene Exemplar einer AEG G.IV steht heute im Luftfahrtmuseum Rockcliffe, Ontario, in Kanada.

Foto: Archiv Schmeelke

Flugzeuge vom Typ G.IV her. Bei Kriegsende, im November 1918, waren noch ca. 50 Maschinen im Einsatz. Nach dem Krieg baute man einige G.IV für den zivilen Einsatz als Passagier- und Postflugzeuge bei der Deutschen Luft-Reederei um.

Die Bemalung der AEG G.IV bestand anfänglich aus einer hellblauen Farbe auf den Unterseiten von Rumpf und Flächen. Der übrige Rumpf, die Motorverkleidungen, Radabdeckungen, Streben und die Flächenoberseiten wurden grün mit dunklen lila Flecken getarnt. Statt den lila Feldern wurde sehr wahr-

scheinlich bei einigen G.IV, deren Auslieferung vor dem 12. April 1917 erfolgte, rotbraune Farbe verwendet. Die Seriennummern trug man in Schwarz, später in Dunkelgrau auf.

Die späteren AEG G.IV erhielten einen Tarnanstrich aus regelmäßigen Sechsecken, deren Seitenlänge ca 45 cm betrug. Dabei verwendete man die Farben Dunkelblau, Dunkelgrün, Graublau und Dunkellila. Da diese Tarnfarbe in der Regel von Hand aufgetragen wurde, konnte ein einheitliches Schema oftmals nicht eingehalten werden. Ab Herbst 1917 bespannte man die

AEG Bomber mit einem aus fünf Farben bedruckten Nachttarnstoff. Dabei bestanden die unregelmäßigen Vielecke aus den Farben Graublau, Dunkelgrün, Dunkellila, Schwarzblau und einem dunklen Rosenrot. Die Metallteile, Streben und Radabdeckungen dieser Produktionsserie der AEG G.IV bemalten die Arbeiter mit einer dunklen graublauen Farbe. Teilweise übertrug man dieses Schema auch auf die Unterseiten von Rumpf und Tragflächen, um einen besseren Sichtschutz gegen die Erfassung gegnerischer Suchscheinwerfer zu erhalten.

■ Eine werksneue AEG G.IV mit hellblauer Unterseite und grün/lila Flecktarnung auf dem Rumpf.

Foto: Archiv Schmeelke

■ AEG G.IV mit der Werknummer 155/16 während der Typenprüfung in Adlershof im Januar 1917.　Foto: Archiv Schmeelke

■ Die Besatzung eines Bomben-
geschwaders mit 50 kg Bomben
vor einer AEG G.IV.
Diese heroischen Aufnahmen
waren in der Zeit des Ersten
Weltkrieges keine Seltenheit.
　　　Foto: Archiv Schmeelke

■ Blick in das Cockpit einer AEG
G.IV. Das Flugzeug wurde mit
einem Steuerrad geflogen.
　　　Foto: Archiv Schmeelke

■ Diese belgische Sopwith F.1 „Camel" mit der Seriennummer B5747 in den Farben der 11. Esquadrille blieb der Nachwelt erhalten.

Foto: Archiv Schmeelke

Sopwith F.1 „Camel" (1916)

Im Spätsommer 1916 entwarf das Entwicklungsteam der Sopwith Aviation Company T. Sopwith, F. Sigrist, H. Hawker, R. Ashfield und H. Smith den Jagdeinsitzer Sopwith F.1.

Ende Dezember 1916 wurde dieser Prototyp der Sopwith F.1, der bald den Beinamen „Camel" erhielt, auf dem Brooklands Airfield eingeflogen.

Nach erfolgreichen Testflügen während der Monate Januar und Februar 1917 wurden drei weitere Maschinen mit der Bezeichnung F.1/1 - 3 gebaut.

Ursprünglich von einem 130 PS Clerget 9B Umlaufmotor angetrieben, erhielt der Prototyp F.1/3 zu Testzwecken verschiedene Motoren, wie den 110 PS Le Rhone 9J und den 140 PS Clerget 9Bf. Diese Motoren wurden später auch bei den Serienmaschinen der Sopwith F.1 „Camel" verwendet.

Der Rumpf und die Flächen der „Camel" bestanden aus der üblichen Holzkonstruktion mit Leinwandbespannung.

Nur die Rumpfseiten in Höhe des Pi-lotensitzes erhielten eine Holzverkleidung. Das Rumpfvorderteil und die Motorabdeckung bestanden aus Blech. Als Bewaffnung erhielt die „Camel" in der Regel zwei Vickers MGs vor dem Cockpit.

Der Sopwith „Camel" Prototyp F.1/2 mit der Seriennummer N517 wurde im März 1917 dem Royal Naval Air Service in Dünkirchen zur Fronterprobung übergeben.

Die ersten Einsätze erfolgten ab Mai bei der 9 (N) Squadron. Später wurde die Maschine auch bei der 11. und 12. Naval Squadron eingesetzt, bevor sie am 20. August 1917 bei einer Bruch-

■ Werksneue Sopwith F.1 „Camel" im Sommer 1917.

Foto: Archiv Schmeelke

■ Am Strand von Zeebrügge zur Landung gezwungene Sopwith F.1 „Camel"
einer englischen Jagdstaffel.
Foto: Archiv Schmeelke

Technische Daten

Sopwith F.1 „Camel"

Spannweite	8,53 m
Länge	5,72 m
Rüstgewicht	659 kg
Höchstge-schwindigkeit	182 km/h
Flugdauer	2:30 h
Triebwerk	Clerget 9B
Leistung	130 PS
Besatzung	1
Bewaffnung	2 Vickers Mk. I Kal. 7,6 mm

landung vollkommen zerstört wurde. Anfang Juni 1917 erhielt die 4 (N) Squadron in Dünkirchen die ersten Serienflugzeuge aus der Sopwith F.1 „Camel"-Produktion. Den ersten Luftsieg über ein deutsches Flugzeug mit einer „Camel", Seriennummer N6347, erzielte Flight Commander Shook am 4.

Juni 1917 bei Nieuport vor der belgischen Küste. Der Hauptgrund, weshalb die 4 (N) Squadron als erste Einheit auf dem Festland den neuen Jäger erhielt, waren die deutschen Bombenangriffe auf England. Der Platz bei Dünkirchen lag direkt in der Anflugstrecke der deutschen Bomberstaffeln

von ihren Plätzen St. Denis und Gontrode auf ihrem Weg zur britischen Insel. Am 4. Juli kehrten 16 Gotha Bomber von einem Angriff auf die englische Seeflugstation Felixstowe zurück. Die in England gestarteten Jagdflugzeuge hatten die deutschen Bomber wegen schlechter Sichtver-

■ Sopwith F.1 „Camel" der 3. Squadron der RAF mit Bombenschlössern unter dem Rumpf.
Foto: Archiv Schmeelke

■ Diese Sopwith „Camel" mit dem Anstrich der 65. Squadron RAF steht heute im RAF Museum Hendon.　Foto: Archiv Schmeelke

hältnisse nicht gefunden, erst die Piloten der 4 (N) Squadron entdeckten die Gothas nordwestlich Ostende.

In dem darauffolgenden Luftkampf schossen Flight Commander Shook und Lt. Ellis mit ihren „Camels" je einen Bomber ab.

Anfang August hatten weitere Einheiten des Royal Naval Air Service ihre Sopwith „Triplanes" und „Strutter" gegen die „Camel" eingetauscht. Bald darauf folgten auch die 45. und 70. Squadron des Royal Flying Corps.

Bis August 1918 wurden insgesamt 19 Squadrons an der Westfront mit der Sopwith „Camel" ausgerüstet, außerdem kam das Flugzeug bei weiteren Einheiten in Italien und in der englischen Heimatverteidigung zum Einsatz. Mit vier 9 kg Cooper Bomben in einer speziellen Halterung unter dem Rumpf wurden die Sopwith „Camel" auch als Jagdbomber eingesetzt, erstmalig im September 1917 bei der Schlacht um Ypern.

Viele deutsche Asse fielen im Luftkampf gegen die Sopwith „Camel", so trafen am 15. September 1917 die „Camels" der 10 (N) Squadron bei Wervicq auf einen Fokker Dr. I.

Dieser wurde von dem deutschen Ass Olt. Kurt Wolff. (33 Luftsiege) geflogen. Nach einem kurzen, heftigen Luftkampf gelang es Flight Sub-Lieut-

■ Der 130 PS Clerget Motor der „Camel"　Foto: Archiv Schmeelke

nant MacGregor sich hinter den Fokker Dr. I zu setzen und ihn abzuschießen. Auch bei dem letzten Flug von Manfred von Richthofen am 21. April 1918 waren Sopwith „Camel" die Gegner. Captain Roy Brown von der 209 Squadron RAF wurde offiziell der Luftsieg über Richthofen zuerkannt, obwohl dieser nach genaueren Recherchen von australischer Bodenabwehr abgeschossen wurde.

Die Sopwith 2F.1 „Camel" wurde für den Einsatz auf Schiffen konzipiert. Sie wies einige konstruktive Veränderungen auf, darunter eine geringere Spannweite und als Antrieb diente ein Bentley BR1 Motor mit 150 PS Leistung.

Die Bewaffnung bestand meist aus einem oder zwei Lewis MGs, manchmal verwendete man auch je ein Vickers und Lewis MG. Bis Kriegsende waren Sopwith 2F.1 „Camel" an Bord von zwei Schlachtschiffen, fünf Flugzeugträgern und 26 Kreuzern stationiert. Neben der RAF verwendeten auch die Luftwaffen von Belgien, Australien, Kanada, USA, Polen, Griechenland und Rußland die Sopwith „Camel" teilweise bis in die späten 20er Jahre.

■ Motorblechverkleidung einer „Camel" mit seitlichen Hülsenauswurföffnungen.

Foto: Archiv Schmeelke

■ Rumpfheck einer „Camel" mit Seriennummer und Anweisung zum Anheben des Rumpfes.

Foto: Archiv Schmeelke

15

■ Pfalz D.III der Jasta 21. Neben der silbernen Werksbemalung erhielt das Flugzeug eine schwarze Rumpf- und Heckmarkierung als Identifikationsmerkmal für die Staffelzugehörigkeit.

Foto: Archiv Schmeelke

Pfalz D.IIIa (1917)

Ab Frühjahr 1917 begann man bei den Pfalz Flugzeugwerken in Speyer mit dem Bau eines einsitzigen Jagdflugzeuges, der Pfalz D.III.

Der Rumpf der Pfalz D.III bestand aus zwei ovalen Halbschalen, die in der sogenannten Wickelrumpfbauweise hergestellt wurden. Hierbei verleimte man dünne Sperrholzstreifen von ca. 9 cm Breite über eine Holzform. Diese Rumpfhälften, inklusive der Ansätze der unteren Flächen und des Höhenleitwerks, wurden nach dem Trocknen mit Sperrholzformspanten und Holzringen verstärkt und zusammengefügt, anschließend mit Stoff überzogen und mit Spannlack lackiert.

Die Tragflächen des Pfalz D.III bestanden jeweils aus zwei Holmen mit Sperrholzrippen und waren stoffbespannt. Als Antrieb diente ein 160 PS Mercedes D.III Motor.

Die Bewaffnung bestand aus zwei, im Rumpf integrierten, IMG 08/15 MG mit jeweils 500 Schuß Munition. Diese Anordnung erwies sich im Einsatz bald als nachteilig, da Ladehemmungen

während des Fluges nicht behoben werden konnten. Im August 1917 begann die Auslieferung von Pfalz D.III Jagdflugzeugen an die Front. Diese Zahl erhöhte sich auf 269 Maschinen bis zum Jahresende. Insgesamt wurden

ca. 350 Pfalz D.III Jäger hergestellt. Die Pfalz D.IIIa war eine Weiterentwicklung der D.III. Die auffälligste Änderung an der D.IIIa war die Position der beiden MG, die jetzt an der Rumpfoberseite vor dem Piloten befestigt

■ Werksneue Pfalz D.III mit der typischen silbernen Bemalung. Leider ist der Name des Piloten im Cockpit nicht bekannt.

Foto: Archiv Schmeelke

waren. So daß die Piloten bei dieser Anordnung die immer wieder auftretenden Ladehemmungen während des Luftkampfes in den meisten Fällen selbst beheben konnten. Außerdem war so eine leichtere Reinigung und Justierung der Waffen durch die Warte möglich. Eine weitere Änderung an der Konstruktion der D.IIIa war die stärkere Rundung der Flügelrandbögen. Diese Konstruktionsänderungen wurden noch während der letzten Produktionsserie der Pfalz D.III ab der Seriennummer 4165/17 eingeführt. Bis zur Nr. 4189/17 behielt man aber die Bezeichnung D.III bei. Erst ab der Seriennummer 4190/17 führte man die Bezeichnung D.IIIa ein.

Im November 1917 erreichten die ersten Pfalz D.IIIa Flugzeuge die Jagd-staffeln an der Front. Im Dezember des selben Jahres befanden sich schon 114 Flugzeuge dieses Typs im Einsatz und ersetzten nach und nach die Pfalz D.III. Im April 1918 waren 433 Pfalz D.IIIa im Fronteinsatz, bei nahezu allen Heeres- und Marinejagdstaffeln eingesetzt. Damit betrug der Anteil der D.IIIa ca. 25% aller Jagdflugzeuge, die sich im aktiven Einsatz befanden.

Die Pfalz D.IIIa erwies sich, wie der Vorgänger die D.III, als ein sehr stabiles Flugzeug, mit ihr konnten die Piloten steilere und schnellere Sturzflüge ausführen als mit den Albatros Jagdflugzeugen. Auch in der Wendigkeit stand sie diesen kaum nach.

Ab Sommer 1918 ersetzte man die Pfalz D.IIIa wiederum durch die Albatros D.Va und die Fokker D.VII

Technische Daten

Pfalz D.IIIa

Spannweite:	9,40 m
Höhe:	2,67 m
Länge:	6,95 m
Höchstgeschw.:	165 km/h
Leergewicht:	689,5 kg
Zuladung:	232 kg
Motor:	Mercedes D.III
Leistung:	160 PS
Gipfelhöhe:	ca. 5000 m
Bewaffnung:	2 IMG 08/15

und gab die Pfalz an die Flieger-Ersatz Abteilungen und Jastaschulen als Trainingsflugzeuge ab. Trotzdem befanden sich bei Kriegsende noch ca. 100 Pfalz D.IIIa im aktiven Einsatz an der Front, die als Kriegsbeute abgegeben wurden.

■ Diese Pfalz D.III einer Jagdfliegerschule wurde nach der Kapitulation Deutschlands und dem nachfolgenden Waffenstillstand im November 1918 als Reparationsleistung an die USA abgegeben.

Foto: Archiv Schmeelke

- Im Hintergrund einige Pfalz D.III der Jasta 10 im Herbst 1916. Im Vordergrund der legendäre Fokker Dr.I Dreidecker des Jagdfliegerasses Lt. Voss.   Foto: Archiv Schmeelke

- (Links) Eine Pfalz D.IIIa mit interessanter schwarz/weißer Bugmarkierung wird von einem Flugzeugwart zum Start vorbereitet.   Foto: Archiv Schmeelke

- (Rechts) Detailansicht eines Mercedes D.III Motors mit 160 PS Leistung, der unter anderem auch in der Pfalz D.IIIa eingebaut war.   Foto: Archiv Schmeelke

- Auch wenn die Qualität dieses Fotos sehr schlecht ist, Aufnahmen von legendären Pfalz-Piloten sind jedoch äußerst selten. Hier sehen wir Vizefeldwebel Holtzem von der Jasta 16b auf seiner Pfalz D.IIIa. Der legendäre Anstrich des Flugzeuges ist sehr schön zu erkennen.   Foto: Archiv Schmeelke

■ Eine Dornier Do Y mit dem Kennzeichen HB-GOF nach der Landung in Wien-Aspern.   Foto: Archiv Griehl

Dornier Do Y – Do 23 (1931)

Die Einführung des ersten Standardbombers für die im Entstehen begriffene Luftwaffe war relativ lang und vor allem dornenreich. Sie führte über die Do Y zur Do F (Do 11) und der Do G (Do 13) zur Do 23. Technische Schwierigkeiten und politische Rücksichtnahme verzögerten die Entwicklung um Jahre und führten dazu, daß die schließlich ausgelieferten Einsatzmaschinen bereits stark veraltet waren, als sie bei den Verbänden eintrafen. Da das Deutsche Reich wegen des Versailler Vertrages, zumindest innerhalb Deutschlands keine Kampfflugzeuge, gleich welcher Art, herstellen durfte, ging Dipl.-Ing. Claude Dornier, wie viele deutsche Flugzeughersteller, ins benachbarte Ausland. In Altenrhein, am südlichen Schweizer Ufer des Bodensees, entstand ab 1925 ein überaus moderner Fertigungsbetrieb, in dem ab 1930 die Projektarbeiten für die Do Y begannen. Anfang 1931 erhielt der als Aero Metall AG Zürich betriebene Be-

trieb einen Auftrag für den Bau zweier mehrmotoriger Maschinen, welche als Reparationsleistung Deutschlands geplant waren und an Jugoslawien geliefert werden sollten. Am 21. Mai 1931 wurde dann ein Liefervertrag für drei Do Y für die jugoslawischen Luftstreitkräfte geschlossen. Bei diesen Maschinen handelte es sich um freitragende, dreimotorige Hochdecker mit festem Fahrgestell. Die Flugzeuge waren als Bombenträger ausgelegt und wiesen mehrere Abwehrstände auf, die

mit herkömmlichen Maschinengewehren bestückt werden konnten.

Am 17. Oktober 1931 absolvierte die erste Do Y (WerkNr. 232) ihren Erstflug vom Flugplatz Löwenthal bei Friedrichshafen aus. Wenig später war auch die zweite Do Y (WerkNr. 233) endmontiert und konnte eingeflogen werden. Die weitere Erprobung erfolgte fast gänzlich auf dem Flugplatz Altenrhein in der Schweiz. Hierbei zeigte sich, daß die Maschine für den Kampfeinsatz nicht geeignet war und

■ Seltene Aufnahme der ersten Dornier Do Y während der Triebwerkserprobung.

Foto: Archiv Griehl

völlig unzureichende Leistungen aufwies. Da die Leistung der zunächst eingebauten Bristol „Jupiter IV"-Sternmotoren (450 PS) zu schwach war, wurden diese gegen Gnome & Rhone „Jupiter 9 Kers" von jeweils 625 PS Leistung ausgetauscht. Ferner erhielten die beiden ersten Maschinen, anstelle der zweiflügligen Holz-Luftschraube, dreiflügelige Metall-Luftschrauben. Da die Kühlung der Triebwerke unzureichend war, kam es zu zahlreichen Tests mit unterschiedlichen Triebwerksverkleidungen. Nachdem auch die Flächen modifiziert worden waren, sie neigten anfangs zu merklichem Flattern, konnte die Abnahme erfolgen. Beide Maschinen wiesen nun eine Spannweite von 26,6 m anstelle von 28,0 m auf und trugen die Exportkennzeichen D-3 und D-6. Die Maschinen, die quasi als Reparationszahlungen, zusammen mit zwei Ju G 24-Behelfsbombern, verrechnet wurden, traten über Wien den Weg nach Jugoslawien an. Im Jahre 1936 lieferte das Dornier-Werk in

Altenrhein zwei weitere Do Y, welche die Schweizer Zulassungen HB+GOE (WerkNr. 555) und HB+GOF (WerkNr. 556) aufwiesen, an die Königlich Jugoslawischen Luftstreitkräfte. Die Verzögerung bei der Ablieferung kam wahrscheinlich dadurch zustande, daß sich Deutschland ab 1931 weigerte, weitere Reparationsleistungen zu erbringen. Da die Reichsregierung deshalb auch nicht zur Kostenübernahme bereit war, mußte Dornier vorerst die gesamten Kosten für die Do Y in Höhe von 550.000 RM selbst tragen.

In Jugoslawien wurden die Do Y-Maschinen mit Abwurfmagazinen für 10 x 100 kg oder 6 x 200 kg Bomben, Bombenzielgeräten und Maschinengewehren mit Doppellafetten ausgerüstet. Alle vier jugoslawischen Do Y wurden im April 1941 auf dem Flugplatz Kraljevo unbeschädigt von deutschen Truppen erbeutet.

Der Do Y folgte die Do F. Mit Wirkung des 5. Mai 1926 wurde das Bauverbot für Motorflugzeuge aufgehoben. Zwar

Technische Daten

Dornier Do Y

Spannweite:	26,60 m
Länge:	18,20 m
Höhe:	7,30 m
Tragfläche:	108,8 m²
Rüstgewicht:	6200 kg
Startgewicht:	8500 kg
Höchstgeschw.:	300 km/h
Dienstgipfelhöhe:	8300 m
Triebwerke (3):	Jupiter 9 Kers
Leistung:	je 625 PS
Besatzung:	4

blieben etliche Restriktionen auch weiterhin bestehen, doch konnten nun zahlreiche vormals geheime Planungen in die Realität umgesetzt werden. Seitens der Reichsregierung wurde die Luftfahrtindustrie durch beträchtliche Subventionen unterstützt und so das Weiterbestehen der Werke gesichert. Allein 21.000.000 RM flossen zwischen 1929 und 1932 in die Schaffung neuen Flug-

■ Die an Jugoslawien gelieferten Dornier Do Y Maschinen wurden von deutschen Truppen im Jahre 1941 auf dem Flugplatz Kraljevo unbeschädigt erbeutet.

Foto: Archiv Griehl

■ Eine Dornier Do 11 im Einsatz als Postflugzeug.   Foto: Archiv Griehl

gerätes. Eine dieser Maschinen, deren spätere Verwendung zunächst offiziell als ziviles Muster angegeben wurde, war die Do F. Ab 1929 beschäftigte sich die Abteilung Waffenprüfwesen 8 im Reichswehrministerium (RWM) mit der getarnten Entwicklung eines Nachtbombers. Da sich Junkers beharrlich weigerte, einen mehrmotorigen Bomber, nach den Vorstellungen des Reichswehrministeriums zu entwickeln, erhielten die Dornier-Werke eine Chance. Bei der neuen Dornier-Maschine handelte es sich um den Typ F. Dies war die für kurze Zeit verwendete Bezeichnung für die spätere Do 11, einen zweimotorigen Bomber, welcher als Post- und Frachtflugzeug am 13. Juli 1931 seitens des Reichsverkehrsministeriums (RVM) bestellt worden war. Der eigentliche Auftraggeber blieb im Hintergrund. Es war das Reichswehrministerium (RWM).

Die Do F stellte einen „Minabo", also einen viersitzigen, mittleren Nachtbomber, dar. Die Maschine war, wie die Do Y, als Hochdecker mit einer Spannweite von 28 m geplant und hatte eine Länge von 18,2 m. Sie erhielt ein einziehbares Hauptfahrwerk, das jedoch nicht betriebssicher genug war, um im täglichen Einsatzbetrieb zu bestehen. Der Erstflug des Prototyps der Do F (WerkNr. 230, D-2270) erfolgte am 7. Mai 1932. Die Maschine wurde zunächst der Erprobungsstelle des Reichsausschusses der deutschen Luftfahrtindustrie (RDL) übergeben. Anschließend erprobte das RWM die

Maschine in Lipezk, in der damaligen Sowjetunion.

Bei der Do 11 a handelte es sich um einen abgestrebten Schulterdecker mit zwei Siemens „Jupiter"-Sternmotoren. Der Rumpf war in Metallbauweise ausgeführt. Die Flächen waren anfangs noch überwiegend mit Stoff bespannt. Das Neuartige an diesem Entwurf war und blieb das elektrisch einziehbare Hauptfahrwerk. Die Maschine wies wegen der notgedrungen gewählten Motoren nur eine Höchstgeschwindigkeit von 245 km/h auf und konnte gerade einmal eine Gipfelhöhe von etwa 4500 m erreichen. Die Reichweite lag bei bescheidenen 1200 km. Leistungsdaten mit denen sich die Reichswehr nicht zufrieden geben konnte. Außerdem waren die Flugeigenschaften für einen künftigen Bomber unzureichend. Wegen der mangelhaften Stabilität der Zelle mußte die Querneigung der Maschine auf 45 Grad beschränkt werden. Die Do 11 b stellte den zweiten Musterbau des Hochdeckers dar und konnte sich wegen eines ebenfalls unzureichenden Flugverhaltens nicht durchsetzen, da das Flugzeug völlig untermotorisiert war und keine Leistungsreserven besaß.

Nach den beiden Musterflugzeugen sollte die Do 11 c (WerkNr. 241) zum Vorläufer der serienmäßigen Kampfflugzeug-Ausführung werden. Die Maschine besaß zwei Siemens Sh 22 B-2 Sternmotoren und flog zunächst ohne jede Bewaffnung. Die Waffenstände waren abgedeckt, die Abwurfanlage

blieb weiterhin ausgebaut. Wie bei den ersten Do 11 sprachen die allgemeine Betriebssicherheit und die zu geringen Leistungen gegen eine Einführung in großem Stil. Bis Oktober 1933 wurden daher nur zehn Maschinen der Ausführung Do 11 fertiggestellt. Die Ablieferung der ersten Serienmaschine erfolgte im Herbst 1933. Ab Februar 1934 kam die erste mit Siemens Sh 22 B-Triebwerken versehene Frachtmaschine bei der Luft Hansa zum Einsatz. Folgende Do 11 bedienten die Reichsbahnstrecken: D-ABEL, D-ABEX, D-ABOS, D-ADAN, D-ADUL, D-AFEZ, D-AGIF, D-AHER, D-AJOL und D-AZUN.

■ Das störanfällige Fahrwerk der Do 11.   Foto: Archiv Griehl

Bei den Reichsbahnstrecken handelte es sich um nächtliche Luftfrachtverbindungen, die offiziell von der Luft Hansa in Zusammenarbeit mit der Reichsbahn und der Reichspost organisiert wurden und von Berlin-Tempelhof nach Breslau, Hamburg, Königsberg und München führten. Ständig wechselnden Besatzungen (bestehend aus zivilem und militärischem Personal) sollte so die Möglichkeit geboten werden, längere Flugstrecken zielsicher bei Nacht zurückzulegen. Es galt Routine für künftige Nachteinsätze in mehrmotorigen Kampfflugzeugen zu sammeln. Erst einmal in der Luft konnten im Geheimen die mitgeführten Goertz FL 219b-Bombenzielgeräte in die vorbereiteten Halterungen eingesetzt und mit den militärischen Übungen begonnen werden. Die viersitzigen Maschinen hätten bei einer kriegerischen Auseinandersetzung ohne größere Probleme mit Abwurfwaffen bis zu 250 kg Masse bestückt werden können. Entsprechende Bombenschlösser hatte man inzwischen geheim hergestellt und eingelagert. In Regelfall sollten sechs Vertikalmagazine für 30 x 50 kg oder 120 x 10 kg Lasten eingebaut werden. In Schüttkisten konnten Brandbomben in großer Stückzahl mitgeführt werden. Größere Bomben bis zur C 250 ließen sich unter dem Rumpf mühelos mitführen. Als Defensivbewaffnung konnte neben dem MG 15 im A-Stand, eine zweite Waffe im Rumpfstand (B) und eine dritte im C-Stand im Rumpfboden mitgeführt werden. Für jedes dieser Maschinengewehre war ein Munitionsvorrat von 750 Schuß vorgesehen.

Als viertes Musterflugzeug wurde die Do 11 d hergestellt, hieraus entstand die Bauausführung mit der Bezeichnung Do 11 D. Hierbei handelte es sich entweder um umgebaute Serienmaschinen oder sogenannte Neubauflugzeuge. Die Umbauflugzeuge entstanden aus bereits vorhandenen Do F (Do 11) durch Verkürzen der Flächen. Die für alle diese Maschinen benötigten Bombenrüstsätze lagerte man für den Fall einer kriegerischen Auseinandersetzung an geheimen Orten ein.

Das sogenannte Rheinlandprogramm vom 1. Juli 1934 sah für die Zeit bis zum 30. September 1935 den Bau von 149 Do 11 und über 200 Do 13 vor. Bis zum 1. Dezember 1934 waren insgesamt 40 Do 11 ausgeliefert worden. Der zunächst erteilte Bauauftrag umfaßte damals noch 327 dieser Ma-

■ Frontansicht der Dornier Do 11 c mit geschlossenem A-Stand.　　Foto: Archiv Griehl

schinen. Wegen der Produktionsumstellung auf die Do 13 wurde diese Anzahl jedoch nicht erreicht. Die Endmontage der zu leistungsschwachen Do 11 – also der Do F – lief vorzeitig aus. 30 der Maschinen mußten von den Bayrischen Flugzeugwerken (BFW) in Lizenz produziert werden, da es den Dornier-Werken im Stammwerk Friedrichshafen an genügend Fertigungskapazität mangelte. Bei den Norddeutschen Dornier Werken (Wismar) verließen zusätzlich gut 20 Do 11 die Fertigung. Bei Einstellung der Endmontage hatten etwa 150 Maschinen die Herstellerwerke verlassen. Zwölf dieser Flugzeuge wurde später an Bulgarien verkauft.

Fast gleichzeitig mit der Do F (= Do 11) erfolgte die Entwicklung der Do G, welche später als Do 13 bezeichnet wurde. Der auf der Do 11 aufbauende Entwurf wurde ab Ende 1931 entwickelt und nahm ab 1932 in der Entwicklungsabteilung in Friedrichshafen langsam Form an. Bei der Do 13 handelte es sich um eine Do 11, die anstelle des Einziehfahrwerks ein weniger störanfälliges, starres unverkleidetes Fahrwerk besaß. Im Gegensatz zur Do 11 wies die Do 13 überarbeitete Querruder und Landeklappen, die als Doppelflügel ausgebildet waren, auf. Nachdem die Endmontage des ersten Musterflugzeuges (Do 13a, D-2485) Anfang 1933 weit fortgeschritten war, konnte man bei Dornier am 13. Februar 1933 die Flugerprobung aufnehmen. Das einzige Musterflugzeug wurde von zwei Siemens „Jupiter" Sternmotoren (Lizenzbau der Bristol Werke in England) angetrieben. Das zweite Musterflugzeug, die Do 13 b, glich weitgehend dem ersten Prototyp.

■ Triebwerkswartung an einer Dornier Do 11 im Einsatz bei der Luftwaffe. Auch hier machte das Einziehfahrwerk große Schwierigkeiten.　　Foto: Archiv Griehl

■ **Dornier Do 23 D-ALYH mit früher Luftwaffenkennung.** Foto: Archiv Griehl

Die Do 13 b wurde von zwei Siemens Sh 22-Motoren angetrieben. Da die Kühlung der bei der dritten Maschine, also der Do 13 c, eingebauten, zwar leistungsstärkeren, aber nicht betriebssicheren BMW VI-Triebwerke, nicht ausreichend war, blieb es beim Bau von nur zwölf Serienflugzeugen im Stammwerk und knapp 40 Flugzeugen in Wismar. Die anschließend gebaute Do 13 d war inzwischen festigkeitsmäßig verstärkt worden und glich ansonsten der Ausführung Do 11 d. Leider erwies sich die Maschine, trotz leicht verbesserter Flugeigenschaften, als ziemlich schwingungsanfällig. Verformte Rümpfe, Unfälle infolge von Flügelbrüchen und Probleme mit dem Leitwerk schmälerten die Bereitschaft der Truppe, das neue Kampfflugzeug voll zu akzeptieren. Die Do 13 e stellte die letzte Ausführung dar und wurde ebenfalls nur als Musterflugzeug realisiert. Die Maschine wurde zur ersten Mustermaschine der Do 23 (Bauausführung e) und als solche ab dem 1. September 1934 in Friedrichshafen-Löwenthal geflogen. Zwar erwiesen sich die Flugleistungen der Maschine als gerade ausreichend, doch eine bessere Maschine für

die hastige Aufrüstung der im Aufbau befindlichen Kampfgruppen war in Deutschland nicht vorhanden. Von der Do 23 wurden zwei Hauptvarianten in beträchtlicher Stückzahl beschafft und

von den einzelnen Kampfgruppen geflogen. Es handelte sich um die Baureihen Do 23 F und G. Da mit der Do 11 und der Do 13 kein Staat zu machen war, wandte sich das RLM

■ **Besatzung einer Dornier Do 23 g in Barth. Das Flugzeug trug den Namen Gorilla.** Foto: Archiv Griehl

schnell diesen neuen Ausführungen zu und erteilte einen Großserienauftrag von über 250 Maschinen. Die Do 23 sollte gleichzeitig in den Dornier-Werken in Manzell und Wismar, aber auch bei Blohm & Voss und bei Henschel vom Band laufen. Die Do 23 F unterschied sich von den beiden Vorgängern vor allem durch eine durchgehende, strukturelle Verstärkung der Zelle sowie durch blechbeplankte Tragflächen. Hierdurch stieg das Startgewicht von bislang 8200 kg auf 8750 kg an. Anstelle der bisherigen Sternmotoren erhielt die Do 23 die leistungsfähigeren BMW VI d-Reihenmotoren.

Bei der Verwendung der ersten Do 23 F zeigte sich ab 1934, daß die Maschine nunmehr, auch nach mehr als zwei Jahren Entwicklungszeit, die für Einsatzverbände der Luftwaffe notwendige, uneingeschränkte Flugsicherheit nicht besaß.

Die Do 23 g glich der Do 23 f, jedoch verfügten die Maschinen über einen in Halbschalenbauweise gefertigten Me-

■ **Flugaufnahme einer Dornier Do 23.** Foto: Archiv Griehl

tallrumpf mit noch größerer Festigkeit. Die Bombenkapazität stieg auf 1500 kg, wenn auch normalerweise nur 1000 kg mitgeführt werden sollten, um die Leistungen nicht zu sehr durch die hohe Zuladung zu beschränken. Die Defensivbewaffnung bestand aus drei MG 15 im A-, B- und C-Stand. Die allgemeine Ausrüstung sowie die Motorenanlage entsprach der der Do 23 F.

Von allen Varianten der Do 23 wurden insgesamt 272 Maschinen gebaut. Bis Ende 1935 wurden bei Henschel drei Maschinen endmontiert und konnten von der Bauaufsicht-Luft abgenommen werden. Der Stückpreis belief sich auf 214.640,- RM. Nach der Ablieferung der 24. im Lizenzbau produzierten Do 23 wurden die Vorrichtungen an das Reparaturwerk Erfurt (RWE) abgegeben. In größerem Umfang waren die

■ **Zum Ausbildungsprogramm der jungen Luftwaffe gehörte der Verbandsflug mit Großflugzeugen. Hier sehen wir einen Verband aus Dornier Do 23 Kampfflugzeugen.** Foto: Archiv Griehl

■ **Die SA+FK, eine der letzten gebauten Dornier Do 23 g.**

Foto: Archiv Griehl

Norddeutschen Dornier-Werke (NDW) in Wismar an der Do 23-Fertigung beteiligt. Bis zum 23. März 1936 wurden insgesamt 151 Do 23 (WerkNrn. 561 bis 712) hergestellt und mit Bramo 222-Motoren ausgestattet. Bei Blohm & Voss in Wenzendorf wurden ebenfalls 24 Do 23 endmontiert. Alle übrigen 73 Maschinen entstammten der Produktion im Stammwerk in Manzell bei Friedrichshafen am Bodensee. Neben den Behelfskampfflugzeugen Junkers Ju 52 K stellten die Dornier-Bomber die ersten wirklichen Horizontalbomber der neuen Luffstreitkräfte dar. Zu den ersten neu aufgebauten Verbänden gehörte das Kampfgeschwader (KG) 154. Am 1. Juli 1934 wurden drei Staffeln des Verbandes in Faßberg aufgestellt. Der Aufbau des Geschwaderstabes wurde bereits einen Monat zuvor eingeleitet. Äußerlich als Fliegergruppe oder Flugschule getarnt, flogen die jungen Besatzungen neben der Ju 52 auch die Do 11 und die gerade erst ausgelieferten Do 23. Ab April 1936 übersiedelte die Gruppe nach Langenhagen. Dort ging der Flugbetrieb weiter, ehe es zur Einführung der neuen, vor allem schnelleren und leistungsstärkeren He 111 B kam.

Die zweite mit den Dornier-Bombern ausgerüstete Kampfgruppe stellte die ab dem 1. Juni 1935 in Tutow gebildete 1./KG 252 dar. Nachdem zunächst die Ju 52 als Behelfskampfflugzeug geflogen worden war, erfolgte ab August 1935 die Umrüstung der Staffeln auf die Do 23. Am 15. Januar 1936

verlegte der Verband mit seinen Dornier-Bombern nach Neubrandenburg. Ab März 1937 wurde er mit der Ju 86 neu ausgerüstet. Die verbliebenen Do 23 dienten von nun an verschiedenen Fliegerschulen der C2-Schulung. Außerdem entstand in Merseburg ab April 1935 die erste Gruppe des Kampfgeschwaders 553, in Fürstenwalde folgte die erste Gruppe des Kampfgeschwaders 652. Im Laufe des Jahres wurden diese Gruppen in I. und II./KG 153 umbenannt und erhielten ihre ersten Dornier-Bomber. Die I. Gruppe wurde noch mit der Do 11, die zweite bereits mit der Do 23 ausgerüstet. Im Frühjahr

■ **Die eingebaute Bewaffnung im A-Stand.**

Foto: Archiv Griehl

kam es zur Umrüstung auf die modernere Ju 86 A.

Am 1. März 1934 begann in Gotha die Aufstellung des KG 753. Nachdem dieses zum KG 263 geworden war, trafen die ersten Do 23 bei der ersten Gruppe ein. Die übrigen Teile des Geschwaders flogen damals noch immer die Ju 52 K. Ab Sommer 1937 trat auch beim KG 263 die Umrüstung auf die neuen Junkers-Maschinen ein. Die relativ rasche Umrüstung aller dieser Kampfgruppen auf die Ju 86 und die He 111 zeigte, daß sowohl die Do 11, als auch die Do 13 und Do 23 nur als Lückenbüßer, im Grunde nur als Schulmaschinen, angesehen werden konnten, da ihre Leistungen für wirkliche Kampfeinsätze viel zu schwach waren. Neue Verwendungszwecke wurden gesucht und gefunden: Beispielsweise die Verwendung als Absetzflugzeug für Fallschirmspringer oder als Schulmaschine für den Blindflug. Bis etwa 1942 wurde die Do 23 zudem bei etlichen Flugzeugführerschulen eingesetzt. Einige der Maschinen dienten auch zur Schulung von Nachtbomberbesatzungen und erhielten einen provisorischen schwarzen Schutzanstrich auf der Unterseite der Zelle. Versuchsweise wurden im Herbst 1926 zunächst drei Junkers-Maschinen auf einem russischen Flugplatz von Lipezk mit Sprühbehältern für chemische Stoffe ausgerüstet. Es sollten die Möglichkeiten der chemischen Kriegsführung aus der Luft in der Praxis erprobt werden. In den folgenden Jahren wurden weitere Versuche nur relativ sporadisch unternommen. Erst als Hermann Göring nicht nur Reichsluftfahrtminister, sondern auch Reichsjägermeister geworden war, lebten ähnlich gelagerte Pläne wieder auf. Diesmal waren es Schädlinge, die aus der Luft bekämpft werden sollten. Im Jahre 1940 wurde ein Fliegerforstschutzverband aufgestellt. Bei ersten in den dreißiger Jahren durchgeführten Tests wurde zunächst eine Ju W 34 mit einem Nebelgerät VS 200 ausgestattet und im Fluge die Schädlingsbekämpfung mit Pestiziden geprobt. Nachdem sich die zunächst verwendete Maschine als zu leistungsschwach erwiesen hatte, wurde überlegt, eine der Dornier-Maschinen für diese Aufgabe zu überprüfen. Als erstes Musterflugzeug wurde die Do 23 (WerkNr. 513) hergerichtet. Sie flog mit der Zulassung RX+NM. Letzte Flüge dieser Maschine lassen sich im Frühsommer des Jahres 1943 nachweisen. Ab 1939 hatte man mehrere Do 23 für die neue Verwendung hergerichtet. Hierzu erfolgte der Einbau eines 1500 l fassenden Rumpftanks und der sogenannten Stargarder-Sprühanlage. Wegen der unzureichenden Vernebelung der Insektizide konnte sich diese Anlage aber nicht durchsetzen. Einen wesentlich höheren Wirkungsgrad versprach die von Ingeni-

■ Frontansicht einer Do 23 der Luftkriegsschule Dresden.   Foto: Archiv Griehl

euren der Firma Blohm & Voss entwickelte Staudruck-Vernebelungsanlage, welche die Insektizide mittels 20 unter den beiden Flächen angebrachten Strahldüsen über einen 25 m breiten Feldstreifen vernebeln konnten. Die Anlage erlaubte es, binnen von zwei Minuten 1000 l Chemikalien gleichmäßig über Feld und Wald zu verteilen. Auch als Minensuchmaschine wurden einige Do 23 als MS mit einer „Mausi-Schleife" ausgerüstet. Mittels eines starken, im Rumpf untergebrachten Generators wurde ein großes Magnetfeld erzeugt. Dieses war stark genug, die Zünder von im Meer treibenden

Seeminen zu aktivieren und die Minen detonieren zu lassen. So konnten aus der Luft minenfreie Seewege ohne den Einsatz von Minensuchern der Kriegsmarine geschaffen werden. Mit der Einführung der Ju 52 mit „Mausi-Schleife" und der Verwendung weit leistungsfähigerer Kampfflugzeuge (Ju 86 und He 111) bei den Einsatzverbänden der Luftwaffe, hatten die nicht sonderlich leistungsfähigen Dornier-Bomber ausgedient. In den folgenden Jahren wurden die Maschinen als Schulmaschinen von jungen Piloten geflogen und dabei durch Brüche im Flugbetrieb aufgebraucht.

■ Bis zur Einführung der leistungsstärkeren Ju 52 MS wurde die Do 23 in der Minensuchrolle geflogen. Hier eine Maschine mit Magnetminensuchschleife.
Foto: Archiv Griehl

■ Detailansicht einer Junkers Ju 86 E einer Flugzeugführerschule (C 2).   Foto: Archiv FAG

Junkers Ju 86 (1934)

Mit der Entwicklung von mittelschweren Bombern für die künftige Luftwaffe wurde bereits 1932 begonnen. Alle namhaften Herstellerfirmen, so auch die bekannten Junkers-Werke in Dessau, erhielten die ausführlichen Entwicklungsrichtlinien, welche Auskunft über die streng geheimen, technischen und taktischen Forderungen des Reichswehrministeriums gaben. Nachdem sich abzeichnete, daß Maschinen wie die Junkers-Tiefdecker K 37 oder K 30 (R 42) ebenso leistungsschwach und unbrauchbar wie die BFW M 22 „Erkunigros", die Do Y oder die Rohrbach Ro XII „Roka" waren, mußte auf die Ju 52 als Behelfskampfflugzeug ausgewichen werden. Bereits 1930 hatte die Reichswehr die Verwendung der Ju 52 als Bombenträger geprüft, doch ließ die politische Lage den ungetarnten Aufbau von Luftstreitkräften noch längst nicht zu. Als Anfang 1933 die NSDAP an die Macht gelangt war, wurde sogleich begonnen, schnellstmöglich eine starke Bomberwaffe aufzustellen. Obwohl man weiterhin nur auf die Ju 52/3m K

setzen konnte, ging man davon aus, daß die Do 11 (auch als Do F bezeichnet) bald den Kern der künftigen Kampfverbände bilden würde. Die im Rahmen des Minabo-Programms entstandene Dornier-Maschine wurde auf Geheiß des Reichsverkehrsministeriums gebaut und flog erstmals am 7. Mai 1932. Doch die in die Do 11 gesetzten Erwartungen erfüllten sich nicht. Gleiches galt im Grunde für deren Nachfolger, die Do 13, welche ab dem

13. Februar 1933 erprobt wurde. Ähnlich erging es der Reichswehr mit der Do 23. Es galt ein wesentlich leistungsstärkeres, zweimotoriges Kampfflugzeug zu entwickeln, das bei einer Eindringtiefe von mindestens 450 km eine Bombenlast von etwa 1000 kg hätte transportieren konnen. Im Frühjahr 1934 wurde, nachdem die von den Junkers-Werken aufgestellte Entwicklungsbaubeschreibung seitens des Technischen Amtes des RLMs positiv

■ Der vierte Prototyp der Junkers Ju 86 bei der Lufthansa.   Foto: Archiv DLH

aufgenommen worden war, eine Attrappe der Ju 86 im Maßstab 1:1 erstellt und anschließend durch Offiziere der Luftwaffe, des RLM sowie des Kommandos der Erprobungsstelle (KdE) besichtigt. Nachdem einige Änderungswünsche von Junkers berücksichtigt worden waren, nahm das Luftfahrtministerium die Attrappe endgültig ab. Anschließend begann in Dessau die Teilefertigung für zunächst fünf Mustermaschinen. Es handelte sich dabei zunächst um die Bomber-Proto-typen Ju 86 a (später: V1), WerkNr. 4901 (D-AHEH), V3 (WerkNr. 4903, D-ALAL) sowie die V5 (Ju 86 A-1, WerkNr. 6001, D-AFUI). Außerdem wurden zwei zivile Baumuster, die Ju 86 b (V2) mit der WerkNr. 4903 (D-ABUK) sowie die V4 (WerkNr. 4904), bis 1935 hergestellt.

Der Erstflug des ersten Prototyps fand am 4. November 1934 in Dessau statt. Nach Abschluß einer relativ kurzen Erprobungsphase im Werk wurde der Prototyp nach Rechlin an der Müritz

überführt, um dort – im April 1935 – zusammen mit einer frühen Ausführung der He 111 getestet und verglichen zu werden. Infolge der von beiden Herstellern gewählten Tragflächenauslegung kam es sowohl bei der He 111, als auch bei der Ju 86 im überzogenen Flugzustand zu einem Abkippen über die Flächen, bedingt durch einen plötzlichen Strömungsabriß. Erst eine umfassende Änderung der bisherigen Flächenform brachte Abhilfe. Die erste Ju 86 wurde bereits am 30. April 1935 bei einer Bruchlandung beschädigt und fiel für die nächsten Monate aus.

Erst im Oktober 1935 wurde die rein fliegerische Mustererprobung des nun anstelle von Ju 86 a mit VI bezeichneten, ersten Prototyps abgeschlossen. Es folgte der Einbau eines halboffenen B-Stands auf dem hinteren Teil des Rumpfrückens sowie eines ausfahrbaren Senkturms in Höhe der Flächenhinterkante. Als Bugstand erhielt die Maschine nachträglich einen Drehturm,

der wie auch die übrigen defensiven Waffenstände, mit einem MG 15 bestückt werden konnte.

Anschließend, nach dem Ende der Bordwaffen-Tests, diente die Ju 86 V1 ab Anfang Juni 1936 als Versuchsträger für zwei Jumo 206-Schwerölmotoren. Der zweite, von Anfang an militärisch ausgelegte Prototyp, die Ju 86 V3, wies einen vollständig verglasten Bug-

Technische Daten

Junkers Ju 86 A-1

Spannweite:	22,50 m
Länge:	17,45 m
Höhe:	4,70 m
Rüstgewicht:	5800 kg
Startgewicht:	8100 kg
Höchstgeschw.:	300 km/h
Reisegeschw.:	270 km/h
Dienstgipfelhöhe:	5900 m
Triebwerke (2):	Jumo 205 C
Leistung:	je 610 kw
Besatzung:	4

■ Die Junkers Ju 86 B-05 (WerkNr. 86011) flog bei der Lufthansa als D-ADER „INSELBERG". Hier sehen wir die Maschine beim Landeanflug.

Foto: Archiv DLH

■ **Abfertigung einer Junkers Ju 86 bei der Lufthansa. In der voluminösen Nase fanden Gepäckstücke Platz.**
Foto: Archiv DLH

stand mit einem beweglichen MG 15 auf. Die Maschine war mit zwei Hornet 350-Flugmotoren ausgerüstet worden und nahm ab Sommer 1936 die Erprobung in Rechlin auf, wo auch die FuG 111-Anlage überprüft wurde.

Nachdem der Prototyp während der Erprobung beschädigt worden war, kam es im November 1936 in Dessau zur Reparatur der Zelle.

Im November 1935 wurde auch das dritte Kampfflugzeug, die Ju 86 V5, fertiggestellt. Es handelte sich dabei zugleich um das erste Musterflugzeug, welches mit Jumo 205-Motoren ausgerüstet war. Die Maschine stellte den Vorläufer für eine geplante A-Nullserie dar. Mit ihr sollten Erfahrungen für die künftige Ausführung Ju 86 A-1 gesammelt werden. Ende 1935 begann der Bau einer Nullserie (Ju 86 A-O), zu der auch die Ju 86 V5 gehörte. Es folgte die Ju 86 V6 (WerkNr. 6002, D-ANAY), welche eine um 0,42 m verlängerte Rumpfendspitze erhielt, die über das doppelte Seitenleitwerk hinausragte. Die Maschine fand, außer bei Flugeigenschaftsmessungen, für Fahrwerkstests und die Triebwerkserprobung Verwendung. Das Flugzeug wurde bei einer Notlandung am 22. Januar 1936 beschädigt und mußte die weitere Erprobung bis Anfang September 1936 unterbrechen. Die V7, ebenfalls eine A-0, erhielt eine stark erweiterte Funkausrüstung und wurde – wie auch einige He 111 – als Führungsflugzeug erprobt. Es folgte die V8 (WerkNr.

6004, D-AVEE). Mit dieser Maschine sollte die 300-Stunden-Erprobung durchgeführt werden. Die Ju 86 A-0 ging jedoch am 16. Mai 1936 durch Absturz vollständig zu Bruch. Die Ju 86 V9 (WerkNr. 6003) stellte einen Sonderlichtbildner mit Jumo 205 C-Motoren dar. Die Maschine wurde bei der Firma Hansa-Luftbild (später als Kommando Rowehl bekannt) einige Zeit als mehrsitziger Fernaufklärer getestet. Mitte 1936 stand die V9 auf dem Flugplatz Staaken bei Berlin. Mit der Ju 86 V10 (WerkNr. 6006) wurde sodann die von Siemens-Technikern eingebaute, neuartige Kurssteuerung erprobt.

Die Ju 86 V11 diente als Vorläufer der Bauserie A-1 und stellte im Grunde die auf Serienausrüstung umgestellte Ju 86 A-0 (V5) dar. Ab Frühjahr 1936 lief programmgemäß die Auslieferung der ersten Bauserie des Mittelstreckenbombers Ju 86 A-1 an. Erste Einsatzmaschinen wurden an das KG 152 (später KG 1) „Hindenburg" ausgeliefert.

Einige der Ju 86 A-1 dienten bereits wenig später der Weiterentwicklung des mittleren Bombers Ju 86. Es handelte sich dabei um die Ju 86 V12, welche als erste Ju 86 mit zwei BMW 132 F-Sternmotoren ausgerüstet wurde. Die zunächst eingebauten Jumo-Schwerölmotoren hatten sich beim taktischen Fliegen als zu empfindlich erwiesen. Für die Verwendung bei Verkehrs- und Frachtflugzeugen zeig-

ten sie sich jedoch als verläßliche Triebwerksausrüstung, da dabei zumeist mit relativ konstanter Geschwindigkeit geflogen wurde. Um leistungsfähigere Ausführungen der Ju 86 der Truppe zuführen zu können, erhielten A-Muster eine vergrößerte Treibstoffanlage, wonach diese Baumuster die Baureihenbezeichnung D-1 erhielten. Die im Spanischen Bürgerkrieg gewonnenen Einsatzerfahrungen sprachen jedoch dafür, schnellstmöglich auf einen weit leistungsfähigeren Mittelstreckenbomber zu setzen. Die Ju 86 schien allenfalls für die Ausbildung im Streckenflug geeignet.

Bis Frühjahr 1937 wurde zudem die Erprobung mit der Ju 86 V13 und V14 abgeschlossen. Die Maschinen stellten die Vorläufer für die verbesserte Bauausführung Ju 86 E dar. Nach der Endmontage von nur 30 mit leistungsschwächeren BMW 132 F-Motoren versehenen Ju 86 E-1, wurde glücklicherweise der leistungsfähigere BMW 132 N-Sternmotor verfügbar, was sogleich zur Umstellung der gesamten Serienproduktion auf diese Triebwerksausführung mit sich brachte. Die damit ausgerüsteten Kampfflugzeuge trugen ab dann die Baumusterbezeichnung Ju 86 E-2.

Zahlreiche Ju 86-Maschinen wurden, soweit es nicht zum Umbau als Höhenbomber und -aufklärer (Ju 86 P und R) kam, im Laufe des Zweiten Weltkriegs zu mehrmotorigen Schulmaschinen umgebaut. Dies galt vor allem für die noch vorhandenen Flugzeuge der Bauserie Ju 86 E, von denen 15 bei Letov in Prag mit größeren Treibstofftanks ausgerüstet wurden und sodann die Baumusterbezeichnung E-10 erhielten. Zuvor waren einige E-2, E-6 und E-8 zu Schulmaschinen für den Blindflug ausgerüstet worden. Diese sollten nach dem Einbau einer verbesserten Ausrüstung die Bezeichnung Ju 86 E-12 und E-13 erhalten. Besonderes Merkmal wäre der Einbau größerer Treibstofftanks gewesen. Infolge der Kriegslage und den inzwischen vorhandenen frühen He 111, die zu Übungsmaschinen umgerüstet wurden, kam es zur Streichung des Umbauvorhabens bei Letov.

Im Mai 1936 wurde die zur A-0-Serie gehörende Ju 86 V10 mit einem neuen, voll verglasten Rumpfbug, der eine Linsenlafette mit einem MG 15 aufwies, versehen. Durch den nach vorne verlagerten Sitz des Piloten und den weniger langen Rumpfbug, verbesserten sich die allgemeinen Sichtverhält-

■ Der schwere Jumo 205 Dieselmotor der Junkers Ju 86 zeichnete sich im Streckenflug durch hohe Wirtschaftlichkeit aus, zeigt aber im Lastwechselbetrieb einige Probleme.

Foto: Archiv FAG

nisse für den Piloten. Nach dem sich anschließenden Bau von 70 bei Junkers und weiteren 70 bei ATG gebauten Ju 86 G-0 und G-1-Maschinen, lief die Produktion des mittleren Kampfflugzeuges schon im Mai 1939 vorzeitig aus, da dieses Baumuster selbst für damalige Verhältnisse zu leistungsschwach war.

■ Mit der Kampfflugzeugversion Junkers Ju 86 E und D sollten zwölf Gruppen zu jeweils 36 Maschinen aufgestellt werden.

Foto: Archiv Bekker

■ Mustermaschine des Junkers Ju 86 P Höhenaufklärers während der Erprobung an der E-Stelle Rechlin.　　Foto: USAF

Am 19. September 1938 waren bei der deutschen Luftwaffe 235 Ju 86-Maschinen in den Bestandslisten zu finden. Davon entfielen 159 auf die Baureihen A und D, weitere 43 stellten Ju 86 E dar. Von den neuen Ju 86 G waren 33 vorhanden. Von diesen waren Mitte September gerade einmal 200 einsatzbereit.

Im Vergleich dazu flogen 430 Do 17 E und M sowie bereits 570 He 111 B bis J bei den Kampfgruppen der deutschen Luftstreitkräfte.

Bei Kriegsbeginn, im September 1939, war die Ju 86, mit Ausnahme der Ju 86 G-1, die bei der IV./KG 1 flogen, bei allen Kampfgruppen verschwunden, die in zunehmendem Maße die im Vergleich zur Ju 86 G leistungsstarke He 111 H-1 und H-2 erhielten.

Außer als Mittelstreckenbomber wurde die Ju 86 auch als Verkehrsflugzeug eingesetzt. Am 22. März 1935 absolvierte die Ju 86 V2 (WerkNr. 4902, D-ABUK) ihren erfolgreichen Erstflug. Ihr folgte eine zweite Zivilausführung, die V4 (WerkNr. 4904, D-AREV), die im Juni 1936 der Deutschen Lufthansa übergeben wurde. Im Dezember 1936

wurden beide Mustermaschinen für einige Monate an die Junkers-Werke zurückgegeben, um neue Motoren zu erhalten.

Die Ju 86 V4 stellte danach das Musterflugzeug der B-Serie dar und wurde auf zwei BMW 132 DC-Sternmotoren umgerüstet. Infolge eines Bedienungsfehlers ging die Maschine am 18. Juni 1937 in der Nähe von Hamburg zu Bruch. Aus Kostengründen bevorzugte die Geschäftsführung der Lufthansa jedoch die Ausführung mit Dieselmotoren. Hieraus resultierten ab Juni 1936 die Beschaffung von insgesamt 13 Ju 86. Ende 1936 belief sich deren Zahl bereits auf sechs Flugzeuge; ein Jahr später waren sieben weitere hinzugekommen. Infolge eines Kaskoschadens war am 31. Dezember 1937 ein Bestand von zwölf Ju 86 im Flottenverzeichnis zu finden. Im Jahre 1939 wurde nochmals eine Ju 86 beschafft, so daß deren Anzahl bei der Lufthansa auf 13 Flugzeuge anstieg. Zwölf dieser Verkehrsflugzeuge mußte die Lufthansa an die Luftwaffe abgeben; die letzte Ju 86 ging an das RLM, das die Maschine vorläufig als Verbindungs-

flugzeug nutzte. Mitte 1944 wurden der Lufthansa acht Ju 86 zugeteilt, die allerdings nur aus Beständen der Luft-

waffe ausgeliehen waren, um einige der Verkehrsverbindungen der Lufthansa aufrecht zu erhalten.

Nach dem Umbau der Ju 86 V9 zum Aufklärer und dessen erfolgreichem Einsatz ab Ende 1936, erteilte das RLM einen Auftrag für einen leistungsstärkeren, zunächst unbewaffneten Höhenaufklärer.

Als Ju 86 V-0 (WerkNr. 5154) wurde ein Prototoyp, der jedoch noch keine zweisitzige Druckkammer besaß, als Eprobungsmuster mit Jumo 207 A-Höhentriebwerken ausgerüstet und eingehend erprobt. Anschließend wurden die Ju 86 V28 (D-AHUB) sowie bis März 1940 zwei weitere Musterflugzeuge (V29 und V30) mit zwei Jumo 207 A-1-Reihenmotoren endmontiert. Der erste Musterumbau besaß eine Spannweite von 25,60 m und nahm am 11. Februar 1940 die Flugerprobung auf.

Von der Ju 86 P-Reihe wurden der unbewaffnete Höhenbomber P-1 mit vier Bombenschächten sowie die P-2, ein Höhenfernaufklärer, welcher baulich der aus der Ju 86 G entstandenen P-1 entsprach, hergestellt. Die P-2 verfügte, anstelle der Abwurfanlage, über drei Reihenbildgeräte Rb 75/30 und

■ Als funktechnischer Erprobungsträger diente diese Junkers Ju 86 auf dem Flugplatz Werneuchen. Foto: Archiv Wagner

eine überarbeitete Tankanlage. Um auf größere Höhen zu gelangen, wurde von Junkers die P-3, ein erster, erleichterter Fernaufklärer entwickelt. Eine weitere Ausführung stellte die

Ju 86 P-4 dar, die anstelle von zwei Jumo 207 A-1 die leistungsfähigeren Jumo 207 B-1-Höhenmotoren besaß. Als Funkausrüstung kam das FuG 21 anstelle des bisherigen FuG X zum

■ Eine startklare Junkers Ju 86 P wird, aufgrund der geheimen Aufklärungsausrüstung, streng bewacht. Foto: Archiv Nowarra

■ **Die meisten Junkers Ju 86 Maschinen wurden während des Krieges als Schulmaschinen aufgebraucht. Hier die Besatzung vor ihrer Maschine.**

Foto: Archiv Dressel

Einbau. An der Versionen P-5 wurde im Frühjahr 1941 gearbeitet. Es handelte sich um die Prototypen Ju 86 V40 und V41, welche die Erprobungsmuster für einen erleichterten Höhenbomber darstellen sollten. Zu einem Serienumbau kam es nicht mehr, da die trotz aller Gewichtserleichterung möglichen Leistungen dem Oberkommando der Luftwaffe nicht genügten.

Nachdem selbst die späten Ju 86 P leistungsmäßig nicht mehr der Kriegslage über dem Mittelmeer entsprachen und zuweilen von alliierten Höhenjägern abgefangen werden konnten, entstanden durch den Einbau von leistungsstärkeren Jumo 207 B-Motoren die Versionen R-1 bis R-3. Die Ju 86 R-1 baute auf der P-3 auf und verfügte über zwei Jumo 207 B-3-Motoren. Außerdem war die Spannweite von bislang 25,5 m auf nunmehr 32,0 m erhöht worden. Die R-Maschinen entstanden durch den Serienumbau bereits vorhandener Ju 86 der Ausführungen P-1 bis P-3.

Die meisten Ju 86-Höhenaufklärer waren bei der 2. und 4. Staffel der Aufklärungsgruppe ObdL sowie bei der 2.(F)/Aufklärungsgruppe 33 im Mittelmeerraum vorhanden. Letzterer Verband führte zwischen Mai und Juli 1942 sehr erfolgreiche Aufklärungsflüge durch. Ab September 1942 sollte die 14. Staffel des Kampfgeschwaders 6 von den Niederlanden aus Störeinsätze über England fliegen. Dieses Vorhaben mußte aber wegen leistungs-

stärkerer englischer Höhenjäger ab dem 14. September 1942 unterbleiben. Im Sommer 1942 wurde an der Weiterentwicklung der Ju 86-Höhenversionen gearbeitet. Die Neuentwicklung baute auf der P- und R-Version auf und sollte eine aus vier Jumo 207 E-Motoren bestehende Triebwerksanlage besitzen. Im Gegensatz zu den bisherigen Höhenmaschinen war das Hauptfahrwerk nicht mehr einziehbar ausgelegt. Da die vorläufigen Leistungsberechnungen

nicht überzeugen konnten und der Umbauaufwand viel zu groß ausfiel, wurde von der Herstellung dieser Version abgesehen.

Zu den letzten bei Kriegsende noch flugklaren Höhenmaschinen gehörte die Ju 86 R-1 (D-AOZE), die den Rheinmetall-Borsig-Werken in Faßberg als Erprobungsmuster für verbesserte Abwurfwaffen diente.

Außer als Höhenflugzeuge und Schulmaschinen wurden die verbliebenen 58 Ju 86 ab Ende 1942 bei den K.Gr.z.b.V. 21 und 22 vor allem für Versorgungsflüge nach Stalingrad eingesetzt. Hierbei gingen 42 Maschinen verloren. Die verbliebenen 16 Ju 86 wurden mehreren Flugzeugführerschulen (FFS) C und einigen Blindflugschulen zugeteilt. Bei diesen Schulen wurden die Ju 86-Übungsmaschinen etwa bis 1943 aufgebraucht. Außerdem wurden im Winter 1943/44 vereinzelt Ju 86 auf dem Balkan auch gegen jugoslawische Partisanenverbände eingesetzt.

Alles in allem wurden 548 Serienflugzeuge der Ju 86 und einige Versuchsmuster von den Junkers-Werken hergestellt. Weitere 292 entstanden bei ATG in Leipzig, bei Blohm & Voss und bei Henschel. Somit belief sich die Zahl – ohne zahlreiche Umbauten mitzurechnen – auf 840 Ju 86. Ein Teil dieser Maschinen wurde für den Export freigegeben. Die meisten dieser Ju 86 wurden nach Ungarn, Schweden und Südafrika geliefert, wo sie teilweise bis in die späten fünfziger Jahre flogen.

■ **Die Druckkabine einer Junkers Ju 86 P Höhenaufklärungsmaschine im Detail. Die Konstruktion interessierte die Alliierten besonders.**

Foto: USAF

■ Das Besteigen eines Junkers Ju 86 P Höhenaufklärers war recht beschwerlich.

Foto: Archiv Nowarra

■ Ein Prototyp dieser später legendären Typenreihe, die Junkers Ju 57 V 2, flog ab September 1936 mit der Zivilkennung DIDQR.

Foto: Seckler

Junkers Ju 87 „Stuka" (1935)

Der Bau der Ju 87 begann nach langwierigen Versuchen, aber die Entwicklung des einmotorigen Sturzkampfbombers setzte nicht erst im Jahre 1933 ein. Schon wesentlich früher wurde versucht, ein robustes zweisitziges, noch dazu sturzkampffähiges Einsatzmuster zu schaffen. Ab Frühjahr 1934 wurden die offiziellen Ausschreibungen sowohl für einen leichten Stuka (hieraus wurde später die Ha 137 und Hs 123) als auch für einen schweren Stuka (d.h. die Ar 81, He 118 und Ju 87) an alle namhaften Herstellerwerke verschickt. Die Stukaidee ging jedoch nicht auf Ernst Udet und seine Begeisterung für amerikanische Doppeldecker oder die zuvor erfolgten Bestellungen der He 50 durch die japanischen Streitkräfte zurück. Die Geschichte des Sturzfluges und Schlachteinsatzes hatte bereits während der zweiten Hälfte des Ersten Weltkrieges begonnen. Nachdem es in Deutschland wieder möglich war zu fliegen, folgten 1932 umfangreiche

Versuche mit der Ju A 48, einem sturzflugfähigen Kampfzweisitzer, auf einem Flugplatz bei Breslau. Die Ergebnisse ermunterten Junkers, den eingeschlagenen Weg fortzusetzen.

Die Entwicklung von Versuchsmustern wurde im April 1934 bei den Junkers Flugzeug- und Motorenwerken, kurz JFM, in Auftrag gegeben. Bis Sommer 1934 entstand eine hölzerne Attrappe im Maßstab 1:1.

Für die Entwicklungsabteilung war Eile geboten, denn der schwere Stuka sollte schon im Frühsommer 1935 die Erprobung im Werk aufnehmen. Das Fehlen ausreichend starker Flugmotoren verzögerte allerdings die Gesamtentwicklung. Daher flog die ersatzweise mit einem Rolls-Royce „Kestrel"-Reihenmotor bestückte Ju 87 V 1 (WerkNr. 4921) erstmals am 17. September 1935. Die Maschine stürzte

■ Schwerer Bruch einer Junkers Ju 87 A-2 bei der Stukaschule 2.

Foto: Sauerteig

am 24. Januar 1936 während der Erprobung östlich von Dresden während eines steilen Sturzes ab. Dem ersten Musterbau folgten die Ju 87 V 2 bis V 5 (Werk Nrn. 4922 bis 4925), deren Antrieb entweder aus einem BMW-Triebwerk oder aus einem Jumo 210 bestehen sollte. Von diesen Versuchsmustern diente die Ju 87 V 2 (D-UHUH) ab dem 25. Februar 1936 der Funktionserprobung für die erste Ju 87 A-Baureihe. Später wurde die Maschine der Forschungsstelle der Deutschen Reichspost übergeben, wo sich ihre weitere Spur verlor. Mit der Ju 87 V 3 (D-UKYQ) galt es vor allem die Flugeigenschaften des Sturzkampf-flugzeuges zu bestimmen. Am 15. Oktober 1940 war die Maschine bei der Propaganda-Filmstelle der Junkers-Werke vorhanden. Bei der Ju 87 V 4 (D-UBIP) wurde die fliegerische Erprobung verzögert, da die beiden Sturzflugbremsen erst verspätet ange-liefert wurden. Zusammen mit der Ju 87 V 5 gilt die Maschine als Vorläufer der Nullserie (Ju 87 A-0). Der Prototyp wurde während des Spanischen

Technische Daten

Junkers Ju 87 „Stuka"

	Ju-87 A-1	Ju 87 D-1
Spannweite:	13,80 m	13,80 m
Länge:	10,80 m	11,50 m
Rüstgewicht:	2315 kg	3900 kg
Startgewicht:	3400 kg	5840 kg
Höchstgeschwindigkeit:	320 km/h	390 km/h
Reisegeschwindigkeit:	240 km/h	280 km/h
Reichweite (normal):	300 km	425 km
Dienstgipfelhöhe:	10.362 m	8000 m
Triebwerk:	Jumo 210 Ca	Jumo 211 J-1
Leistung:	600 PS	1400 PS
Besatzung:	2	2
Sturzwinkel:	90°	90°
Sturzgeschwindigkeit:	540 km/h	540 km/h

Bürgerkrieges intensiv im Kampfeinsatz von Piloten der Legion Condor getes-tet und überzeugte dabei nicht son-derlich.

Die Ju 87 V 5 sollte ursprünglich als Mustermaschine mit DB 600-Triebwerk dienen, erhielt jedoch einen Jumo-Reihenmotor, da das Daimler-Benz-Aggregat nicht zur Verfügung stand.

Wie die V 4 flog auch die V 5 über Spanien, ehe die Maschine der Ausrüstungserprobung bei der Erprobungsstelle der Luftwaffe in Rechlin diente.

Die letzten Maschinen entsprachen, bezüglich ihrer Ausrüstung und Bewaffnung, schon fast der geplanten Nullserie.

■ **Besprechung vor einem Übungseinsatz bei der Stukaschule 2.**   Foto: Sauerteig

■ Eine Junkers Ju 87 B-1 (WerkNr. 0386) nach ihrer Auslieferung.

Foto: Junkers

Von der Ju 87 A-0 bestellte das Reichsluftfahrtministerium (RLM) zunächst sieben, dann elf Maschinen, deren Beschaffungsfreigabe am 21. Januar 1935 erfolgte. Die ersten Ju 87 A-1 wurden im Oktober 1936 fertig gestellt und durch die Luftwaffe als ein- und zweisitzige Ausführung mit unterschiedlichen Abwurflasten getestet. Bis zum Frühjahr 1937 schloss sich die taktische Erprobung durch die Luftwaffe an. Von der Nullserie wurden 1937 zwei A-0-Maschinen als Musterflugzeuge der Serienausführung Ju 87 A-1 hergerichtet. Es handelte sich dabei um die Maschinen mit der D-Zulassung D-IEAU und D-IEAD. Der Bauausführung A-1, von der weniger als 200 Maschinen in Dessau und Lemwerder entstanden, folgten bei der Firma Weser Flugzeugbau noch weitere Ju 87, die zur Ausführung A-2 gehörten. Während bei der A-1 nur ein starres MG 17 eingebaut war, besaßen die meisten A-2-Maschinen zwei MG 17 in den Tragflächen sowie ein bewegliches MG 15 als Angriffs- und Defensivbewaffnung im B-Stand. Beide Ausführungen der Ju 87 A waren

ungepanzert und daher relativ leicht durch gegnerische Flakkräfte zu bekämpfen. Als Triebwerk waren

sowohl bei der Ju 87 A-0, als auch bei der A-1 zunächst ein Jumo 210 D eingebaut, der später durch den leistungs-

■ Flugkapitän Konrad Beyer (Mitte) auf einer frühen Ju 87 B-2.

Foto: Junkers

■ Einstellarbeiten am Motor einer Junkers Ju 87 B während des Werkseinflugbetriebes.　Foto: Junkers

fähigeren Jumo 210 Da ersetzt wurde. Die Ju 87 A-2 erhielt dagegen gleich von Anfang an den Jumo 210 Da-Motor. Diese Ausführung unterschied sich von der A-1 rein äußerlich durch das geänderte Seitenruder. Ferner fanden eine verbesserte FT-Anlage und eine neue Luftschraube Verwendung. Die so ausgerüsteten Maschinen wurden zumeist der Luftwaffe zur Ausrüstung der ersten Sturzkampfverbände übergeben. Die 1. Gruppe des Sturzkampfgeschwaders 162 in Schwerin hatte dabei eine Vorreiterfunktion. Die Ausstattung bestand anfänglich aus der Hs 123 und einigen He 70, die zunehmend von der Ju 87 verdrängt wurden.

Aus der II./StG 162 wurde die I./StG 167, aus der III. Gruppe die I./StG 163. Mit der Neuaufstellung des StG 162 entstand hieraus das StG 2 „Immelmann". Im Jahre 1936 begann aus Teilen des StG 165 die Aufstellung der StG 51 und 77. Die Ausstattung in der Anfangsphase dieser Verbände bestand ebenfalls aus der He 50, He 51, He 70, Hs 123 sowie der Ju 87 A und B. Infolge des vorgezogenen Produktionsanlaufs der Ju 87 B in Dessau wurde die Mehrzahl der wesentlich leistungs-

schwächeren Ju 87 A-1/A-2 bald wieder aus den Einsatzverbänden herausgenommen. Die Flugzeuge wurden der damaligen Stuka-Vorschule, den beiden Stukaschulen (in Insterburg und Schweinfurt) sowie bei der Luftnachrichten- und der Sanitätsschule der Luftwaffe zugewiesen. Später wurden die restlichen Ju 87 A auch anderen Schulverbänden zugeteilt und dort im Laufe der Jahre im täglichen Übungsbetrieb nahezu aufgebraucht. Außer der Ju 87 V 4 und V 5 wurden etliche Ju 87 A in Spanien erprobt. Die Hauptarbeit leistete die Gruppe VJ/88 der Legion Condor in Tablada bei Sevilla. Bis zum 15. Januar 1938 trafen drei Ju 87 A-1 der 11./(Stuka)/ Lehrgeschwader (LG) 1 in Spanien ein. Die Maschinen trugen die Kennungen 29-2 bis 29-4 und wurden als „Jolanthe-Kette" bekannt. Ab Februar 1938 wurde die Kette in den Kämpfen um Tereul, in Argacon und am Ebro – unter strengster Geheimhaltung – mit wechselndem Erfolg zur Bekämpfung von Punktzielen eingesetzt. Im Oktober 1938 wurden auch diese Maschinen wieder per Frachtschiff nach Deutschland zurücktransportiert und anschließend durch fünf leistungs-

stärkere Ju 87 B-1 ersetzt. Nach Ende des Bürgerkrieges wurden auch diese Maschinen überraschend schnell von der iberischen Halbinsel abgezogen. Beim Einmarsch der deutschen Wehrmacht in Österreich war die I./StG 167 mit ihren Ju 87 A-1 beteiligt. Die Gruppe wurde anschließend in Thalerhof bei Graz stationiert und in die I./StG 168 umbenannt. Bei der sich bald anschließenden Besetzung des Sudetenlandes sowie Böhmens und Mährens wurden ebenfalls einige Ju 87 A eingesetzt. Inzwischen hatte die taktische Erprobung zwar etliche Schwachstellen bei der Ju 87 aufgedeckt, die sich leicht beseitigen ließen, doch waren die Flugleistungen, insbesondere die erreichbare Höchstgeschwindigkeit sowie die zu geringe Reichweite für kommende Einsätze über Europa nicht ausreichend. Außer dem Einsatz auf Landziele schlossen sich bei der 2. (See)/ Lehrgeschwader 2 im selben Jahr übungsmäßige Sturzflüge einiger Ju 87 A auf ankernde und fahrende Schiffsziele an. Außerdem dienten einige Ju 87 A der Erprobung eines geeigneten Landeverfahrens für den Einsatz von Flugzeugträgern aus.

■ Die Junkers Ju 87 R mit dem Kennzeichen A5+BL im Einsatz auf dem afrikanischen Kriegsschauplatz. Hier bei einem Flug entlang der nordafrikanischen Küste.

Foto: Schröder

Noch im Mai 1940 befanden sich zwei Ju 87 A bei der E-Stelle (See) in Travemünde im Einsatz. Die dortigen Versuche zielten vornehmlich auf eine durchgreifende Verbesserung der Luftschraubenverstellung sowie der Abwurfwaffenerprobung bei der künftigen Ju 87 B und C.

Insgesamt wurden nur 260 Ju 87 A-1 und A-2 (einschließlich einiger weniger Versuchsmuster) bis zum Frühsommer 1938 produziert.

Die Ju 87 B stellte eine wesentlich verbesserte und stärker motorisierte Variante der Ju 87 A-2 dar. Die Maschine basierte auf mehreren Versuchsmustern, die aus Umbauten der Ju 87 A entstanden waren. Der erste Prototyp der Ju 87 B-Reihe, die V 6, nahm am 14. Juni 1937 ihre Flugerprobung auf. Am 23. August 1937 folgte die Ju 87 V 7 (WerkNr. 0028). Der Musterbau besaß anstelle des Jumo 210 Da einen stärkeren Jumo 211 A-Reihenmotor. Das erste serienmäßig ausgestattete Musterflugzeug war die Ju 87 V 8 (WerkNr. 4928). Ihr folgte die V 9 (WerkNr. 4927), die ebenfalls als B-0 galt. Die beiden folgenden Nullserienflugzeuge dienten zur Entwicklung der geplanten Trägerausführung, der Ju 87 C-1. Um die Erprobung intensivieren zu können, wurden anschließend weitere Umbauten vorgenommen, beispielsweise die Ju 87 V 15 und V 16. Die Ju 87 V 19 flog als Vorläufer der projektierten Ju 87 E-Serie, die ebenfalls für den See-Einsatz vorgesehen war.

Der wesentliche Unterschied zwischen den Ju 87 A- und B-Varianten stellte die Verwendung eines schwereren Flugmotors, des Jumo 211 A dar. Dank dessen Leistung konnte eine Bombenlast von 500 kg transportiert werden, ohne dass man auf den Bordfunker, der gleichzeitig als Bordschütze fungierte, verzichten musste. Die bewegliche Abwehrbewaffnung bestand weiterhin aus einem MC 15, das aber – im Vergleich zur Schlitzlafette bei der Ju

■ Aus der 1./Trägergruppe 186 entstand die III./ StG 1.

Foto: Schmidt

87 A – nunmehr in einer Linsenlafette eingebaut war und bessere Richtmöglichkeiten bot. Die starre Bordbewaffnung war gleichzeitig von einem MG 17 bei der Ju 87 A auf zwei dieser Flächenwaffen erweitert worden. Da aber die bei der Ju 87 B-1 mitführbare Treibstoffmenge mit 480 l (zumindest im Vergleich zur späteren Ju 87 D) noch immer zu gering war, blieb der Einsatzradius und somit die offensiven Möglichkeiten der Ju 87 weiterhin eingeschränkt. Dafür war bei der Ju 87 B – im Vergleich zur Ju 87 A – die Funkanlage wesentlich verbessert worden, was sich im taktischen Einsatz bewährte.

Bei der Ju 87 B-2, von der bereits das Nullserienprogramm vom 26. April 1939 den Bau von zwei Mustermaschinen vorsah, spielte – wie erwähnt – der Einbau von Jumo 211 D-Motoren die wohl wichtigste Rolle. Die stärkere Triebwerksausstattung ermöglichte den Sturzkampfgruppen, Abwurflasten bis zu einer Masse von 1000 kg unter dem Rumpf-ETC zu transportieren. Unter den Flächen befanden sich

zudem ETC 50, welche für alle kleineren Abwurflasten geeignet waren.

Nur als Musterstücke wurden die Ju 87 C-Typen in mehreren Versuchs- und Nullserienmaschinen gebaut und für den Einsatz als Trägerflugzeug überprüft. Ein Teil der Maschinen wurde, nachdem der Flugzeugträger „Graf Zeppelin" nicht in Dienst gestellt wurde, bei Schulverbänden von Flugschülern aufgebraucht.

Aus der Ju 87 B, welche die Hauptlast der Einsätze deutscher Sturzkampfgeschwader über Polen, Norwegen und im Westen zu tragen hatte, wurde die Ju 87 R entwickelt. Das R stand für erhöhte Reichweite, welche durch die Mitnahme von zwei zusätzlichen 300 l fassenden Abwurfbehältern ermöglicht wurde. Insgesamt belief sich der Treibstoffvorrat nun auf 1080 l. Das erste Musterflugzeug (WerkNr. 5554, PC+XV) wurde Anfang 1940 im Junkers-Stammwerk in Dessau mit der erweiterten Tankanlage versehen und anschließend bei der E-Stelle in Rechlin auf Herz und Nieren getestet. Bis Ende 1940 stand daneben noch eine zweite

R-Variante, die Ju 87 R-2 für den Einsatz bereit.

Während die R-1 noch über den schwächeren Jumo 211 A verfügte, waren die Versionen R-2, R-2/trop und R-3 mit dem Jumo 211 D und die letzte in Serie hergestellte Ausführung, die R-4, mit einem Jumo 211 J ausgerüstet. Die Mehrzahl der produzierten Ju 87 R entfiel auf die Ausführungen R-2 sowie die R-4. Die Ju 87 R-3 entstand vermutlich nur in wenigen Exemplaren. Der Produktion der Ju 87 R schloss sich die der Ju 87 D an. Zunächst galt es hiervon die Versuchsmuster Ju 87 V 21 bis V 25 herzustellen. Nachdem der ursprünglich geplante DB 603-Reihenmotor nicht zur Verfügung stand, gelangte zumeist der Jumo 211 J bei der Ju 87 D zum Einbau. Der Motorenerprobung diente dabei die Ju 87 8 (WerkNr. 0321), wobei es zu zahlreichen größeren und kleineren technischen Problemen kam.

Das erste Versuchsmuster, die Ju 87 V 21 (WerkNr. 0536, D-INRF), nahm im Frühjahr 1941 die Flugerprobung im Werk auf. Am 14. September 1943

■ Musterflugzeug mit verstärkter Zusatzpanzerung und 2 x 300 1 Abwurfbehältern unter den Flächen.   Foto: Archiv Griehl

■ Mit Abwurfbehälter (AB 250) wird diese Junkers Ju 87 D-5 für den Russlandeinsatz vorbereitet.   Foto: Schröder

wurde die Maschine auf den serienmäßigen Zustand der Ju 87 D-1 gebracht und an die Truppe abgegeben. Auch die Ju 87 V 22, eine D-1 (WerkNr. 0540, SF+TY), diente ab Mai 1941 der Ermittlung der Flugleistungen sowie anschließend der Ausrüstungserprobung. Die Maschine stürzte während eines Motorenerprobungsfluges ab. Kohlendioxid war in die Kabine eingedrungen, was dazu führte, dass die Besatzung am 20. August 1942 in die Müritz stürzte. Die Ju 87 V 23 (WerkNr. 0542) wurde im Frühjahr 1941 der E-Stelle Rechlin zur Mustererprobung zugewiesen. Dies galt auch für die Ju 87 V 24 (WerkNr. 0544), die von einem Jumo 211 J angetrieben wurde.

Die erste tropentaugliche Mustervariante der Ju 87 D-1 stellte die V 25 dar. Die Maschine besaß einen Sandfilter vor dem Ladereinlauf und war für die Mitnahme einer Tropennotausrüstung mit zusätzlichem Wasservorrat ausgerüstet. Der Maschine folgte eine zweite Tropenvariante, welche ebenfalls die Bezeichnung D-1/trop. erhielt und die WerkNr. 5706 trug. Die

Truppenerprobung wurde mit acht Maschinen ab November 1941 unter Aufsicht der E-Stelle Rechlin absolviert.

Hierbei wurde auf die Tests mit der Abwurfbewaffnung besonderer Wert gelegt. Gleiches galt für die Dauerer-

■ Versuchsweiser Einsatz einer Junkers Ju 87 D-3 mit SC 1800-Bombe.   Foto: Nowarra

■ Versuchseinbau einer Flammenvernichteranlage an einer Junkers Ju 87 D.   Foto: Nowarra

probung mit dem Jumo 211 J. Anlässlich der Tests ging eine Maschine während einer Notlandung südlich der Erprobungsstelle verloren. Nach insgesamt 236 Flugstunden stand fest, dass es sich bei der Ju 87 D-1 um ein überaus robustes und – im Vergleich zur Ju 87 B und R – um ein weit leistungsfähigeres Baumuster handelte. Dies galt sowohl für die erreichbaren Flugleistungen, es waren nun Flüge bis zu 2 h 15 min möglich, als auch für das wesentlich stärkere Fahrwerk und den nun mit einem MC 81 Z bewaffneten B-Stand.

Bei der Ju 87 D-2 handelte es sich um die zweite Serienausführung der D-Reihe, die nahezu baugleich mit der Tropenversion der D-1 war. Die mehrfach vom Oberkommando der Luftwaffe geforderte Zusatzpanzerung bei der D-2 wurde zwar entwickelt, kam jedoch noch nicht zum Einsatz. Die Ju 87 D-2 entstand durch Umrüstung aus bereits vorhandenen D-1-Schlachtflugzeugen. Ein Teil der Maschinen wurde in Nordafrika sowie dem übrigen Mittelmeerraum eingesetzt. Die Ju 87 D-3 stellte ebenfalls eine weiterent-

wickelte D-1 mit der bereits erprobten Zusatzpanzerung (D-2), die dem Schutz der Besatzung sowie der Triebwerksanlage gegen Bodenbeschuss diente, dar. Bei der Produktion der Ju 87 D-3 handelte es sich wie bei der D-1 um Neubauflugzeuge. Es folgte die Ju 87 D-4, ein Torpedobomber mit Jumo 211 J-Reihenmotor. Dank des Waffenschlosses PVC 1006 B konnte die Maschine sowohl die 750 kg, als auch die 900 kg schweren Lufttorpedos mitführen. Als Zweitverwendungszweck war der Sturzkampfeinsatz mit und ohne Flammenvernichteranlage möglich. Im Gegensatz zu den drei bisherigen D-Baureihen, war erstmals geplant, die D-4 mit zwei MG 151/20 (im Flächeneinbau) auszurüsten. Bei dem Musterflugzeug (WerkNr. 2013) handelte es sich noch um eine D-3 Maschine. Wegen der relativ geringen Reichweite blieb es bei der fliegerischen Erprobung der neuen Bauserie; der Serienumbau entfiel ersatzlos. Die Ju 87 V 30 (WerkNr. 2296) diente als Musterflugzeug für die nächsten, endgültig stärker offensiv bewaffneten Varianten der D-Reihe. Mit zwei 2-cm-

Waffen in den vergrößerten Flächen bestückt, war die Ju 87 D-5 ein ausgesprochenes Schlachtflugzeug. Mit der Maschine wurde unter anderem die Absprengung der beiden Fahrgestellbeine in der Praxis getestet.

Die ersten Ju 87 D-5-Musterflugzeuge wurden mit Versuchsmotoren des Typs Jumo 211 P ausgerüstet, welche die bisherigen Jumo 211 J ersetzen sollten. Ferner war geplant schnellstmöglich den Jumo 213 A-1 einzubauen, da dieser noch leistungsstärker war. Da beide Motoren jedoch nicht in ausreichendem Maße zur Verfügung standen, blieb es beim Jumo 211 J. Außerdem wies die D-5 ein neues, masseausgeglichenes Querruder, ein verstärktes Bodenfenster und eine leicht geänderte Kraft- und Schmierstoffanlage aus. Als Rüstsätze waren ferner eine Schleppkupplung für Lastensegler oder eine Flammenvernichteranlage für Nacht- und Dämmerungseinsätze jederzeit möglich. Die mitführbaren Abwurflasten reichten von kleineren 50/65 kg-Bomben, bis hin zu der überschweren SC 1800-Bombe.

■ Ein Verband, bestehend aus Junkers Ju 87 D „Stuka", im Anflug auf ein Ziel in Russland. Die Maschinen gehörten zur 4. Staffel des Stukageschwaders 77.
Foto: Nowarra

Mit einer solchen Last war jedoch allenfalls ein Kurzstreckeneinsatz denkbar. Die Ju 87 D-6, sollte eine kriegsbedingt stark vereinfachte Ausführung der Ju 87 D-5 darstellen. Hierdurch wollte das RLM die angespannte Lieferlage im Flugzeugsektor zumindest etwas entspannen. Da jedoch die Umstellung der Ju 87-Serienproduktion viel zu aufwendig ausgefallen wäre, unterblieb die Serienfertigung der Ju 87 D-6. Die nächste Ausführung war die Ju 87 D-7. Es handelte sich um Umbauflugzeuge des Typs D-1, die mit den größeren Flächen der D-5 ausgerüstet wurden. Wie schon bei früheren Ausführungen konnten Flammenvernichteranlagen seitlich des Jumo 211 J installiert werden, um die Maschinen als Nachtschlachtmaschinen einsetzen zu können. Als zweite Umbauversion wurde die Ju 87 D-8 entwickelt. Es handelte sich dabei um ältere D-3, die ebenfalls die D-5-Flächen erhalten sollten. Ausrüstung und Rüstsätze, die bei der D-8 Verwendung fanden, glichen denen der D-5. Somit war bei allen diesen Versionen die Verwendung als Nachtschlachtmaschine

möglich. Die Serienproduktion der Ju 87 D-Fertigung lief erst im Dezember 1944 aus. Hierzu wurden zuletzt als Ersatzteile bestimmte Baugruppen verwendet. Die freigewordene Kapazität fiel anschließend dem Bau der Fw 190 F zu, welche alle Ju 87 D bei den Einsatzverbänden ersetzen sollte. Die erste mit 3,7-cm-Kanonen ausgerüstete Maschine gehörte noch zur Baureihe Ju 87 D-1 und wurde am 31. Januar 1943 eingeflogen. Obwohl der mitführbare Munitionsvorrat und die Flugleistungen auch nach Änderung der Waffenanlage nicht optimal waren, lief der Serienumbau des nunmehr als Ju 87 G-1 bezeichneten Panzerjägers im April 1943 an. Unter der Führung von Oberstleutnant Otto Weiss entstand ein Erprobungsverband, bei welchem unter anderem Hauptmann Hans-Ulrich Rudel die neue Ju 87 G erprobte. Um die Flugleistungen zu erhöhen, wurde der Umbau von D-1-Maschinen aufgegeben und bald auf die Ju 87 D-3 übergegangen. Die Maschinen wurden vor allem den zehn Staffeln der Sturzkampf- und späteren Schlachtverbände zugeteilt. Einzelne Piloten erzielten mit

der Ju 87 G-2 beachtliche Erfolge in der Abriegelung von Nachschubkolonnen und beim Aufhalten von Panzerverbänden. Die vorletzte Ausführung, deren Entwicklung nahezu abgeschlossen wurde, stellte die Ju 87 F-1 dar. Dank des Jumo 213 A-1 sollte diese Ausführung vor allem die langsameren Ju 87 D-3 und D-5 bei den Schlachtgeschwadern ablösen. Am 16. Januar 1943 wurden die bereits zugeteilten Jumo 213-Motoren für die Fw 190 D-9 abgezogen, da hier ein weiterer Engpass drohte. Unter der Bezeichnung Ju 87 H wurden diverse Umbau-Serien ausgearbeitet, bei denen für den Einsatz nicht mehr taugliche Ju 87 D-1 bis D-5 mit einer Doppelsteuerung versehen wurden. Das Umbauprogramm für die Ju 87 H blieb jedoch weit hinter den Planungen zurück.

Die letzten mit der Ju 87 D-5 und G-2 im Einsatz befindlichen Schlachtflieger und Panzerjägergruppen griffen Anfang Mai 1945 in die Kämpfe in Böhmen ein und zogen sich anschließend nach Westen zurück, um sich dort den westlichen Alliierten zu ergeben.

■ Eine in Nabern/Teck zwischengelandete Junkers Ju 87 mit vergrößertem Kühlereinlauf.

Foto: FAG

■ Diese Junkers Ju 87 D ist mit vier SC 50- und einer SC 500-Bombe beladen.

Foto: FAG

■ Insgesamt 174 Junkers Ju 87 G-2, bekannt als die legendären Kanonenvögel, wurden im Rahmen einer Umbauaktion hergestellt.

Foto: Reitinger

■ Rückansicht einer Junkers Ju 87 G-2 der 10. (Pz)/Schlachtgeschwader 3. Deutlich erkennbar die nahe am Fahrwerk hängenden

■ Zum Einschießen der 3,7-cm-Kanonen aufgebockte Junkers Ju 87 G.   Foto: Nowarra

Kanonenbehälter.   Foto: Reitinger

■ Tiefflug eines Fieseler Fi 156 „Storch" in dunkelgrünem Militäranstrich über Weißrußland.   Foto: Archiv Griehl

Fieseler Fi 156 „Storch" (1936)

Im Flugzeugentwicklungsprogramm vom 1. November 1935 findet sich erstmals ein Hinweis auf das Projekt eines Verbindungsflugzeuges mit sehr guten Kurzstart- und entsprechenden Landeeigenschaften. Eine Entscheidung, ob der Klemm (Siebel)-, der Messerschmitt- oder aber der Fieseler-Entwurf weiterverfolgt werden sollte, wurde im Frühjahr 1937 erwartet. Die Flugzeug-Attrappe der künftigen Fi 156 wurde bereits im Dezember 1935 von Vertretern des Technischen Amtes sowie des Kommandos der Erprobungsstelle besichtigt. Es wurde dabei besonderer Wert auf eine ungehinderte Sicht nach unten und nach allen Seiten gelegt. Das erste Versuchsmuster der Fi 156 (WerkNr. 601, D-IBXY) wurde am 10. Juni 1936 von Gerhard Fieseler eingeflogen. Laut dem Entwicklungsprogramm vom 1. Oktober 1936 waren bei den beiden ersten Fi 156 Argus As 10 C-3 Reihenmotoren und bei der V3 ein HM 508 B einzubauen.

Inzwischen war die Fi 156 V2 als erster „Storch" auch bei der E-Stelle in Rechlin eingetroffen und konnte dort fliegerisch bewertet werden.
Außer den drei Versuchsmustern hatte das RLM auch Interesse an einer aus

zehn Maschinen bestehenden Nullserie mit Argus As 10 C-3-Motoren gezeigt. Auch die V3 erhielt später ein As 10-Triebwerk und ein überarbeitetes, wesentlich robusteres Fahrwerk.
Der erste fertiggestellte „Storch", die Fi

■ Der Fieseler Fi 156 B-0 „Storch" mit dem Kennzeichen D-IKVN diente den Fieseler Flugzeugwerken als Vorführmaschine für potentielle Kunden. Hier bestaunen Hitlerjungen das Flugzeug.   Foto: Archiv Griehl

156 V1, trug bei den Fieseler Werken die WerkNr. 601 und war als D-IBXY zugelassen. Das Aussehen der Maschine wich stark von dem zweiten Musterflugzeug und damit von allen künftigen „Störchen" ab. Außer den hochgezogenen Flügelenden und die zum Seitenleitwerk hin hochgezogene Rumpfrückenverkleidung wies das zweisitzige Musterflugzeug das leichte, recht zerbrechlich wirkende Hauptfahrwerk in Rohrbauweise auf.

Der Erstflug fand am 10. Mai 1936 in Kassel statt. Beim Rollen, kurz vor der Ablieferung, wurde die Fi 156 V1 in Kassel von starkem Seitenwind erfaßt und umgeworfen. Hierbei entstanden an der Zelle der Maschine starke Schäden. Der Grund für das Umstürzen der Maschinen dürfte die geringe Spurbreite des Winter'schen Fahrwerks gewesen sein. Es folgten Reparaturen sowie der Umbau einzelner Bau-

gruppen, ehe die Maschine am 15. August 1936 von Dipl.-Ing. Ballerstedt und Flugkapitän Wolfgang Blume im Werk nachgeflogen wurde. Am 10. November 1936 traf das erste Versuchsmuster bei der E-Stelle in Rechlin zur Überprüfung des Flugverhaltens ein.

Nach dem Bruch der Fi 156 V2 am 14. November 1936 übernahm die V1 die weiteren Erprobungsvorhaben. Bis zum 17. Dezember 1936 wurde das erste Versuchsmuster in der Dauererprobung verwendet. Ende Juni 1937 schloß sich die Reichweitenbestimmung an. Anschließend kehrte die Maschine wieder zu Fieseler zurück. Die Fi 156 V1 wurde danach, bis etwa Mitte März 1938, zu Vorversuchen für die Baureihe Fi 156 C-1 eingesetzt.

Die zweite, lange für das dritte Versuchsmuster gehaltene V2, besaß zunächst, wie die V1, das Fahrgestell

Technische Daten

Fieseler Fi 156 C-1 „Storch"

Spannweite:	14,25 m
Länge:	9,90 m
Höhe:	3,05 m
Rüstgewicht:	930 kg
Zuladung:	390 kg
Höchstgeschw.:	175 km/h
Reichweite:	1000 km
Dienstgipfelhöhe:	5090 m
Triebwerk:	Argus AS 10C
Leistung:	240 PS
Bewaffnung:	1 x MG 15

mit durchlaufender, in der Mitte geteilter Achse. Dagegen war das Baumuster mit einem starren Vorflügel über 2/3 der Flächenbreite ausgerüstet. Am 29. September 1936 traf die WerkNr. 602, D-IGLI bei der E-Stelle Rechlin an der Müritz ein. Erst zwischen dem 10. Oktober 1936

■ Die seitlich ausgestellten Kabinenfenster des Fi 156 „Storch" boten dem Piloten und dem Beobachter ausgezeichnete Sichtverhältnisse.

Foto: Archiv Griehl

■ Der Fieseler Fi 156 „Storch" war als Stabsreiseflugzeug für kurze Strecken äußerst beliebt. Auch der Oberbefehlshaber der Luftwaffe, Hermann Göring, nutzte ihn.

Foto: Archiv Griehl

und dem 29. Oktober 1936 durchlief die Maschine die Eingangskontrolle. Während dieser Zeit flog Dipl.-Ing. Helmut Czolbe am 30. Oktober 1936 die Maschine in Rechlin. Kleinere Beanstandungen und Defekte wurden anschließend gleich vor Ort beseitigt. Zwischen dem 9. November 1936 und dem 14. November 1936 wurde das Musterflugzeug nachgeflogen und einer genauen Funktionserprobung unterzogen. Hierbei zeigte sich, daß die V2 hinsichtlich der Rolleigenschaften, die auf Dr. Ing. Winters Änderungen am Fahrwerk herrührten, gelitten hatte. Am Tag der Wehrmacht des Jahres 1938 landete die V2 auf der Straße „Unter den Linden" in der Berliner Innenstadt.
Im Juli und August 1937 wurden die Flugleistungen der Fi 156 V3 (WerkNr. 603) von der E-Stelle in Rechlin bewertet. Anfang 1938 erhielt die Maschine versuchsweise in der Frontverglasung der Kabine angebrachte, rotierende Klarsichtscheiben. Ansonsten glich die Maschine weitgehend der Fi 156 V2.

Nur als Bruchzelle für die statische Erprobung diente die WerkNr. 604. Den Versuchsmustern folgte eine Kleinserie von zehn Fi 156 A-0 (WerkNrn. 605 bis 613). Die Nullserie Fi 156 A-0 stellte ein zwei- bis dreisitziges Verbindungsflugzeug dar, bei dem ein Argus As 10 C zum Einbau gelangte. Als einzige Bewaffnung wurde eine Maschinenpistole MP 28 mitgeführt. Der Kraftstoffvorrat belief sich auf insgesamt 148 l und war in zwei getrennten Behältern untergebracht. Das erste Nullserienflugzeug wurde im April 1937 in Kassel nachgeflogen. Eine der Nullserienmaschinen, die WerkNr. 609 (D-IGSF, TI+HR), wurde mit einem Fanghaken für Decklandungen ausgerüstet. Bei den ersten Tests glückte Leo Conrad am 2. September 1937 die Landung auf dem Flugsicherungsschiff „Greif". Beim zweiten Test ging Albert Wahl mit seinem „Storch" über Bord. Während die Maschine (WerkNr. 609) versank, konnte der Pilot von der Besatzung gerettet werden. Der Fi 156 A-0 schloß sich der Bau von

14 Fi 156 B-0 an. Die Ausführung dieser Maschinen entsprach weitgehend der der Fi 156 A-0. Im Vergleich zur A-0 hatte die B-0 ein noch höher belastbares Fahrwerk erhalten. Die erste dieser Maschinen, die WerkNr. 615 (D-IMAN), wurde am 25. August 1937 von Schäfer eingeflogen. Der Einflug der letzten B-0 (WerkNr. 628, D-IFMS) fand am 22. Dezember 1937 in Kassel statt.
Die dritte Fi 156 B-0, die WerkNr. 617 (D-IOID), diente als Musterflugzeug für die neue Baureihe Fi 156 C-1, die als Standardversion des nun als zweisitzig bezeichneten Verbindungsflugzeuges galt. Für einen zweiten Passagier war lediglich ein Notsitz im hinteren Teil der Kabine vorhanden. Eine Nullserie (C-0) wurde nicht für notwendig gehalten, da die zellenseitigen Änderungen im Vergleich zur A-0 und B-0 doch relativ gering ausgefallen waren. Geändert hatte man die Kabine und die Strebenverkleidung. Wie schon die B-0 war auch die C-1 bis auf eine mitgeführte MP 28 (40) unbewaffnet.

■ Nahaufnahme des Argus As 10 P-Motors, der in zahlreichen Varianten im „Storch" zum Einbau kam.   Foto: Archiv Griehl

■ Die Stärke des „Storch" im Kurzstart- und Landebereich verdankte er seiner starren Vorflügelkonstruktion.   Foto: Archiv Griehl

■ Die Verwendung des Rüstsatzes 3 (Schneekufen) machte den Fieseler Fi 156 „Storch" auch für den Winterbetrieb, speziell an der Ostfront, tauglich.
Foto: Archiv Griehl

Die Fi 156 C-1 wurde von einem Argus As 10 C-3 angetrieben. Als FT Anlage kam entweder das FuG VII oder das FuG XVII zum Einbau.

Das Baureihenblatt Fi 156 vom 1. August 1944 weist im Gegensatz zu den Baureihenaufstellungen früherer Jahre zehn Rüstsätze auf:

Rüstsatz	1	Fieselerspinne
	2	FT-Anlage (FuG 16)
	3	Schneekufen
	4	Panzerplatte (nicht für F-1)
	5	Elektrisch beheizte Sichtscheibe
	6	Scheinwerfer
	7	Winternotausrüstung
	8	Azetylenflasche mit Anschlüssen
	9	FT-Anlage (FuG 21a) nur für F-1
	10	ETC 50 (nur für F-1)

Außerdem war bei der Fi 156 C-1 der Einbau einer Reihenbildanlage bereits konstruktiv vorgesehen. Die erste, serienmäßige Fi 156 C-1 (WerkNr. 629, D-INBC) erhielt anschließend das Rufkennzeichen TI+HS und war bei der E-Stelle in Travemünde im Einsatz. Der Fi 156 C-1 folgte die Ausführung Fi 156 C-2. Als Musterflugzeug wurde die zur C-1 umgerüstete B-O mit der WerkNr. 617 verwendet. Die Maschine wurde mit dem Mustereinbau (So 2) eines beweglichen MG 15 mit 150 Schuß Munitionsvorrat im rückwärtigen Kabinenteil versehen. Die Defensivwaffe

■ Als Abwehrbewaffnung erhielt der Fieseler Fi 156 „Storch" ein MG 15, nach hinten und oben feuernd. Die schwache Bewaffnung konnte aber eine wirkliche Verteidigung gegen Jagdflugzeuge nicht sicherstellen.
Foto: Archiv Griehl

war in einer kleinen Linsenlafette (LLK) eingelassen und bestrich den rückwärtigen Luftraum. Die Fi 156 C-1 stellte eine bewaffnete B-0 dar. Als nächste Bauausführung wurde die Fi 156 C-3 angeboten. Bei diesem Verbindungsflugzeug wurde der Argus As 10 P-1 (oder ein R) mit einer elektrischen Zündung eingebaut. Die Zelle der C-3 entsprach nahezu der der Fi 156 C-2. Die Maschine war, außer mit dem MG 15 in Linsenlafette, zeitweise auch noch mit einer MP 40 bestückt. Von der Fi 156 C-3 entstand außerdem eine Tropenversion, die mit „trop." abgekürzt wurde. Die ersten elf tropentauglichen „Störche" wurden im Mai 1941 aus der Monatsproduktion von 24 Fi 156 C-3 abgezweigt.

Die Fi 156 C-5 gab es offensichtlich nur als Tropenversion. Es handelte sich um die Verwendung früherer C-3-Flugzeuge mit Tropenausstattung. Die Bewaff-

nung wurde dabei vollständig entfernt. Außerdem kam an Zusatzausrüstung ein Notsender mit Mast und Verankerungsmaterial zur Ausrüstung hinzu. Wegen der persönlichen Zusatzausstattung konnte in der rechten Fläche nur noch ein Treibstofftank (74 l) und in der linken Fläche zwei dieser Behälter mitgeführt werden. Als Triebwerk besaß die C-5 einen Argus As 10 C-3-Motor.

Die letzte Ausführung der Baureihe C bestand in der Fi 156 C-7, einem Verbindungsflugzeug mit der Motorenanlage der C-3. Damit besaß die C-7 auch einen elektrischen Anlasser. Die Maschinen verfügten wieder über einen Rumpf ohne MG 15-Stand.

Die sich anschließende Baureihe D kam in drei unterschiedlichen Varianten als Sanitätsflugzeug heraus. Es handelte sich bei der zunächst gebauten Fi 156 D-0 um eine Abwandlung der Fi 156

C-3, wobei der Einbau des beweglichen MG 15 sowie die Mitnahme einer Maschinenpistole entfiel. Den Raum hinter dem Piloten füllten nun zwei Krankentragen oder eine Feldtrage nebst einem Begleiter. Im seitlichen Rumpf war eine Klappe eingelassen, um das Beladen zu erleichtern. Aus der Fi 156 D-0 entstand die serienmäßige Version Fi 156 D-1. Zur Vergrößerung der Reichweite waren zwei Zusatzbehälter in den Flä-chen installiert worden. Die Fi 156 D-2 glich der D-1, war aber, soweit als möglich, fertigungstechnisch verfeinert worden.

Die Ausführung des „Storch" als Seenotmaschine erhielt die Baureihenbezeichnung Fi 156 E-0. Da diese Flugzeuge offensichtlich eine zu geringe Reichweite für Sucheinsätze über See aufwiesen, wurde die weitere Umrüstung als Seenotflugzeug gestrichen. Als sogenannter „Polizei-Storch" wurde die Fi 156 F-0 hergestellt. Es han-

■ Vor dem Anlassen mußte der Propeller mehrere Male durchgedreht werden. Hier ein Vorführflugzeug in Bulgarien, das den „Storch" später auch einführte.

Foto: Archiv Griehl

■ Eine Fieseler Fi 156 C-3 „Storch" fliegt Überwachung rückwärtiger Räume an der Ostfront. Foto: Archiv Griehl

delte sich um eine entsprechend ausgerüstete C-3. Der Einbau des MG 15 in einer rückwärtigen Linsenlafette entfiel. Dafür wurde die Mitnahmemöglichkeit auf zwei Maschinengewehre, die im Erdkampf eingesetzt werden sollten, seitlich in der Kabine erweitert. Ferner konnte dort eine MP 40 mit Munitionsvorrat untergebracht werden. Bis zu drei ETC 50 zwecks Mitnahme von Abwurflasten, konnten nachgerüstet werden. Vom „Polizei-Storch" gab es noch die Ausführung Fi 156 F-1. Diese glich bis auf das elektrisch anzulassende Argus As 10 P-1 Triebwerk und die anfangs an den Flügelstreben angebrachten ETC's der Ausführung C-3. Zur Partisanenbekämpfung konnte die Fi 156 F mit zwei Rosten 24 SD 2/XII ausgerüstet werden.
Im Sommer 1942 forderte Reichsmarschall Hermann Göring die Entwicklung und Herstellung eines gepanzerten „Storch". Von dieser Ausführung sollten monatlich 20 Stück produziert werden. Infolge der Gewichtszunahme war selbst eine vernünftige Teilpanzerung der Maschine nicht machbar. Als Schwimmerversion sollte die Fi 156 C zu einem „See-Storch" entwickelt

werden. Eine Umkonstruktion erschien jedoch vom Aufwand her als nicht gerechtfertigt. Die Pläne wurden ebenfalls schnell zu den Akten gelegt.
Die gesamte Produktion der Fi 156 fand zunächst allein im Stammwerk der Fieseler Flugzeug Werke in Kassel statt. Sie belief sich 1936 auf drei und im Jahre 1937 auf 24 Maschinen. Das Lieferprogramm vom 1. Januar 1938, welches den Zeitraum vom Januar 1938 bis Juni 1939 abdecken sollte, wies 91 Maschinen aus. Im Lieferprogramm 10 vom 1. Januar 1939 waren in der Zeit vom 1. Januar 1939 bis einschließlich zum 30. Juni 1941 insgesamt 220 „Störche" vorgesehen. In mehreren Schritten wurde die Anzahl der zu bauenden „Störche" nach oben gesetzt. Das Lieferprogramm 222 vom 1. Juli 1942 sah für den Zeitraum bis zum 30. September 1944 insgesamt 2127 Fi 156 vor. Die Produktion der Fi 156 „Storch" mußte im Oktober 1943 im Stammwerk der Fieseler Werke eingestellt werden, nachdem dort die Produktion von Fw 190 A-Jagdmaschinen immer breiteren Raum einnahm.
Bei Morane-Saulnier in Frankreich sollte die Fi 156 ab April 1942 in Serie pro-

duziert werden. Das dort gebaute, erste Produktionsmuster trug die WerkNr. 1001. Zwischen April 1942 und August 1944 wurden knapp 800 „Störche" produziert. Die Produktion in Frankreich hatte zwangsläufig nach der Landung alliierter Truppen in der Normandie und der Provence im Sommer 1944 ihr Ende gefunden. Die Fertigung wurde daher im Protektorat Böhmen und Mähren bei LBB in Budweis und Mraz in Chocen verstärkt, beziehungs-weise bei Mraz neu begonnen. Bei Mraz wurden zwischen Juli und De-zember 1944 ingesamt 24 Fi 156 D-2 und 40 C-7 endmontiert. Bei LBB ent-standen zwischen Dezember 1943 und Ende 1944 insgesamt 10 Fi 156 D-2 und 62 Fi 156 C-7. Die Werknum-mernblöcke dieser Maschinen began-nen mit 475.
In den ersten drei Monaten des Jahres 1945 wurden lediglich noch 15 Fi 156 hergestellt. Die Mehrzahl aller Fi 156 wurde bei der Luftwaffe als Verbindungsflugzeug geflogen. Daneben kam der „Storch" aber auch als Beobachtungsflugzeug, vor allem aber als Sanitätsmaschine zum Einsatz auf allen bekannten Kriegsschauplätzen.

■ Bis zum Kriegsende war der „Storch" bei allen höheren Stäben als Verbindungsflugzeug im Einsatz.　　Foto: Archiv Griehl

■ Dieses Bild hat wahren Seltenheitswert. Selbst Winston Churchill bediente sich gelegentlich eines erbeuteten „Storch". Am Steuer ein Pilot der Royal Air Force.　　Foto: Archiv Griehl

■ Der Schnellbomber Junkers Ju 88 A-2 sollte sich zu einem Standardbomber der Luftwaffe entwickeln. Ursprünglich unbewaffnet konzipiert, erwies sich eine umfangreiche Defensivbewaffnung als unbedingt notwendig.　Foto: Archiv Griehl

Junkers Ju 88 (1936)

Die Entwicklung der Ju 88-Kampfflugzeuge baute auf einer Vielzahl unterschiedlicher Entwürfe auf. Ein Teil der Pläne wurde bis hin zu einer 1:1 großen Attrappe verwirklicht. Am Ende kristallisierte sich jedoch ein mehrsitziges Schnellkampfflugzeug mit Stufenkanzel heraus, das mit zwei Daimler-Benz DB 600-Motoren ausgerüstet werden sollte.

Die Konstruktion der ersten fünf Musterflugzeuge lag in den bewährten Händen der Junkers-Konstrukteure Evers und Gassner. Im Herbst 1937 wurde aus dem ursprünglich konzipierten Schnellbomber – auf Drängen des Technischen Amtes (Ernst Udet) – ein schweres Sturzkampfflugzeug. Die endgültige Entscheidung fiel am 23. Dezember 1937.

Maßgeblich an der Entwicklung waren die Konstrukteure Cruse und Schilling beteiligt.

Das erste Versuchsmuster, die Ju 88 V1 (WerkNr. 4941, D-AQEN), war mit DB 600 C-Motoren ausgerüstet. Der Erstflug fand am 21. Dezember 1936 statt.

Nach zahlreichen Erprobungsflügen wurde die Maschine für Vorversuche für die Ju 288 genutzt.

Der zweite Prototyp war die Ju 88 V2 (WerkNr. 4942, D-ASAZ), die ab dem 10. April 1937 die Erprobung aufnahm und ebenfalls DB 600 C-Reihenmotoren besaß. Als erstes Musterflugzeug mit Jumo 211 A-Triebwerken folgte am 13. September 1937 die Ju 88 V3

(WerkNr. 4943, D-AREN), die bereits am 24. Februar 1938 in Fürth, infolge eines Motorbrandes, zerstört wurde.

Die Ju 88 V4 (WerkNr. 4944, D-ASYI) wies eine neue Kanzelstruktur auf und war versuchsweise mit BMW 801-Motoren ausgerüstet worden. Nach dem Ende der Erprobung diente das Baumuster lange als Ausbildungszelle. Dem Rekordflugzeug Ju 88 V5, folgte

■ Bei dem Kampfgeschwader 30 wurden einige Junkers Ju 88 A-0 getestet.

Foto: Archiv Griehl

die Mustermaschine für die erste Serienausführung, die Ju 85 V6 (WerkNr. 4946, KD+ME). Die Mustermaschine wies einen verlängerten Rumpf, ein größeres Höhenleitwerk sowie – versuchsweise – einen zweiten Bombenschacht im mittleren Rumpfteil auf. Der Erstflug fand am 18. Juni 1938 statt. Die Maschine überlebte relativ lange und ging am 13. April 1944 in Brandis bei Leipzig zu Bruch.

Als erste Serienversion des Ju 88-Kampfflugzeuges wurde die Ausführung A-1 entwickelt. Der schwere Sturzkampfbomber wurde von zwei Jumo 211 B oder G angetrieben. Zunächst war geplant, die Maschinen mit vierblättrigen Luftschrauben zu versehen, was jedoch unterblieb, worauf dreiblättrige VDM-Verstellluftschrauben zum Einbau gelangten.

Die Defensivbewaffnung bestand vorläufig aus drei beweglichen MG 15. Die während der ersten Kampfeinsätze gewonnen Erfahrungen zeigten jedoch,

daß diese Bestückung keinesfalls ausreichte, um sich moderner, gegnerischer Jagdmaschinen zu erwehren. Die maximale Bombenlast lag bei 1400 kg im Rumpfbombenschacht. Es konnten aber auch 500 kg im Schacht und vier 250 kg-Bomben unter den Flächen geladen werden. Die von den Junkers-Werken errechnete Reichweite lag zwischen 1260 km mit 2400 kg Abwurflasten und 3680 km mit 500 kg Bomben. In diesem Fall führte die Ju 88 A-1, außer zwei großen Rumpftanks im Bombenschacht, auch noch einen Abwurftank unter der linken Fläche mit. Der Rumpf der Ju 88 A-1, wie auch der übrigen Versionen, war in moderner Schalenbauweise hergestellt und bestand aus Rumpfvorderteil mit Kabinensektion, dem Rumpfmittelstück mit Bombenschacht und dem Rumpfende mit Leitwerksanlage. Die freitragenden Flächen waren durch je vier Kugelverschraubungen mit dem Rumpf verbunden und leicht abnehmbar. Das Leit-

Technische Daten	
Junkers Ju 88 A-4	
Spannweite:	20,08 m
Länge:	14,36 m
Höhe:	5,33 m
Flügelfläche:	54,70 m²
Abfluggewicht:	13.700 kg
Triebwerk:	2 x Jumo 211 J
Leistung max.:	je 1350 PS
Reichweite:	2600 km
Flugzeit:	6:10 h
Höchstgeschw.:	428 km/h
Reisegeschw.:	380 km/h
Besatzung:	4
Gipfelhöhe:	8500 m
Steigzeit min./H:	24/4000 m

werk gliederte sich in ein freitragendes, geteiltes Höhenleitwerk mit Rudern, die einen Innenausgleich aufwiesen und in

■ Blick in den Kanzelbereich einer Junkers Ju 88 A-1 vor einem Einsatz gegen Schiffsziele.   Foto: Archiv Griehl

■ **Eine frühe Junkers Ju 88 A-5 kurz nach dem Eintreffen im Verband.**

Foto: Archiv Griehl

ein zentral angeordnetes Seitenleitwerk mit Flettnerrudern. Die Ju 88 A-1 verfügte über ein vollständig in die hinteren Motorgondeln einziehbares Radfahrwerk, das gegen ein Ski-Fahrwerk (S1) ausgetauscht werden konnte. Wegen der sich mit dem Ski-Fahrwerk ergebenden Geschwindigkeitsreduzierung blieb es insoweit bei einigen Versuchen.

Von der Ju 88 A-1 waren im April 1941 insgesamt 234 Maschinen als Sturzkampfbomber und weitere 115 als Fernaufklärer bestellt. Versuchsweise wurden von diesen vier Flugzeuge mit den leistungsstärkeren Jumo 211 J-Motoren versehen und eingehend getestet. Ein Teil der Ju 88 A-1-Maschinen wurde im Rahmen von Umbaumaßnahmen mit einer verstärkten, nun aus zwei MG 15 bestehenden, rückwärtigen Kanzelbewaffnung versehen. Ein Teil der schließlich noch vorhandenen A-1 wurde den C-Schulen zugeteilt und dort in der Ausbildung aufgebraucht. Als Vorläufer für die Ju 88 A-5-Baureihe wurde das Versuchsmuster Ju 88 V7 (WerkNr. 4947, GU+AE) hergestellt. Der Erstflug des Prototyps fand am 27. September 1938 statt. Ab Sommer 1939 wurde das Musterflugzeug bei der E-Stelle Rechlin eingesetzt. Aus dieser Maschine entstand die erste in wirklich großen Stückzahlen produzierte Ausführung, welche die

Bezeichnung Ju 85 A-5 trug. Im Gegensatz zur Ju 88 A-1 besaß diese Variante eine größere Spannweite und im Laufe der Produktionsphase stärkere Reihenmotoren (Jumo 211 F). Die Maschinen wurden stärker bewaffnet und konnten, dank der leistungsfähigeren Motoren, bis zu zwei SC 1000 Bomben mitführen. Zur Reichweitensteigerung konnten bis zu zwei 900 l-Abwurfbehälter unter den Bomben-ETC eingehängt werden. Für den Einsatz im Mittelmeerraum wurde eine Tropenversion, die A-5/trop, entwickelt.

Von der Ju 88 A-5 waren Anfang 1941 insgesamt 114 Maschinen als Bomber und Zerstörer sowie weitere 298 als Fernaufklärer geplant. Mindestens fünf Maschinen wurden versuchsweise mit einem MG FF im A-Stand bewaffnet und ausgiebig erprobt. Die Ausführung A-5 diente ferner dem Umbau zu Maschinen mit einem Behelfsballonabweiser sowie zu einem schweren Schiffszerstörer, von dem jedoch nur zwei Mustermaschinen hergestellt wurden. Zwei Ju 88 A-5 wurden versuchsweise mit einer „Kutonase" versehen, während schließlich zehn Maschinen einen ausladenden Ballonabweiser erhielten. Bei der nächsten Großserienausführung, der Ju 88 A-4, handelte es sich um einen viersitzigen Horizontal- und Sturzkampfbomber, der, mit dem entsprechenden Rüstsatz versehen, gegen Land- und Seeziele zum Einsatz

gelangen konnte. Die Maschinen dieser Ausführung sollten möglichst bald von zwei flüssigkeitsgekühlten Jumo 211 J-Einspritzer-Motoren angetrieben werden und besaßen Ladeluftkühler. Als Propeller wurden VS 11-Verstellschrauben verwendet.

Als Versuchsmuster für diese Version wurden die Ju 88 V21 (WerkNr. 3113, ND+BM), welche die Erprobung am 1. November 1940 aufnahm, und die Ju 88 V22 verwendet. Die Maschinen wurden zunächst von Jumo 211 F-Motoren angetrieben, die im Laufe der Erprobung gegen Jumo 211 J ausgetauscht wurden. Sie waren noch im März 1941 als Erprobungsflugzeuge vorhanden.

Von der neuen Ju 88 A-4 waren drei unterschiedliche Rüstzustände vorhanden: Rüstzustand A mit vier geschützten Kraftstoffbehältern in den Flächen (Inhalt: 1680 l) sowie zwei geschützten Schmierstoffbehältern (Inhalt: 210 l); Rüstzustand B mit zusätzlichem Kraftstoffbehälter von 1220 l Inhalt im Rumpf und Rüstzustand C: wie Rüstzustand B, jedoch mit einem zweiten Rumpfbehälter von 680 l und einem zusätzlichen, geschützten Schmierstoffbehälter von 106 l Fassungsvermögen im linken Tragflügel. Der Kraftstoffverbrauch lag bei durchschnittlich 640 l/h, was der Maschine, für damalige Verhältnisse, eine respektable Reichweite verlieh.

■ Die vierköpfige Besatzung im engen Cockpit der Junkers Ju 88 arbeitete sprichwörtlich auf Tuchfühlung.   Foto: Schröder

■ Die rückwärtige Defensivbewaffnung war ursprünglich in Linsenlafetten am hinteren Teil der Kanzel eingebaut.   Foto: Mills

■ Diese Junkers Ju 88 einer Aufklärungsgruppe wurde zur bewaffneten Aufklärung eingesetzt.

Foto: Archiv Griehl

Zur einsatzmäßigen Bewertung der mit Jumo 211 J-Motoren, unterschiedlicher Zuladung und verschieden ausgelegten Bewaffnungsstände ausgerüsteten Maschinen dienten, die Ju 88 V36 (WerkNr. 5026) und die Ju-V37 (WerkNr. 3127), welche ab 1940 in Dessau erprobt wurden. Von diesen war die erste ab Spätherbst 1940 bei den Junkers-Motorenwerken als Versuchsmuster im Einsatz. Die zweite Maschine war dem Junkers-Werk in Dessau zugedacht, konnte aber bis zum 1. März 1941 noch nicht fertiggestellt werden.

Laut Lieferplan vom April 1941 war von der A-4 eine Ausbringung von 652 Maschinen als Bomber vorgesehen, von denen später 40 als A-4/trop. umgebaut werden sollten. Es handelte sich dabei um eine Ausführung für den Tropeneinsatz, welche später als Ju 88 A-11 bezeichnet wurde. Als Mustermaschine wurde die Ju 58 V42 (D-AFBG, DH+NE WerkNr. 1042) ab 1941 im Mittelmeerraum getestet. Im März 1942 waren bereits 1058 A-4/trop, jedoch nur 370 Maschinen in Normalausführung, in den Lieferplänen aufgenommen. Ab Sommer 1941 starteten erstmals Ju 88 A-4-Kampfflugzeuge zu ihren Einsätzen über den Britischen Inseln. Der erste Verlust einer

■ Eine Ju 88 A-5 der I. Gruppe des Lehrgeschwaders 1 mit untergehängten Bomben vor einem Schulungseinsatz.

Foto: Archiv Griehl

A-4 trat Anfang September 1941 über Schottland (Craignior bei Stonehaven) ein. Eine zweite Ju 88 A-4 (WerkNr. 1436) wurde am 28. Oktober 1941 von einem englischen Nachtjäger abgeschossen und schlug in der Nähe der Ortschaft Bridgewater auf. Drei der vier Mann Besatzung konnten mit dem Fallschirm abspringen. Die dritte Ju 88 A4 (WerkNr. 1405) wurde bei Maplethorpe von der englischen Flak abgeschossen.

Zwischen 1941 und 1944 wurden Ju 88 A-4 in großen Stückzahlen, zumeist bei den Kampfgeschwadern KG 1, 6, 30, 51, 54, 76 und 77 sowie dem Lehrgeschwader LG 1 eingesetzt. Bereits ab Ende 1942 entstand aus der bisherigen Ju 88 A-4 die verbesserte Baureihe A-14. Diese unterschied sich von ihrem Vorläufer durch die Verwendung einer sogenannten „Kutonase", mit der sich Sperrballonkabel durchtrennen ließen. Ferner war ein bewegliches MG FF im A-Stand einge-

baut, das vom Beobachter zumeist für den Bodenbeschuß eingesetzt werden konnte. Ein eigenes Versuchsmuster für diese Bauausführung wurde nicht hergestellt, da die verbesserten Baugruppen bereits bei anderen Ju 88-Musterflugzeugen getestet worden waren. Die erste Ju 88 A-14 verlor das KG 6 am 18. Januar 1943 bei einem Einsatz über der englischen Grafschaft Kent. Außer bei diesem Verband waren A-14 vor allem bei der I./KG 54 eingesetzt. Von der Ju 88 A-14 wurden bis zum 15. Juli 1944 insgesamt 743 Maschinen hergestellt.

Mittels eines Rüstsatzes konnte der Bomber Ju 88 A-4 durch die Truppe zu einem LT-Bomber (Lufttorpedo), der A-4/trop umgewandelt werden. Maschinen, die bereits beim Hersteller mit einer LT-Ausstattung versehen wurden, trugen die Bezeichnung A-17. Die Mehrzahl dieser Maschinen wurde beim „Löwengeschwader", dem KG 26, über dem Nordatlantik sowie dem

Mittelmeer, aber auch vor der nordafrikanischen Küste eingesetzt. Teilweise griffen die A-17-Torpedobomber ihre Ziele auch gemeinsam mit den mit SD 500- und SD 1000-Bomben bestückten Ju 88 A-4 der III./KG 30 an. Außer mit den üblichen Lufttorpedos (LT F-5), mit denen zahlreiche Einsätze geflogen wurden, konnten einige wenige Maschinen auch mit dem LT 350 „Kreisläufer" sowie versuchsweise dem Gleittorpedo LT 950 erprobt werden.

Zahlreiche Ju 88 A-5 und A-4 wurden im Dienstbereich des Kommandos der Erprobungsstellen (KdE) als Versuchsträger eingesetzt. In Cazeaux (Frankreich) sowie in Rechlin, Tarnewitz, Udetfeld und Werneuchen wurden die Grundversionen für mannigfaltige Erprobungsvorhaben mit Starrbewaffnung (MK 111, MK 112, BK 5, BK 7,5, DüKa 8,8, WB 151) und neuartigen Abwurfwaffen aller Art eingesetzt. Darüberhinaus wurde versucht, die Höhenleistungen der bisherigen

■ Betankung einer Ju 88 A-5 während einer Zwischenlandung zu einem Überführungsflug.   Foto: Wagner

■ **Zum Bestand des KG 51 gehörte diese, zur 9. Staffel gehörende, Ju 88 A, die auf eine Bf 109 gerollt ist.** Foto: Spork

Ju 88 A-4 durch die Verwendung von Turboladern wie dem TK 9 oder dem TK 11 nachhaltig zu erhöhen. Hierfür wurden vier Versuchsmaschinen genutzt, von denen die erste die Ju 88 V31 darstellte. Im Frühjahr 1941 sah der damals gültige Lieferplan die Produktion von 652 Ju 88 A-4-Zellen vor, von denen ein Teil als Tropenversion herzustellen war. Bis Anfang 1942 wandelte sich das Bild. Nunmehr waren 370 A-4 in der Normalausführung, jedoch 1058 als tropentaugliche Kampfflugzeuge zu produzieren. Einige dieser Maschinen sollten versuchsweise mit BMW 801-Motoren und GM-1-Anlage sowie mit einer verstärkten rückwärtigen Defensivbewaffnung zum Einsatz bei den Kampfgeschwadern der Luftwaffe gelangen. Allein von der Ju 88 A-4 wurden bis zum 30. Juni 1944 bei Junkers (JFM) 1014, bei Henschel (HFW) 1240, bei Arado-Brandenburg (ArB) 161, bei ATG 1177, bei Dornier (NDW) 153, bei Heinkel (HWO) 290 sowie bei weiteren Herstellern nochmals 1435 hergestellt, von denen allerdings ein Teil als Zerstörerflugzeuge oder Nachtjäger herauskam.

Die aus der Ju 88 A-4 abgeleitete B-Ausführung wurde nur in Form von Musterflugzeugen realisiert. Als Hauptversion war die Ju 88 B-2 geplant, die sich durch Jumo 213-Motoren und eine Bombenlast von bis zu zwei SC 1800

als wesentlich kampfstärker darstellte. Die Mehrzahl dieser Maschinen gelangte jedoch nicht als Bomber, sondern als schneller Fernaufklärer über dem östlichen Kriegsschauplatz zum Einsatz. Einige andere flogen ausschließlich als Versuchsmuster und führten zur Ju 88 E, aus der später die Ju 188 entstehen sollte.

Die erste Mustermaschine für die Baureihe Ju 88 B war die BV23 (B-2, WerkNr. 0023), die mit Jumo 213-

Motoren geplant war. Der Prototyp befand sich am 1. November 1940 in der Endmontage. Die Ju 88 B V24 (WerkNr. 0024) wurde zur gleichen Zeit mit BMW 801-Doppelsternmotoren ausgerüstet und erhielt sowohl ein FuG 16 als auch ein FuG 25. Mit der Ju 88 V26 (WerkNr. 0026) und der V27 (WerkNr. 0027) wurde die allgemeine Flugerprobung durchgeführt. Den Maschinen folgten noch die Versuchsmuster V28 bis V32. Die mit

■ **Diese Junkers Ju 88 A-4 diente vor allem zur Schiffsbekämpfung.** Foto: Stapfer

einem der späteren Ju 188 entsprechenden Kampfkopf versehenen Ju 88 B sollten, Junkers-Unterlagen zufolge, mit zwei Luftminen (LMA) eine taktische Eindringtiefe von bis zu 1400 km besitzen. Als Motoren waren Jumo 213 A-1 vorgesehen, deren Herstellung sich jedoch stark verzögerte.

Aus der Ju 88 B wurde der Bomber Ju 88 E (später als Ju 188 bezeichnet) sowie der Fernaufklärer Ju 88 F (später Ju 188 F) abgeleitet. Im Februar 1942 war geplant, von der Ju 88 E-1 insgesamt 23 und von der E-1/trop. 430 Maschinen zu bauen. Eine Planungsübersicht vom September 1943 erwähnt außerdem 182 Ju 88 E-2-Kampfflugzeuge. Gleichzeitig sollten 270 Ju 88 F-1/trop als Fernaufklärer (und Bomber) entstehen.

Den nächsten Schritt stellte die Ju 288 A-2 dar, im Grunde ein völlig neues Baumuster, das dank Jumo 222-Motoren einen Bombenlast von bis zu 5000 kg befördern sollte. Da diese Triebwerke nicht rechtzeitig serienreif wurden, blieb es auch in diesem Fall bei einigen Mustermaschinen.

Im Spätsommer 1942 wurde notgedrungen, wegen der gestiegenen Gefährdung durch gegnerische Jäger, entschieden, aus dem bisherigen, schweren Sturzkampfbomber, der Ju 88 A-4, wieder einen schnellen, nur leicht bewaffneten Schnellbomber mit BMW 801-Triebwerken und GM 1-Anlage herzustellen. Die ersten dieser Maschinen trugen die Baureihen-Bezeichnungen Ju 88 S-0 und S-1.

Als Prototypen wurden die mit BMW 801 D ausgerüsteten Ju 88 V55 (VL+KY) und die V56 (NB+MB) erprobt. Von dem Schnellbomber Ju 88 S wurde zunächst eine Nullserie von zehn Maschinen durch Umrüstung vorhandener Ju 88 A-4 hergestellt. Eine dieser Maschinen, die 3E+LS, ging im März 1944 über England verloren. Der Schnellbomber gehörte zum Bestand der 8./KG 6. Die zehn Ju 88 S-0 unterschieden sich von der späteren S-1-Version durch die zunächst beibehaltene Bodenwanne. Außerdem waren die Musterflugzeuge noch mit einem MG 15 versehen und wiesen die übliche, aus zwei Maschinenwaffen bestehende, rückwärtige Bewaffnung der A-4 auf. Die Maschinen waren jedoch zunächst nicht mit Außen E-TC ausgerüstet. Die gesamte Bombenlast wurde, um den schädlichen Luftwiderstand zu minimieren, im hinteren Bombenschacht untergebracht.

■ Als Schattenspender diente diese Ju 88 A-4 im Mittelmeerraum. Foto: Welfen

■ Vorbereitung einer SD-1000 Bombe vor einer frühen Ju 88 A-5. Foto: Welfen

■ Das Musterflugzeug der Baureihe Ju 88 S während der Werkserprobung.   Foto: Herwig

Die Maschinen wiesen außerdem die aerodynamisch verbesserte Rumpfspitze auf.

Bei der Ju 88 S-1 war lediglich die Mitführung von 18 kleineren Abwurflasten bis zu 50 kg Masse – im vorderen Bombenschacht – möglich. Im hinteren fand die GM 1-Anlage Platz. Die Funkausrüstung der Ju 88 S bestand in der Regel aus je einem FUG 10P, 17E, 25a, 28, dem FuBl 2F und dem Feinhöhenmesser FuG 101.

Dank dieser Ausrüstung konnte die Ju 88 S bei fast jedem Wetter zum Einsatz gelangen.

Bei der Serienausführung war die Defensivbewaffnung auf ein MG 131 im B-Stand reduziert. Als Munitionsvorrat dieser Waffe wurden 500 Schuß mitgeführt. Wegen der verringerten Defensivbewaffnung belief sich die Besatzung nur noch auf drei Mann, für die eine verstärkte Höhenatmer-Anlage bereitstand.

Gleichzeitig mit der Ju 88 S-1 entstand die Ausführung S-2 mit großer Bombenwanne, von der relativ wenige Maschinen hergestellt wurden. Der Grund lag im Fehlen einer genügend großen

Anzahl von BMW 801 TJ-Höhentriebwerken. Die GM 1-Anlage entfiel bei der S-2. Insgesamt wurden nur 16 Maschinen dieser Baureihe hergestellt.

In Rechlin wurde im Juli 1943 die Ausführung Ju 88 S-3 als Nachfolgerin der bisherigen S-1 getestet. Bis zum 4. September 1943 konnten die Leis-

■ Im Winter 1943/44 entstand diese Aufnahme einer Junkers Ju 88 S-3 im Westen Europas.   Foto: Spork

tungsflüge abgeschlossen werden.
Die Ausführung S-3 besaß mit zwei Jumo 213 A-1 und ihrer leistungssteigernden GM 1-Anlage eine kampfstärkere, der Ju 88 S-1 überlegene Triebwerksanlage. Im Gegensatz zu dieser konnte die S-3 daher 2000 kg anstatt nur 900 kg Zuladung mitführen und wies eine Reichweite von 1400 anstatt 1100 km auf.

Am 12. Oktober 1943 ordnete Generalfeldmarschall (GFM) Erhardt Milch daher den Umbau von 150 Ju 88 zur Ausführung S-3 an, um bis Ende 1944 im Westen die S-1 bei den Kampfverbänden völlig zu ersetzen.

Am 11. Dezember 1943 wurde seitens des Generalluftzeugmeisters (GFM Milch) entschieden, daß auch die beiden in der Planung befindlichen Varianten Ju 88 S-4 und S-5 im Rahmen einer Umbauaktion aus bereits vorhandenen A-4-Zellen herzustellen seien.

Die erste dieser Varianten, die Ju 88 S-4, besaß die Ausrüstung der S-3. Die GM 1-Anlage konnte jedoch wahl-

weise im vorderen oder hinteren Lastenraum (Bombenschacht) eingebaut werden.

Von der Ju 88 S-5 wurden mindestens zwei Musterflugzeuge mit TK 11-Höhenladern hergestellt. Bei diesen handelte es sich um die Ju 88 V93, die erstmals am 1. Oktober 1943 flog und um die Ju 88 V94 (WerkNr. 5790). Die sich inzwischen stark verschlechternde allgemeine Kriegslage ließ jedoch die Serienfertigung im Rahmen einer Umbaumaßnahme nicht zu. Dies lag vor allem an der relativ aufwendigen Motorenanlage der S-5.

Die Serienfertigung mußte daher sowohl bei der Ju 88 S-4, als auch bei der S-5 unterbleiben.

Somit bot die Produktion der Baureihe S folgendes Bild:

Ab Anfang 1943 war die Umrüstung der A-4 zur S-1 angelaufen. Im Juni 1943 wurden 24 Ju 88 S-1 ausgeliefert. Hierbei handelte es sich programmgemäß um Umbauten aus der Ju 88 A-4. Gleichzeitig entstanden 16 Ju 88 S-2 durch Umrüstung von bereits vor-

handenen S-1 Maschinen mittels Einbau von BMW 802 C-1-Triebwerken.

Bis Ende 1943 wurden 39 S-1 hergestellt. Der Umbauauftrag lief anschließend zugunsten der S-2 und dann wegen der S-3, von der 146 Maschinen bestellt worden waren, nur mit einer verminderten Produktionsvorgabe weiter. Bis März 1944 wurden die letzten von 70 Ju 88 S-3 ausgeliefert. Damit war der um 76 Maschinen reduzierte Auftrag ebenfalls abgeschlossen.

Drei Monate später wurde bei den Henschel-Flugzeugwerken auch der Auftrag über 146 S-3 storniert.

Die Deutsche Lufthansa (DLH) erhielt gleichzeitig einen 30 Ju 88 S-2 umfassenden Umbauauftrag.

Zwischen Mai und September 1944 wurden mindestens 290 Ju 88 S ausgeliefert, davon allein etwa 100 Maschinen im Juni und Juli. Von diesen entfiel die Mehrzahl der fertiggestellten Schnellbomber auf die Baureihe S-1, nur gut 15 Maschinen stellten Ju 88

■ Eine Junkers Ju 88 S-3 der I./KG 66 in Frankreich im Jahre 1944.

Foto: Spork

S-3 dar. Von der September-Ausbringung, die in Berlin-Schönefeld im Henschel-Werk entstand, erhielten die Aufklärungsstaffeln der Luftwaffe vier, die Wetteraufklärer drei, ein Flugzeug ging an das OKL, drei an die Zielfinder-Schule und die verbleibenden zwei an den Chef der Technischen Luftrüstung (TLR). Dreißig der Ju 88 S-3 sollten, so der im Juni 1944 erlassene Vorbescheid, sogleich in schnelle Aufklärer der Bauausführung T-3 umgerüstet werden.

Für Langstreckeneinsätze konnten sowohl die Ju 88 S-3, als auch die T-3, mit bis zu vier Abwurfbehältern ausgerüstet werden.

Die Mehrzahl der Ju 88 S wurde ab Sommer 1943 an die I./KG 66 geliefert, die auf niederländischen und nordfranzösischen Plätzen stationiert war. Von dort aus kam es zumeist zu Angriffen gegen Ziele an der Südküste Englands. Die Produktion weiterer Ju 88-Bomber mußte ab der zweiten Hälfte des Jahres 1944 unterbleiben.

Dafür verließen bis zum Frühjahr 1945 noch zahlreiche Nachtjäger, in der Mehrzahl Ju 88 G-6, die Endmontage. Infolge der sich immer dramatischer verschlechternden Kriegslage wurden diese zum Teil mit Splitter- und Sprengbomben als Nachtschlachtmaschinen gegen die vordringenden alliierten Bodentruppen eingesetzt und stellten damit die letzten bombentragenden Junkers Ju 88-Flugzeuge der Luftwaffe dar.

■ Rechts oben: Eine gut getarnte Junkers Ju 88 S-1 der 1. Staffel des KG 66.

Foto: Spork

■ Rechts unten: Nach der Überführung nach Holzkirchen wurde diese Junkers Ju 88 T-3 am Waldrand getarnt.

Foto: Faustmann

■ Links unten: Bruchlandung einer Junkers Ju 88 S-3 mit Flammenvernichterrohren an den Motoren.

Foto: Spork

■ Das klassische Bild eines frühen Nachtjägers vom Typ Messerschmitt Bf 110 mit dem Kennzeichen EC+AR, das die Maschine als Flugzeug der 7./NJG 4 ausweist. Die Bezeichnung Bf 110 wurde später in Me 110 abgeändert. Foto: Archiv Griehl

Messerschmitt Bf 110 Nachtjäger (1936)

Die Entwicklung von Nachtjagdmaschinen wurde in Deutschland bis zum Beginn des Zweiten Weltkrieges stark vernachlässigt. Während des Feldzuges in Polen flogen die dort eingesetzten Jagd- und Zerstörerverbände lediglich Einsätze bei Tage. Da es gelang, die polnische Luftwaffe überraschend schnell zu vernichten, konnten die Verbände wenig später wieder nach Westen verlegt werden. Ein Teil von ihnen, die 10. (Nacht)/JG 26 in Bonn-Hangelar sowie die 10. (Nacht)/JG 53 bei Heilbronn, bildeten die ersten, mit der nur wenig geeigneten Bf 109 D ausgerüsteten Nachtjagdstaffeln.
Bereits beim Einsatz der deutschen Luftwaffe über Dänemark und Norwegen kam es ab April 1940 zu einigen wenigen Probeeinsätzen von Besatzungen der I./ZG 76 sowie der 4./JG 77 während der Dämmerung. Wiederum wurde vor allem die Bf 109 eingesetzt, während die Eignung der Bf 110 als zweisitziger Nachtjäger erst noch festzustellen war.

Zum ersten wirklichen Nachtjagdeinsatz kam es am 30. April 1940 von Aalborg in Dänemark aus durch die von Hauptmann Wolfgang Falck geführte I./ZG 1. Da Bomber der Royal Air Force (RAF) immer häufiger am

Himmel über Dänemark auftraten und die dortigen Flugplätze mit Bomben belegten, versuchten Hauptmann Falk, Oberleutnant Streib und Feldwebel Thier in jener Nacht die einfliegenden Maschinen mit ihren Maschinen zu stel-

■ Eine Messerschmitt Bf 110 der I./NJG 1, erkennbar an dem klassischen Geschwaderabzeichen, wird für einen Einsatz vorbereitet. Foto: Archiv Griehl

len. Wenn auch in dieser Nacht kein Abschuß gelang, da sich der Gegner im dichten Nebel zurückziehen konnte, hatte es Feindkontakte gegeben. Es war der Beweis erbracht, daß auch bei Nacht der Gegner mit einigem Glück zu entdecken und vielleicht bald auch abzuschießen war.

Die ersten Nachtangriffe der Royal Air Force auf Ziele in Deutschland führten aber dazu, daß die eigene Führung relativ schnell die Gefährdung wichtiger militärischer wie industrieller Positionen durch gegnerische Luftangriffe erkannte. Vorerst galt es, brauchbare Behelfslösungen zu finden, um wenigstens einigermaßen gegen Einflüge des Gegners gerüstet zu sein.

Sogleich wurde versucht, aus bereits vorhandenen Bombern, etwa der Do 17 Z, der Do 215 B, aber auch der neuen Ju 88 A-1, relativ leistungsfähi-

ge Nachtjäger herzustellen. Die vermutlich besser geeigneten Bf 110-Maschinen sollten bald folgen.

Im Frühjahr 1940 wurde seitens einiger besonders versierter Piloten auch die Einsatzfähigkeit der zunächst als Zerstörerflugzeug bewährten Bf 110 bei Nacht überprüft. Obwohl die Ergebnisse nicht negativ ausfielen, blieb es vorläufig bei der Verwendung der Ju 88 C-2 und der Do 17 Z-10.

Erst ab Anfang September 1940 begann die Umschulung der III./NJG 1 auf die Bf 110 C. Die Dunkelnachtjagd hatte inzwischen einen rasanten Aufschwung genommen. Die vom Kommandeur der 1. Nachtjagddivision, Generalmajor Josef Kammhuber, initiierten und vom späteren Oberst Wolfgang Falk durchgeführten Nachtjagdversuche zeigten schließlich mehr und mehr Wirkung. Zwar schienen die ge-

Technische Daten

Messerschmitt Bf 110 F-4

Spannweite:	16,25 m
Länge:	12,07 m
Höhe:	4,13 m
Rüstgewicht:	4885 kg
Abfluggewicht:	6028 Kg
Höchstgeschw.:	475 km/h
Dienstgipfelhöhe:	10.000 m
Reichweite:	1410 km
Triebwerk (2):	DB 601 F
Leistung:	je 1300 PS

räumigeren Dornier- und Junkers-Nachtjäger mittelfristig bessere Perspektiven zu bieten, da sie eine größere Reichweite als der bisherige Zerstörer Bf 110 aufwiesen, doch war diese schneller und im taktischen Einsatz beweglicher als beispielsweise eine

■ Einige Messerschmitt Bf 110 wurden mit einer schweren BK 3,7 cm Kanone unter dem Rumpf ausgerüstet, um die leichte Bewaffnung gegen schwere Bomber zu kompensieren. Diese Bewaffnung bewährte sich nicht.
Foto: Archiv Griehl

■ Seitenansicht der 2Z+BP, eine Messerschmitt Bf 110 G-4 der II./NJG 6.

Foto: Archiv Griehl

relativ träge Do 17 Z-10. Die meisten Nachtjagd-Verbände flogen dagegen die Ju 88 C-2 und C-4 sowie, in geringen Stückzahlen, auch die Do 17 Z-10, die Do 215 B-5 sowie die ersten schweren Do 217 J-1.

Erste Abschüsse von viermotorigen, englischen Bombern durch eine Bf 110-Besatzung gelangen am 10. April

■ Feldwebel Kustusch vor einer Einsatzmaschine, einer Messerschmitt Bf 110 G-4, erkennbar an den runden Propellerverkleidungen.

Foto: Archiv Griehl

1941, als eine Short „Stirling" wirksam bekämpft wurde. Am 24. Juni 1941 traf es erstmals eine Handley Page „Halifax", die Opfer einer Bf 110 werden sollte. Im Winter 1941/42 mußten die mit den Messerschmitt-Maschinen ausgerüsteten Nachtjagdstaffeln sich noch mit den Ausführungen Bf 110 C-3, D-1 und E-1 zufrieden geben. Die

Maschinen waren entweder mit zwei DB 601 A-1 (Bf 110 C und D), die eine Leistung von jeweils 1100 PS abgaben oder mit den um 75 PS stärkeren DB 601 Aa oder N ausgerüstet. Beide Triebwerksausrüstungen ermöglichten eine Höchstgeschwindigkeit von etwa 540 km/h in knapp 7000 m Einsatzhöhe. Die Reichweite lag bei 985 km/h. Bei der Bf 110 C-3 handelte es sich um eine abgewandelte C-1 mit verstärkter Starrbewaffnung. Diese bestand zunächst aus zwei MG FF sowie vier MG 17, die im Bug des Nachtjägers untergebracht waren. Die 2-cm-Waffen wurden im Laufe der Zeit durch solche der Ausführung MG FF „M" ersetzt. Die Mehrzahl der Maschinen flog zwischen Juli 1940 und Sommer 1943 bei den Nachtjagdgeschwadern NJG 1,3,4 sowie den Schulgeschwadern NJG 101 und 103.

Die Maschinen wurden teilweise ab Sommer 1940 durch solche der Bauausführung D ersetzt. Diese zeichneten sich durch eine vergrößerte Kraftstoffanlage und ein verstärktes Fahrwerk aus. So konnte die Bf 110 D-1 anstelle von 1270 l Kraftstoff (bei der C-Serie) bis zu 3070 l mitführen und wies daher

■ **Zahlreiche Bf 110 G-4 erhielten 300 l fassende Zusatztanks unter den Tragflächen.**   Foto: Archiv Griehl

eine größere Reichweite auf. Erstmals traten bei der Bf 110 D die abwerfbaren 300 l Außentanks in Erscheinung, mittels derer die Einsatzreichweite nochmals gesteigert werden konnte. Die Maschinen der D-Baureihen flogen vor allem bei den NJG 3 bis 5, 101 und 102 sowie den Nachtjagdschwärmen ost. Einige der Maschinen waren dort noch bis Sommer 1943 anzutreffen. Als nächste Baureihe folgte die Bf 110 E, bei welcher der mit 1300 PS um gut 100 PS leistungsfähigere DB 601 F zum Einbau gelangte. Bei unveränderter Waffen- und Kraftstoffanlage gelang es so, die Höchstgeschwindigkeit auf 560 km/h und die Reichweite auf 1400 km zu steigern. Wie die D wies auch die Bf 110 E-1, die sich durch eine vergrößerte Sauerstoffanlage, eine verbesserte Kabinenheizung und die neue Tankanlage von den meisten ihrer Vorläufer unterschied, eine leistungsfähige Triebwerksanlage auf. Viele dieser Maschinen kamen als zweisitzige Nachtjäger über West- und Mitteldeutschland bei der Reichsluftverteidigung zum Einsatz.
Nur in relativ geringen Stückzahlen kam auch die Bf 110 F-2 ab Sommer

1942 zu den NJG 1 bis 6. Die Maschinen blieben bis Ende 1943 im Einsatz, wurden aber schon ab dem Spätsommer 1942 teilweise durch solche der Baureihe Bf 110 F-4, die zellenmäßig den Ausführungen E-2 und F-2 glich, abgelöst.
Diese Version der Bf 110 konnte, gemäß der Baureihenaufstellung vom 1. November 1942, von Anfang an „Sondergeräte für die Nachtjagd" (FuG 202 und 212) und zwei zusätzliche Waffen unter dem Rumpf mitführen. Die Starrbewaffnung konnte, sowohl aus zwei MG FF „M" oder zwei MG 151 und vier MG 17 im Bug, sowie entweder zwei MG 151/20 oder zwei MK 108 in einer Waffenwanne unter dem Rumpf bestehen. Zudem kam bei der F-4 auch die aus zwei MG FF bestehende Schrägbewaffnung im rückwärtigen Teil der Kabine zum Einbau. Die Bf 110 F-4 mit ihren DB 601 F-Triebwerken und bis zu drei Mann Besatzung galt trotz ihrer Flugleistungen und ihrer Bewaffnung nur als Übergangslösung bis zur Großserienfertigung leistungsstärkerer Ju 88-Nachtjäger (Baureihe G) sowie der Einführung der He 219 A-0 und A-1.

Jedoch war mit diesen Einsatzmustern erst mittelfristig zu rechnen.
Als weitere Zwischenlösung wurde zunächst die Bf 110 G, ein leistungsfähigerer Zerstörer, der auch als kampfstarker Nachtjäger verwendbar war, bei der Luftwaffe eingeführt. Die Verwendung von zwei DB 605 A-1, anstelle der bisherigen DB 601 F/N, sowie die Möglichkeit eine zusätzliche GM 1-Anlage zwecks Leistungserhöhung – als Rüstsatz – mitzuführen, werteten die taktischen Möglichkeiten der neuen Baureihen im Vergleich zur Bf 110 C bis F erheblich auf. Die ersten Musterflugzeuge der Ausführung Bf 110 G-0, von denen die beiden ersten die WerkNrn. 4622 und 4623 trugen, wurden zunächst vor allem für die Erprobung mit DB 605 A-1-Reihenmotoren benötigt. Die Maschinen konnten, dank ihrer Ausrüstung, sowohl als Zerstörer wie auch als Kampfflugzeuge mit bis zu zwei 500 kg schweren Lasten unter dem Rumpf und bis zu vier 50 kg Bomben unter den Flächen eingesetzt werden. Der Einsatz als Kampfflugzeug bewährte sich nicht. Die FT-Ausrüstung bestand aus einem FuG 10, dem PeilG V sowie dem FuBl 2F.

■ Diese Messerschmitt Bf 110 G-4 gehörte zur Luftflotte 5 (Nordeuropa) und war der Nachtjagdstaffel Finnland, aus der später die Nachtjagdstaffel Norwegen hervorging, zugeteilt.

Foto: Archiv Griehl

Die erste der geplanten Baureihen, die Bf 110 G-1, hätte bis auf die stärkeren Motoren (DB 605 A-1) der Baureihe F-1 entsprochen, kam aber wegen der als Jagdbomber zu erwartenden mittelmäßigen Leistungen nicht zur Bauausführung. Auch die Baureihe Bf 110 G-2 wurde nur in begrenzten Stückzahlen als Nachtjäger produziert. Ab Sommer 1943 erfolgte der Einsatz der Maschinen bei den Nachtjagdgeschwadern 1, 3 bis 6, 100 und 200. Die G-2 fand dagegen als Zerstörerflugzeug bei den Zerstörergeschwadern ZG 1 und ZG 26 ausgiebig Verwendung. Zum Teil wurden die Maschinen mit einer 3,7 cm Bordkanone (BK) ausgerüstet. Ferner fand versuchsweise eine Verlängerung des Rumpfes um 0,61 m bei der Bf 110 G-2 mit der WerkNr. 210002 statt. Die Bf 110 G-2 entsprach nahezu der F-2, von der Bewaffnung und den Triebwerken einmal abgesehen. Gleiches galt für die G-3, die von der F-3 abgeleitet war und zumeist als schneller Aufklärer eingesetzt wurde. In großen Stückzahlen wurde die Ausführung Bf 110 G-4 hergestellt. Infolge ihrer Bewaffnung sowie untergehängter

Rüstsätze (Zusatztanks oder Waffenwanne) sank die Höchstgeschwindigkeit jedoch von 540 auf 485 km/h. In 7500 m Einsatzhöhe lag die maximal erreichbare Geschwindigkeit bei 525

km/h. Die Reichweite der G-4 wurde mit 2000 km, die Gipfelhöhe bei gut 8000 m angegeben.

Die Bf 110 G-4 glich, hinsichtlich der Zelle, der F-4 und war wie die G-2 bis

■ Der Abtransport dieser notgelandeten Messerschmitt Bf 110 G-4 wurde durch einen Tieffliegerangriff verhindert.

Foto: Archiv Griehl

G-3 ebenfalls mit vier MG 151/20 als Starrbewaffnung bestückt. Von diesen waren zwei an Stelle der bislang im Bug installierten, leichteren Waffen eingebaut. Zwei weitere fanden in einer geräumigen Bodenwanne unter dem mittleren Rumpfteil ausreichend Platz. Später wurden die im Bug eingebauten MG 151/20 zunehmend durch zwei MK 108 ersetzt, da deren Feuerkraft infolge des Kalibers von 3 cm deutlich höher war. Teilweise wurden die Maschinen auch mit zwei MG 151/20 oder zwei MK 108 geflogen, die in einer Waffenwanne untergebracht waren. Als Schrägbewaffnung konnten, wie bei der F-4, zwei MG FF oder aber zwei MK 108 installiert werden. Zusätzlich wurde als Abwehrwaffe ein MG 81 Z verwendet, das der Bordfunker bediente, da sich das bisherige MG 15 als zu leistungsschwach erwiesen hatte. Die Maschinen der Baureihen F-4 und G-4 lassen sich außerdem

an dem vergrößerten Seitenleitwerk erkennen. Die Baumuster F-3 und G-3 verfügten dagegen noch über das kleinere Seitenleitwerk, das für die in Großserie produzierten Bf 110 C typisch war. Die Produktion der Bf 110 G-4 lief ab Anfang 1943 bei der Gothaer Waggonfabrik (GWF) in Gotha sowie bei den Luther-Werken in Braunschweig an. Bis zur Einstellung der Produktion im Februar 1945 sollten nahezu 1850 der G-Maschinen vom Band laufen. Anfangs glichen die G-4 der zuvor in Serie gefertigten G-2, bei der das FuG 202 „Lichtenstein B/C" jedoch nicht gleich Verwendung fand. Die erste Bf 110 G-4 (WerkNr. 4876) ging vermutlich am 24. Februar 1943 verloren. Es handelte sich um die Maschine von Oberleutnant Paul Gildner, dem Staffelkapitän der 1./NJG 1, der bereits auf 48 Luftsiege zurückblicken konnte. Kurz vor der Landung geriet die Maschine in Brand. Nur der Bord-

funker, Unteroffizier Heinz Huhn, konnte sich mit dem Fallschirm retten. Gildner erlitt den Fliegertod. Die Zahl der Triebwerksbrände (DB 605 B), die zahlreichen Besatzungen das Leben gekostet hatten, nahm Anfang 1943 in alarmierendem Umfang zu, so daß die E-Stelle Rechlin mit der Klärung der Unfallserie betraut wurde. Nachdem Ölkühler mit höherer Leistung sowie einige kleinere Triebwerksänderungen durchgeführt worden waren, konnte das Problem bis zum Spätsommer 1943 behoben werden. Ab der Ausführung G-4 war zusätzlich die Panzerung verstärkt worden, um Bordwaffenbeschuß des Gegners besser standhalten zu können. Die Maschinen konnten unter den Flächen entweder mit zwei 300 l Abwurftanks oder 2 x 2 ETC für Abwurflasten von bis zu 50 kg ausgerüstet werden. Im Gegensatz zur G-1 und G-2 war die FT-Anlage wesentlich vergrößert worden. Sie bestand nunmehr

■ Flugaufnahmen aus dem Einsatz von Messerschmitt Bf 110 G-4 sind ausgesprochen selten. Diese – qualitativ schlechte – Aufnahme zeigt eine Kette von Einsatzflugzeugen während eines Ausbildungsfluges.

Foto: Archiv Griehl

73

■ Eine Bf 110 F-4 der 14./NJG 5 mit FuG 212 Anlage.　　　Foto: Archiv Griehl

te. Als letzte Großserienversion der Bf 110 G-4 kam die G-4/R9 heraus. Dabei handelte es sich um eine Abwandlung der bisherigen G-4/R3, deren Abwurf- und Kraftstoffanlage übernommen wurde. Anstelle des FuG 202 kam nun das leistungsfähigere FuG 220 zum Zuge. Die übrigen Gerätesätze bestanden aus dem FuG 16 ZE, dem FuBl 2F und dem APZA VI. Die Starrbewaffnung im Bug entsprach, bis auf Details, den vorangegangenen Ausführungen. Auch der aus zwei MG 151/20 bestehende Rüstsatz unter dem Rumpf konnte weiterhin benutzt werden. Pro MG 151/20 waren 300 Schuß und pro MK 108 jeweils 135 Schuß an Bord. Bei der G-4/R9 kam die aus zwei MK 108 bestehende Schrägbewaffnung (je 100

zumeist aus dem FuG 202 „Lichtenstein", einem FuG 16 ZE, dem FuG 10P, dem FuBl 2F und dem Kenngerät FuG 25.

Nach der Grundversion G-4 wurden sechs leicht veränderte Untervarianten hergestellt. Es handelte sich dabei um die Bf 110 G-4/U7, einen Nachtjäger mit GM 1-Anlage. Dank der Zusatzeinspritzung eines Glykol/Methanol-Gemisches, von dem 440 kg zur Verfügung standen, konnte nahezu 45 Minuten mit einer erhöhten Motorenleistung geflogen werden.

Die Bf 110 G-4/U8 wies die Bewaffnung der bisherigen G-4/U7 auf und wurde wie diese von zwei DB 605 B-Reihenmotoren angetrieben. Wie bei der vorausgegangenen Ausführung entfiel die Abwurfanlage. Anstelle des B-Standes wurde ein 540 l fassender Treibstofftank installiert. Die FT-Anlage blieb in dem ursprünglichen Umfang

erhalten. Eine weitere Abwandlung stellte die Bf 110 G-4/R2 dar. Hierbei handelte es sich um einen Nachtjäger, der mit einer Bugbewaffnung von jeweils zwei MG 151/20 und zwei MG 108 ausgerüstet werden konnte. Außerdem ließ sich, bei Bedarf, ein Waffensatz, der Platz für zwei weitere MG 151/20 aufwies, mitführen. Bei dieser Ausführung, die über keine GM 1-Anlage verfügte, wurde der Treibstoffvorrat von insgesamt 1270 l in vier Rumpfbehältern untergebracht. Weitere 600 l ließen sich in zwei Abwurftanks mitführen.

Die Bf 110 G-4/R6 glich der G-4/R2, wies aber eine GM 1-Anlage zur Leistungssteigerung auf. Es folgte die Bf 110 G-4/R7, ein Nachtjäger, der die Abwurf- und Treibstoffanlage der G4/U8 aufwies und außerdem einen großen Rumpfbehälter hinter der zwei- bis dreisitzigen Kabine mitführen konn-

■ Detailansicht der im oberen Bug eingebauten MK 108.　　Foto: Archiv Griehl

Schuß pro Waffe) hinzu. Die Waffen wurden vom Piloten über ein Revi 16 N fernbedient. Das bisherige MG 81 Z (je 400 Schuß), das zur Sicherung des rückwärtigen Luftraumes diente, blieb unverändert erhalten. Außer bei den Nachtjagdgeschwadern 1 bis 6, 101, 102 und 200 flogen Bf 110 G-4 ab Sommer 1943 auch bei den Luftbeobachtungsstaffeln. Im Laufe der Einsatzzeit wurden die anfangs vereinzelt eingebauten DB 605 A-1 gegen Motoren des Typs DB 605 B-1 von 1475 PS Leistung ausgetauscht. Dennoch genügten die Leistungen ab 1943 nicht mehr, um sich der Bomberströme über dem Reichsgebiet erwehren zu können. Infolge der zusätzlichen Einbauten war das Fluggewicht der Bf 110 G merklich ge-

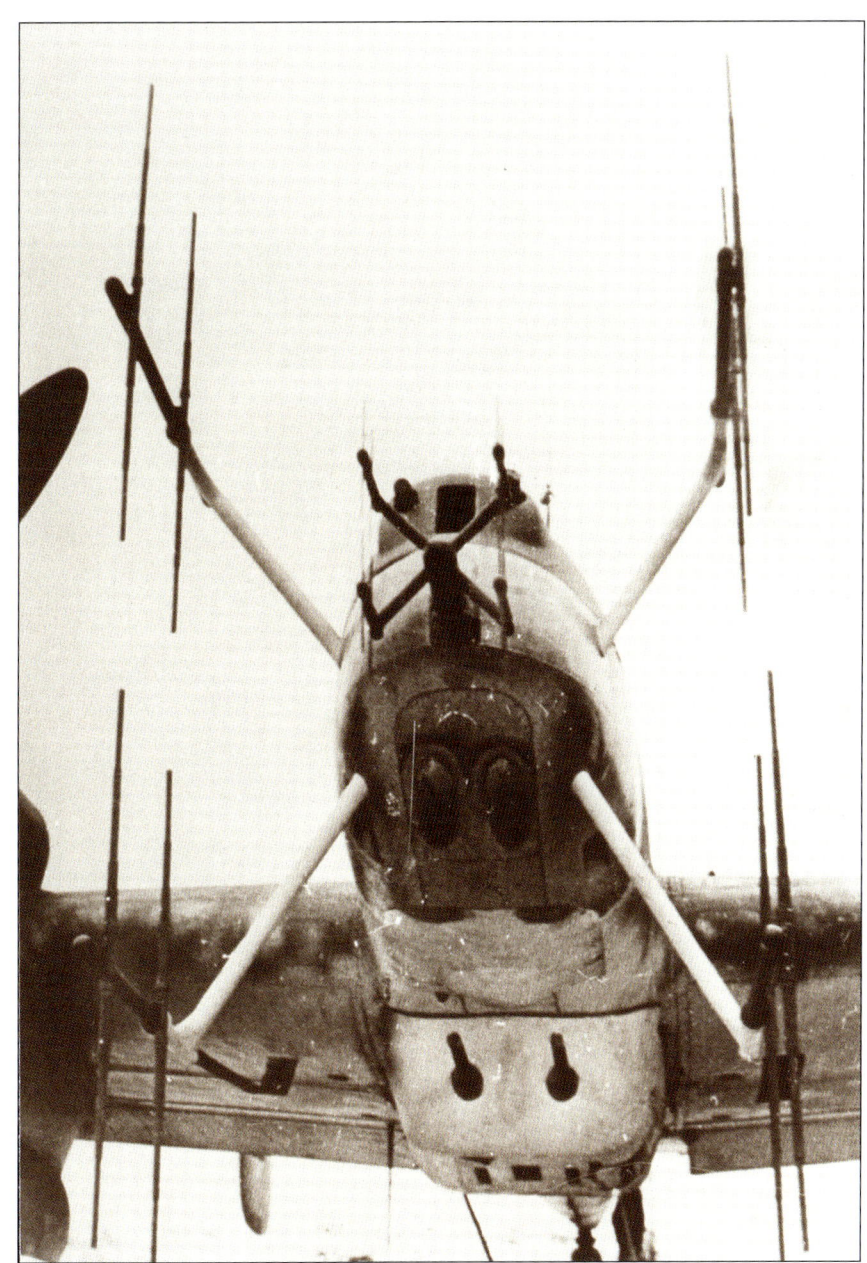

■ Die Bf 110 G-4 Bewaffnung bestand aus vier 20-mm- und zwei 30-mm-Kanonen.

Foto: Archiv Griehl

stiegen. Zudem sorgte der Luftwiderstand der beiden unter den Flächen angebrachten Abwurftanks für ein merkliches Absinken der Einsatzgeschwindigkeit. Nur Dank drastischer Gewichtserleichterung durch Ausbau der Bewaffnung und der Zusatzkraftstoffanlage gelang zuweilen die Bekämpfung englischer „Mosquito"-Maschinen. Erste Einsatzerfolge lassen sich am 18. März 1943 und in der Nacht zum 21. April 1943 nachweisen. Von diesen Luftsiegen entfiel einer auf den Kommandeur der IV./NJG 1, Major Lent, der eine Bf 110 G-4 flog. Die letzte DH „Mosquito" kehrte nach

einem Luftkampf in der Nacht zum 17. April 1945 nicht mehr nach England zurück. Sie wurde von Oberleutnant Witzleb von der III./NJG 1, der ebenfalls eine Bf 110 G-4 flog, abgeschossen. Die Masse der vernichteten DH „Mosquitos" fiel jedoch erfahrenen Besatzungen der wesentlich leistungsstärkeren He 219 A-Nachtjäger zum Opfer. Da sich die Konzentration schwerer englischer Nachtbomber ab 1943 überaus schnell erhöht hatte, dachte man beim Oberkommando der Luftwaffe sowie beim Führungsstab über eine verbesserte Ausführung nach.

■ Im Laufe der Einsatzzeit wurde die Bewaffnung der Bf 110 stetig den Erfordernissen angepaßt. Die Bf 110 G-4, hier abgebildet, besaß als Zusatzbewaffnung zwei MG 151/20-Kanonen in einer Rumpfwanne.

Foto: Archiv Griehl

Während der am 15. Dezember 1943 in Gotha einberufenen Sitzung wurde intensiv über die Einführung leistungsfähigerer Baureihen, welche die Bezeichnung Bf 110 H-1 bis H-6 tragen sollten, diskutiert.

Bei der Bf 109 H handelte es sich – wie erwähnt – um die Ableitung der Bf 110 G. Allerdings sollten stärkere Flugmotoren – zwei DB 605 E-Höhenmotoren – eingebaut werden. Außerdem war eine ganze Palette von Verbesserungen vorgesehen.

Besondere Bedeutung hatte die Verstärkung der Zelle gegen Feindbeschuß, eine vollständig überarbeitete Stirnseite der Kabinenverglasung und eine verbesserte Abwurfmöglichkeit der Kabinenverkleidung im Bereich des Pilotensitzes. Ferner sollte der Rumpf der Bf 110 H, im Vergleich zu ihren Vorläufern, verlängert werden. Die Flächen galt es, mittels neuer Randbögen von 38,4 m² auf 41,0 m² zu vergrößern. Ferner sah die damals bereits weit fortgeschrittene Planung vor, die Brandsicherheit des Triebwerkes durch eine leistungsfähige Feuerlöscheinrichtung nachhaltig zu erhöhen

und das bisherige Fahrwerk, wegen der angestiegenen Flugmasse, zu verstärken. Außerdem wurde ein größerer

Lader für die Triebwerke berücksichtigt, um größere Leistungen zu erhalten. Gleichzeitig wurde vorgeschlagen, die

■ Trotz hervorragender Tarnung der Bf 110 Nachtjäger wurden viele Maschinen durch alliierte Jagdbomber vernichtet.

Foto: Archiv Griehl

Seitenleitwerke zu verstärken und gegebenenfalls in Holzbauweise auszuführen, um wertvolles Material zu sparen. Die Bewaffnung der einzelnen H-Ausführungen unterschied sich, wie bei der Bf 110 G-4, zum Teil beträchtlich. So war beispielsweise bei der Bf 110 H-2 geplant, eine Starrbewaffnung, bestehend aus zwei MK 108 und einer MK 103 (30 mm) einzubauen, da deren Zerstörungskraft weit größer war als die des MG FF oder MG 151/20. Ferner wurde an die Verwendung von bis zu vier Werfergranaten (Wgr.) 21 und einer der Bf 110 G-4 entsprechenden, im Bedarfsfall nachrüstbaren – Bombenabwurfanlage gedacht, um gegebenenfalls Schlachteinsätze fliegen zu können. Ausschließlich als Nachtjäger plante man bei Gotha die Version Bf 110 H-4 mit DB 605 E-1-Motoren herauszubringen, die wegen des Einsatzzwecks serienmäßig mit jeweils zwei Flammenvernichtern der Firma Eberspächer ausgerüstet werden sollten. Die für die Bf 110 H gewählte FT-Anlage baute auf der der Bauserie G-4 auf und bestand aus dem FuG 220 (Lichtenstein SN-Anlage), einem FuG 16 ZY oder FuG 17 ZY (d. h. einem stark vereinfachten FuG 16), dem FuG 135 „Uhu 11" sowie dem elektrischen Feinhöhenmesser FuG 101. Die Starrbewaffnung der G-4 sollte anfangs unverändert von der H-4 übernommen werden. Soweit vorhanden sollte der Waffenbug mit 30 mm Kanonen ausgerüstet werden. Als Schrägbewaffnung sahen die Planer anfangs ein MK 108 oder aber zwei MG 151/20 in Höhe der hinteren Kabine vor. Die Bf 110 H-5 stellte im Gegensatz zur H-4 einen nur einsitzigen, schweren Tagjäger dar, wobei die Position des Bordfunkers/-schützen völlig wegfiel, so daß der Raum der Aufnahme zusätzlichen Treibstoffes dienen konnte. Bis auf die Funkanlage, bestehend aus dem FuG 16 P mit APZ 6 und dem FuG 25, entfielen die übrigen Geräte. Ferner konnte man die gesamte Panzerung, alle Einrichtungen für das zweite Besatzungsmitglied und die Abwurfanlage streichen. Die letzte vorgeschlagene H-Ausführung, die Bf 110 H-6, war wiederum als ein zweisitziger Nachtjäger konzipiert, der von zwei DB

605 E angetrieben werden sollte. Die Verwendung dieser Ausführung als Tagzerstörer war nicht vorgesehen. Die zumeist dreiköpfige Besatzung sollte durch zusätzliche, seitliche Panzerscheiben, vor allem im Bereich des Kabinenvorderteils gegen Feindbeschuß gesichert werden. Außerdem wollte man eine Panzerschürze auf der Rumpfspitze anbringen, um die vorderen Waffen, vor allem aber den Pi-

loten, wirksamer als bisher zu sichern. Eine Fla-V-Anlage, wie bei den übrigen G- und den geplanten frühen H-Nachtjägern, war obligatorisch. Gleiches galt für die alternativ verwendbare Abwurfanlage und die Treibstofftanks, welche der Ausführung Bf 110 G-4/R8 entsprachen. Bis auf das FuG 16 ZY, anstelle dessen Ausführung ZE, war die FT-Anlage von der G-4 übernommen

■ Detailansicht der gewaltigen Antennenanlage der Messerschmitt Bf 110 G-4 Nachtjagdvariante.

Foto: Archiv Griehl

■ Bereits Anfang 1945 wurden viele Bf 110 G-Typen wegen Ersatzteil- und Kraftstoffmangel ausgemustert.   Foto: Archiv Griehl

worden. Eine umfassende Entwicklungsbesprechung, welche die Serienproduktion der Bf 110 H zum Inhalt hatte, fand am 28. Dezember 1943 in Gotha statt. Da noch einige Details zu klären waren, wurden diese Anfang 1944 von der Entwicklungsabteilung der Gothaer Waggonfabrik (GWF) bis Mitte Februar 1944 fast vollständig aufgearbeitet.

Die weitere Entwicklung scheiterte wenige Tage später, am 24. Februar 1944, als die 8. USAAF im Rahmen der Operation „Big Week" auch das für die H-Fertigung eingeplante Werk in Gotha gezielt bombardierte. Die Schäden im Bereich der Entwicklungsabteilung waren so schwer, daß der Generalluftzeugmeister (GLZ) am 11. März 1944 entschied, daß wegen der durch den Luftangriff eingetretenen Verzögerung von mindestens sechs Monaten nicht

mit einer baldigen Produktionsaufnahme bei der Bf 110 H zu rechnen wäre. Alle Arbeiten an der Bf 110 H-1 bis H-6 sollten daher, entsprechend seiner Entscheidung vom 4. Mai 1944, künftig allein auf die Nachtjägerausführung (H-6) beschränkt werden. Eine erste Mustermaschine wurde aus einer bereits vorhandenen Bf 110 G-4 (WerkNr. 7300040) provisorisch umgebaut. Die Arbeiten bezogen sich vor allem auf den Einbau eines Rumpfbehälters (Umrüstsatz U8), einer Sauerstoffanlage für eine dreiköpfige Besatzung, den Einbau einer MW 50, anstelle der GM 1-Anlage und eine Verstärkung der Zelle. Außerdem gelangten versuchsweise zwei DB 605 E-1-Höhenmotoren, anstelle der beiden B-1 beim ersten Musterflugzeug, zum Einbau. Da die Arbeiten an der Bf 110 H-6 auch im Laufe des Som-

mers nicht so recht vorankamen, strich das Technische Amt alle weitergehenden Änderungen, insbesondere die geplante Flächenvergrößerung, ein überarbeitetes Seitenleitwerk und eine neue Kabinenverkleidung. Im November 1944 wurde die reduzierte H-Entwicklung endgültig gestrichen und seitens des RLM verfügt, daß auch die Bf 110 G, nach dem Aufbrauchen aller noch eingelagerten Bauteile, bis Anfang 1945 auslaufen sollte. Nach den letzten, aus noch vorhandenen Einzelteilen, montierten Bf 110 G-4 lief die Fertigung des langlebigen Nachtjägers planungsgemäß Anfang 1945 endgültig aus. Bei den Einsatzverbänden der Luftwaffe, die mit der Bf 110 G-4 ausgerüstet waren, blieb es Anfang 1945 bei dieser Ausrüstung, sofern es nicht zur Umstellung der Staffeln auf die Ju 88 G-6 kam.

■ Die wenigen noch vorhandenen und flugfähigen Maschinen, hier eine Messerschmitt Bf 110 G-4 mit FuG 212-Anlage, wurden bis zum Ende gegen die alliierten Bomber eingesetzt.

Foto: Archiv Griehl

■ In Prag wurde gegen Kriegsende diese Bf 110 G-4 der IV./NJG 2 erbeutet.

Foto: Archiv Griehl

■ Eine Dornier Do 217 der I./KG 66 rollt zum Start für einen Pfadfinder-Einsatz.

Foto: Archiv Griehl

Dornier Do 217 (1940)

Außer der He 111 H und der Ju 88 A stellte die Do 217 E bis zur Aufnahme der Produktion der He 177 A ein unverzichtbares Einsatzmittel der deutschen Kampfflieger dar. Nachdem sich die Do 217 A und C nicht durchsetzen konnten, und die Do 217 B und D nicht über das Planungsstadium hinausgekommen waren, konnten die Dornier-Werke mit der Do 217 E ein solides Kampfflugzeug entwickeln, das vor allem bei den Kampfgeschwadern KG 2, 40 und 100 zu einem verläßlichen Einsatzmittel werden sollte.

Bereits im Juli 1938 wurde die Attrappe der geplanten Do 217 E, einer Maschine, die vornehmlich dem Einsatz über See dienen sollte, im Werk Friedrichshafen durch Vertreter des RLM und der E-Stelle Rechlin besichtigt. Ab Juli 1939 überprüfte Dornier die Details für den Einbau von zwei BMW 139-Sternmotoren für das neue Einsatzmuster. Da sich diese Triebwerke jedoch als zu schwach herausstellten, wurden die Arbeiten unter Einbeziehung des neuen, weit stärkeren BMW 801 A Trieb-

werks fortgeführt, dessen 14. Versuchsmuster im Oktober 1940 seine 100-Stunden-Dauererprobung absolvierte. Im Oktober 1939 wurde die Attrappe der Do 217 E-1 erneut besichtigt und die gesamte Ausrüstung,

mitsamt der Navigationseinrichtung, durch das RLM festgelegt. Die eigentliche Entwicklung der Do 217 E-1 begann mit der Herstellung der Do 217 V1E sowie der Versuchsmuster V7 bis V12. Die Do 217 V1E (WerkNr. 694)

■ Diese Detailansicht einer Dornier Do 217 E-2 auf dem Flugplatz Friedrichshafen-Löwental zeigt deutlich den oberen Bewaffnungsstand.

Foto: Archiv Griehl

wurde ab Ende November 1939 auf dem Flugplatz Löwental bei Friedrichshafen erprobt. Die Do 217 V7 flog erstmals am 24. März 1941 unter Führung des Werkspiloten Karl Heinz Appel. Beim siebten Versuchsmuster (D-ACBF, CO+JK, WerkNr. 2707) handelte es sich ebenfalls um ein Musterflugzeug der künftigen Baureihe E-1 mit BMW 801-Triebwerken, das von der E-Stelle in Rechlin begutachtet wurde. Später wurde die Maschine mit zwei BMW 801 D-2-Motoren und einer Glykol-Methanol GM 1-Anlage ausgerüstet und so die Triebwerkserprobung fortgeführt. Die Do 217 V8 (CO+JL, WerkNr. 2708) diente nacheinander der Flugerprobung mit BMW 801 A-1-, D-1 und Ds-Motoren und wies die Ausrüstung der E-1 auf. Die Do 217 V9 (CO+JM, WerkNr. 2709) gilt gleichfalls als Musterflugzeug für die Bauausführung E-1. Die Attrappe der V9 wurde im Oktober 1939 durch Vertreter des Technischen Amtes des RLM besichtigt und bis auf Details genehmigt. Im April 1940 schloß sich eine Beladeübung mit allen denkbaren Abwurfwaffen bei Dornier in Friedrichshafen an. Nachdem die Maschine am 19. Juli 1940 ihren Erstflug absolviert hatte, kam es während der Erprobungsflüge mehrfach zu Vibrationen im Triebwerksbereich, deren Ursache man erst nach einiger Zeit ermitteln konnte.

Die ersten serienmäßigen Do 217 E-1 liefen in Friedrichshafen (DWF) vom Band und erhielten noch Nullserientriebwerke des BMW 801 A-0, da sich die Großserienfertigung des Doppelsternmotors verzögert hatte. Die erste E-1 (DD+LA, WerkNr. 217051001) nahm am 4. Oktober 1940 den Einflugbetrieb auf. Folgende Werknummern sind bei der Do 217 E-1 belegbar: 1001 bis 1045 und 5051 bis 5100. Die Produktion der Do 217 lief ab Oktober 1940 nur zögernd an. Bei der Ausführung Do 217 E-1 handelte es sich um ein Kampfflugzeug für den Einsatz über Land und See, das – wie erwähnt – mit zwei BMW 801 A-1 Sternmotoren ausgerüstet war. Die Defensivbewaffnung bestand zunächst aus bis zu sieben MG 15 und einem starren MG 151/20. Die vierköpfige Besatzung fand in einem Kampfkopf im vorderen Rumpfteil Aufnahme. An Funkgeräten standen ihr ein FuG X (10), FuG 16, FuG 25, FUBl 1 sowie ein PeilG V zur Verfügung, um problemlos Langstreckeneinsätze bewältigen zu können. An Abwurflasten konnte die E-1 bis zu 3700 kg (1x SC 1700 und 2 x SC 1000) mitführen. In der Regel kamen allerdings weniger Abwurflasten zum Einsatz, da die Eindringtiefe bei voller Beladung zu gering war. In den beiden Flächen war genügend Platz für zwei Treibstofftanks von 795 l Fassungs-

Technische Daten

Dornier Do 217 A

Spannweite:	19,15 m
Länge:	17,68 m
Höhe:	5,00 m
Rüstgewicht:	8855 kg
Abfluggewicht:	16.465 Kg
Höchstgeschw.:	500 km/h
Dienstgipfelhöhe:	7300 m
Reichweite:	3000 km
Triebwerk (2):	DB 601 A
Leistung:	je 1100 PS

vermögen. Im Rumpf konnten außerdem 1050 l Treibstoff mitgeführt werden. Zwei weitere Tanks mit einem Fassungsvermögen von jeweils 160 l konnten zusätzlich in den Flächen untergebracht werden. Aus der Bauausführung Do 217 E-1 entstand die Do 217 E-2. Als erster Musterbau für die E-2-Ausführung gilt die Do 217 V10 (CO+JN, WerkNr. 2719), bei der eine leistungsstärkere Heizungsanlage zum Einbau gelangte. Ein zweites Musterflugzeug stellte die Do 217 V11 (WerkNr. 2720), dessen Flugklartermin im Oktober 1940 lag, dar. Das zwölfte Versuchsmuster der Do 217, die V12 (WerkNr. 2170520012), flog als drittes Musterflugzeug der Baureihe E-2. Mit ihr sollten die beiden Doppelschlitz-Landeklappen in der Praxis erprobt

■ Ausbildungsflug mit Dornier Do 217 E-1 über dem verschneiten Gebiet des Vorallgäu. Die Aufnahme wurde aus einer Begleitmaschine des gleichen Typs gemacht.

Foto: Archiv Griehl

■ Auf dem holländischen Flugplatz Soesterberg war diese Dornier Do 217 der II./KG 40 stationiert.   Foto: Archiv Griehl

werden. Im Oktober 1941 war die Maschine im Flugbetrieb. Sie wurde am 29. Oktober 1942 den Dornier-Werken zu Ausbildungszwecken übergeben, nachdem die umfangreichen Querruderversuche abgeschlossen waren.

Von der Do 217 E-2 wurden die Maschinen mit den Werknummern 1101 bis 1200 und 5301 bis 5365 ausgeliefert. Die Produktion der Maschinen erfolgte bei den Süddeutschen Dornier-Werken in Friedrichshafen (DWF), dem Dornier-Werk in Oberpfaffenhofen bei München (DWM) und den Norddeut-

schen Dornier-Werken (NDW) in Wismar. Das erste Serienflugzeug, die RE+CA (WerkNr. 1101), nahm im März 1941 die Erprobung im Werk auf. Als Musterflugzeug für den Änderungsdienst wurde die Do 217 E-2 (WerkNr. 1220) verwendet. Das erste Musterflugzeug mit einem Drehstand, der mit einem MG 131 bestückt war sowie zwei zusätzliche MG 15 aufwies, wurde im Juli 1941 in Rechlin getestet. Gleiches gilt für die Versuche mit einem beweglichen MG FF für den A-Stand, der ursprünglich nur mit einem wenig

kampfstarken MG 15 bestückt war. Die Landgleitbomber besaßen dieselbe Zelle wie die Do 217 E-1, erhielten jedoch die wesentlich verbesserte Abwehrbewaffnung, die sich anfangs aus einem MG 15 im A-Stand, zwei weiteren MG 15 in Seitenständen sowie einem Drehturm mit einem MG 131 als B-Stand und einem MG 131 im C-Stand zusammensetzte. Anstelle des starren MG 151 wurde bei 20 Maschinen ein MK 101 (30 mm) eingebaut. Während für das MG 151 ein Munitionsvorrat von 225 Schuß mitgeführt werden konnte, waren es beim MK 101 lediglich 90 Schuß. Das Vorhaben, die Do 217 E-2 mit zwei MG 131-Drehtürmen im Bereich des B-Stands auszurüsten, wurde aufgegeben, da der konstruktive Aufwand zu groß erschien. Die FT-Anlage wurde weitgehend von der Do 217 E-1 übernommen, zusätzlich kam aber ein elektrischer Feinhöhenmesser (FuG 101) sowie eine leistungsfähigere Blindfluganlage hinzu. Einige wenige Do 217 E-2 und E-4 wurden außerdem mit einer Y-Anlage ausgestattet, um bei der I./KG 66 als Pfadfinder zum Einsatz zu kommen. Anstelle einer Reihenbildanlage unter dem Sitz des Bordfunkers konnte bei der E-2 ein Rb 20/30 im Lastenraum als Rüstsatz mitgeführt werden. Zusätzlich verfügte die Besatzung über eine Kleinbildkamera. Die

■ Detailansicht einer Dornier Do 217 Kabine. Flugzeuge waren zu jener Zeit recht rudimentär vernietet.   Foto: Archiv Griehl

■ Diese Dornier Do 217 E-2 gehörte zur I./KG 66. Hier sehen wir die Maschine beim Aufwärmen der Triebwerke. Der Bordfunker überwacht diesen Vorgang.

Foto: Archiv Griehl

Abwurfwaffen- und Kraftstoffanlage wurden nahezu unverändert vom Vorläufer übernommen. Die voll ausgerüstete Do 217 E-2 hatte ein Leergewicht von 8720 kg und ein Fluggewicht von 15.270 kg. In diesem Fall war ein Rumpfbehälter von gut 1000 l Fassungsvermögen eingebaut. Für den Fall, daß anstelle dieses Behälters ein 500 l Tank sowie zwei zusätzliche Flächenbehälter von 500 l eingebaut würden, erhöhte sich die Abflugmasse auf über 16.500 kg. Als Abwurflasten waren in diesem Fall eine PC 1000 oder drei 500 kg schwere, freifallende Bomben vorgesehen. Eine Beurteilung der Leistungen der Do 217 ergab eine Höchstgeschwindigkeit von 454 km/h in Bodennähe und 525 km/h in gut 5000 m Einsatzflughöhe. Die absolute Gipfelhöhe lag bei 8800 m. Die Steiggeschwindigkeit lag in Bodennähe bei 9,0 m/s und bei 7,3 m/s in 4000 m Höhe. Mehrere Do 217 E-2 wurden als Erprobungsmaschinen verwendet. Beispielsweise die WerkNr. 1151, mit der im November 1942 Abwurfversuche mit Lufttorpedos unternommen wurden oder die Werk-

Nr. 1212, mit der eine Sturzflugautomatik getestet wurde. Der Triebwerkserprobung diente die WerkNr. 1221, die zwei BMW 801 L-2-Triebwerke erhielt und später zudem für Schwingungsversuche herangezogen wurde. Für Versuche mit bis zu 1260 l fassenden Abwurftanks stand dagegen die WerkNr. 1226 bereit.

Außer als mittelschwerer Gleitbomber sollte die Do 217 als Hilfstransporter zum Einsatz gelangen. Originalunterlagen vom Juni 1941 beschreiben Einsatzflugzeuge, die in der Lage sein sollten, entweder zwei BMW 801 A-Motoren oder zwei 3,7 cm Pak zu transportieren. Untersucht wurde auch, ob es möglich wäre, bis zu sechs jeweils 200 l fassende Benzinfässer in einem offenen Bombenraum mitzuführen. Die Untersuchung ergab zwar die grundsätzliche Eignung als Transportmaschine, doch in der Praxis wurde kein Gebrauch davon gemacht.

Ebenfalls eine Abwandlung der Do 217 E-1 stellte die Ausführung E-3 dar. Von der Do 217 E-3 wurden vermutlich nur wenige Maschinen durch Umrüstung

bereits vorhandener E-1 hergestellt. Es handelte sich bei dieser Ausführung um ein zweimotoriges Kampfflugzeug mit einem beweglichen MG FF anstelle des bisher im A-Stand eingebauten MG 15. Wie bei der Do 217 E-2 kam bei der E-3 ein Feinhöhenmesser zum Einbau, da die Maschine als Kampfflugzeug für den Atlantikeinsatz vorgesehen war und Tiefangriffe gegen Schiffsziele durchführen sollte. Die Do 217 E-4 stellte die bislang ausgereifteste Variante der Do 217 dar. Die Masse aller produzierten Do 217 E gehörte dieser Baureihe an; folgende Werknummern sind bekannt: 1201 bis 1230, 4201 bis 4400, 5366 bis 5400, 5418 bis 5503, 5515 bis 5551 und 5401 bis 5600. Die Maschine wurde von Dornier als Kampfflugzeug mit BMW 801A-Motoren bezeichnet und entsprach der Ausführung E-2, besaß aber wie die E-3 ein MG FF im A-Stand. Der Mustereinbau für ein MG FF im Bug konnte bis zum 15. Mai 1941 abgeschlossen werden. Die stärkere Bewaffnung für den A-Stand wurde vom RLM als Rüstsatz konzipiert.

■ Eine Dornier Do 217 wird von Bodenpersonal in Handarbeit verlegt. Interessant, wieviele Personen notwendig waren, um das schwere Flugzeug zu bewegen.

Foto: Archiv Griehl

Für den Atlantikeinsatz sollte das MG FF nach dem Willen des RLM jedoch – wie bereits erwähnt – schon serienmäßig bei den Ausführungen E-3 und E-4 zum Einsatz gelangen.

Als Sonderkampfflugzeug wurde eine Do 217 E-2 auf den Bauzustand der künftigen Do 217 E-5 umgebaut. Zwischen März und April 1941 wurde das erste Musterflugzeug, das dem Ausrüstungsstand der geplanten Baureihe E-5 schon sehr nahe kam, von der E-Stelle getestet und die Flugleistungen mit zwei Gleitbomben des Typs Hs 293 A-1 oder einer Hs 293 A-1 und einem 600 l fassenden Abwurfbehälter in verschiedenen Flughöhen ermittelt. Die Tests wurden bei der E-Stelle Peenemünde-West durchgeführt und führten, nach kleineren Änderungen, zu einem durchaus leistungsfähigen Einsatzmuster.

Als weiteres Musterflugzeug fand ferner die Do 217 E-2 (WerkNr. 1185) Verwendung. Diese wurde als Erprobungsmuster für die Hs 294 hergerichtet und am 21. Oktober 1942 an die Erprobungsstelle Peenemünde ausgeliefert. Ob es sich bei dieser Maschine

um die KE+GR gehandelt hat, die am 29. Januar 1944 während des Erprobungsfluges verlorenging, bleibt unbekannt. Die Do 217 E-5 besaß bei der Beladung mit 2800 l Betriebsstoff eine Abflugmasse von 15.300 kg. Mit 4300 l Treibstoff lag diese bei 16.850 kg. Voll aufgetankt und mit Gleitbomben versehen belief sich die Rollstrecke auf zwischen 1050 und 1350 m. In Boden-

nähe war eine Höchstgeschwindigkeit von 410 km/h möglich. In Volldruckhöhe war mit einer Dauergeschwindigkeit von bis zu 480 km/h zu rechnen. Die sperrigen Außenlasten (Hs 293 oder Zusatztank) sorgten für eine Geschwindigkeitseinbuße von jeweils 25-30 km/h. Im Oktober 1942 war an den Umbau von 36 Maschinen für den Einsatz mit Lenkflugkörpern gedacht.

■ An dieser frühen Dornier Do 217 wurden Versuche mit einer im verlängerten Heck eingebauten Sturzflugbremse durchgeführt.

Foto: Archiv Griehl

Als sich das RLM einen Monat später entschloß, die Baureihe zu streichen, waren bereits Umrüstsätze für insgesamt 107 Maschinen bei Dornier im Bau. Mit den bereits weitgehend fertigen Anlagen konnten schließlich 103 Maschinen ausgerüstet werden. Alle Do 217 E-5 erhielten eine Kehl III-Anlage, welche der Fernsteuerung von Hs 293 A-1 Gleitbomben diente. Die Maschinen sind vor allem an der Ausbuchtung in Höhe des Beobachtersitzes zu erkennen. Unter der Metallverkleidung befand sich die Mechanik für die Kommandoübertragung mittels eines kleinen Steuerknüppels.

Als letzte Baureihe der E-Ausführung wurde die E-6 in geringen Stückzahlen hergestellt. Bei der Do 217 E-6 handelte es sich um Schulflugzeuge mit Doppelsteuerung, die aus Zellen der Do 217 E-2, E-4 und E-5 umgerüstet wurden. Die Maschinen waren unter anderem bei den Flugzeugführerschulen (FFS) B4, B5 und B38, den C-Schulen

C4 und C5 und bei der Blindflugschule 8 im Einsatz. Die Mehrzahl der umgebauten E-6 ging dort durch Flugunfälle verloren. Von den 17 bekannten Brüchen und Abstürzen führten acht zum völligen Verlust der Maschinen. Mit der Baureihe Do 217 E-6 war die Entwicklung der E-Serien abgeschlossen. Bei den Verbänden wurden die Do 217 E-1 schon lange zuvor durch die E-2 und in geringem Maße durch die E-3 ersetzt. Als Standardmuster folgte anschließend die E-4. Diese Ausführung wurde anschließend zunächst durch die Do 217 K-1 und dann durch die M-1 ersetzt. Die Do 217 E-5 spielte nur beim KG 100 eine Rolle, ansonsten wurden die nicht operativ eingesetzten E-5 bei einigen Ergänzungsgruppen geflogen. Die übrigen E-5 wurden mit nicht mehr benötigten Do 217 E-1 bis E-4 an diverse Flugzeugführerschulen abgegeben und dort im Laufe der Zeit im Flugbetrieb aufgebraucht.

Die Produktion der Do 217 E sollte im

Mai 1940 mit fünf Maschinen beginnen und dann auf monatlich 12 Einsatzmaschinen ansteigen. Obwohl am 8. Juni 1942 entschieden wurde, daß die gesamte Do 217 Produktion im Hinblick auf die Ju 88 A fortfallen sollte, verließen die letzten Neubaumaschinen erst im September 1943 die Produktionshallen. Eine letzte Do 217 wurde sogar noch im Dezember 1943 aus vorhandenen Einzelteilen endmontiert. Schon ab Anfang 1943 war es lediglich zum Umbau aus bereits vorhandenen Do 217 mit verbesserten Motoren und überarbeiteter Ausstattung gekommen. Es lohnt sich näher auf die Verteilung der verschiedenen E-Muster einzugehen: Am 19. Dezember 1940 wurde entschieden, daß das KG 2 „Holzhammer" als erster Einsatzverband der Luftwaffe mit der Do 217 E-1 auszurüsten sei. Die ersten Do 217 E wurden im Februar 1941 der 4. bis 6. Staffel der II. Gruppe des „Holzhammer"-Geschwaders zugeteilt. Die erste Do 217

■ Aufnahmen aus dem allgemeinen Einsatzbetrieb der Dornier Do 217 sind äußerst selten. Diese zeigt Maschinen der I./KG 2, die gemeinsam zu einem Großeinsatz rollen.

Foto: Archiv Griehl

■ Die Dornier Do 217 des „Holzhammer"-Geschwaders trugen das Geschwaderwappen unterhalb der Kabine.   Foto: Archiv Griehl

E-1 ging am 22. Januar 1941 nach einem Motorenschaden zu Bruch. Ab April 1941 verlegten die mit der Do 217 E-1 frisch ausgerüsteten Staffeln nach Frankreich. Die bis dahin geflogenen, veralteten Do 17 Z-2 und Z-3

■ Die Dornier Do 217 E-4 erhielt ein schweres MG FF in die Bugkanzel eingebaut.

Foto: Archiv Griehl

wurden ausgemustert. Die ersten Do 217 E-2 wurden im August 1941 an das KG 2 ausgeliefert. Nach Angriffen auf englische Bodenziele wurden im September 1941 zahlreiche Einsatzflüge gegen Häfen und gegnerische Seeverbindungen unternommen. Bis Dezember 1941 folgten zahlreiche Minenabwürfe über die England umgebenden Seeräume. Im März 1942 besaß das KG 2 weiterhin die meisten Do 217 E-1 und E-2. Außer einer Maschine beim Geschwaderstab waren noch 20 Do 217 E-2 und zwei Do 17 Z-2 bei der I. Gruppe, 22 Do 217 E-2 bei der II. Gruppe sowie eine Do 217 A-0 und 22 Do 217 E-2 bei der III. Gruppe des Geschwaders vorhanden. Im April 1942 wurde die I. Gruppe auf 36 Einsatzmaschinen gebracht. Die zweite Gruppe erhielt fünf Do 217 E-1 zugeteilt, die von anderen Verbänden abgegeben oder repariert worden waren. Im Mai 1942 verfügte das Geschwader über insgesamt 78 Do 217 E-1 und E-2. Im Sommer blieb die Anzahl der Dornier-Bomber anfangs konstant, obwohl die Do 217 A-0 sowie die E-1 inzwischen vollständig durch Maschinen des Typs E-2 ersetzt

worden waren. Im August 1942 gingen allein 51 Do 217 E-1 mit und ohne Feindeinwirkung beim KG 2 verloren. Dafür konnten insgesamt 42 neue oder von anderen Verbänden abgegebene Do 217 E-2 dem KG 2 zugeführt werden. Ab September 1942 trafen die ersten Maschinen der Ausführung E-4 beim Verband ein. Mit 51 Flugzeugen, von denen 35 aus der Neubauproduktion kamen, gelang es, die letzten Verluste auszugleichen.
Im Oktober wurden dem Stab des KG 2, der bislang zwei Do 217 E-4 besaß, zusätzlich sechs Do 217 K-1 und 15 E-4 zugeführt. Während bei der I. und III. Gruppe auch weiterhin die E-4 geflogen wurde, kam bei der II./KG 2 die K-1 hinzu. Bis Dezember 1942 erhielten auch andere Gruppen ihre ersten K-1. Der Stab, der Anfang des Monats noch 21 E-2 und 20 K-1 sein Eigen nannte, gab diese wieder ab und erhielt eine einzige Do 217 E-3. Ende Januar 1943 flogen 77 Do 217 E und 36 Do 217 K beim Geschwader. Im April 1943 traf die erste Do 217 M-1 bei der ersten Gruppe ein, die nun drei verschiedene Do 217-Muster im Einsatz hatte. Die II. und III. Gruppe flog, wie bisher,

weiterhin die Do 217 E-4. Hinzu kamen jedoch noch einige K-1. Im Juni 1943 gab es beim Stab keine Do 217 E mehr. Die drei Gruppen besaßen inzwischen eine Mischung von Do 217 E-4, K-1 und M-1. Im August erhielt die 1./KG 2 vollständig die M-1, während bei der III. Gruppe die Umrüstung auf die Me 410 A-1 begann. Die Maschinen wurden anschließend aber in einer V-Gruppe zusammengefaßt und der III./KG 2 wieder Do 217 E-4, K-1 und M-1 zugeteilt. Im Oktober verschwanden diese Muster auch bei der II. Gruppe, die nunmehr die Ju 188 E-1 erhielt. Somit blieben nur noch 5 Do 217 E-2 bei der III. Gruppe sowie bei der Ergänzungsgruppe (IV./KG 2) im Dienst. Bis Dezember 1943 verringerte sich deren Zahl auf 16, wovon nur drei bei der III./KG 2 im Einsatz waren. 13 Maschinen (E-1 und E-4) wurden zur Ausbildung neuer Besatzungen verwendet. Im Januar 1944 verringerte sich die Anzahl der beim „Holzhammer"-Geschwader eingesetzten Do 217 E auf nur noch eine Maschine bei der III. Gruppe sowie 16 Do 217 E-3, E-4 und erstmals vier Do 217 E-5 bei der IV. Gruppe. Im Mai 1944 waren beim KG 2 keine Do 217 E mehr im aktiven

Einsatz. Außer beim „Holzhammer"-Geschwader waren die Dornier-Bomber auch beim KG 6, wenn anfangs auch nur mit sechs Do 217 E-4 sowie mit einigen K-1 und acht He 111 H-6 vertreten. Die Maschinen bildeten dort die Ausstattung der 15. Staffel. Im September 1942 gab es bei der Staffel insgesamt sieben E-2, von denen allerdings fünf zur Überholung und Umrüstung abgegeben wurden. Im zweiten Halbjahr 1942 wurde das Geschwader vollständig mit der Ju 88 A-4 und A-14 ausgerüstet. Die Do 217 E blieben weiterhin bei der 15. Staffel im Einsatz, die am 28. Februar 1944 insgesamt 16 Maschinen, davon sechs E-4, aufwies. Im April 1943 wurde die 15./KG 6. zum Kern der neuen I. Gruppe des KG 66. Die Gruppe umfaßte Ende Juni 1943 insgesamt acht Do 217 E-4 sowie sieben unterschiedliche Baumuster (He 111, Ju 88, Ju 188 usw.), von denen zusammen 19 Flugzeuge vorhanden waren. Im Juli wurden zehn von 13 Do 217 E-4 abgegeben und dafür Do 217 K-1 und Ju 188 E-1 zugewiesen. Im August waren nur noch zwei Do 217 E bei der 1./KG 66 vorhanden. Obwohl der Verband inzwischen auch die Ju 88 S-1 erhalten hatte, die zu-

sammen mit der Ju 188 E-1 insgesamt 36 von 40 Maschinen ausmachten, blieben weiterhin zwei E-4 im Bestand der Gruppe. Das letzte der beiden Flugzeuge wurde im April 1944 abgegeben, womit das Kapitel Do 217 E auch bei der I./KG 66 geschlossen wurde. Ab April 1941 schloß die II./KG 40 die Umschulung auf die Do 217 E-1 ab und verlegte zusammen mit der II./KG 2 nach Frankreich. Im Juli 1941 wird der Einsatz mit der Do 217 E-1 in größerem Stil aufgenommen. Ende 1941 bot die 11./KG 40 nur noch sieben Do 217 E-1 zusammen mit Kräften der KG 2 und 30 für Angriffe gegen Ziele in England auf. Beim KG 40 gab es Anfang 1942 nur einige Do 217 E-1 und E-2. Im April 1942 belief sich deren Anzahl auf drei E-1 und 19 E-4 bei der II. Gruppe des Verbands. Im Mai 1942 waren alle E-1 ausgeschieden, dafür gab es nunmehr 28 E-2. Im Sommer 1942 blieb die Anzahl der Do 217 E durch entsprechende Zugänge an Neubaumaschinen fast immer gleich hoch und belief sich beispielsweise Ende Juli 1942 auf 27 E-2. Im September waren es noch 24 dieser Einsatzmaschinen. Ein Teil des Bestands war zur Überholung abgegeben worden.

■ Wartungsarbeiten an einer Dornier Do 217 E-2. Die Maschine gehörte zur 3./KG 2.

Foto: Archiv Griehl

■ Diese umgebaute Dornier Do 217 flog ohne Bewaffnung als Schulungsflugzeug E-6 bis zu ihrer Ausmusterung.

Foto: Archiv Griehl

Ende 1942 trafen die ersten Do 217 K-1 bei der II./KG 40 ein. Die Einsätze wurden bis zum Abschluß der Einweisung mit der Do 217 E-4 durchgeführt.

Infolge von Feindeinwirkung und Abgabe von Maschinen sank die Anzahl der Do 217 E bis Ende März 1943 auf fünfzehn Flugzeuge. Durch Zuweisung

neuer E-4-Einsatzmaschinen stieg der Bestand im folgenden Monat wieder an. Aus der 11./KG 2 wurde im Mai 1943 die neue V. Gruppe, wobei mit der

■ Mit untergehängten Gleitbomben des Typs Henschel Hs 293 flogen Dornier Do 217 E-5 von Istres (Frankreich) aus Einsätze gegen Schiffsziele.

Foto: Archiv Griehl

Auslieferung der Me 410 begonnen wurde. Gleichzeitig verschwanden die bislang geflogenen Do 217 E-4 aus den Inventarlisten des Geschwaders. Im Juni 1943 gab es keine Do 217 mehr beim KG 40.

Beim KG 100 „Wiking" trafen im April 1943 insgesamt 42 Do 217 E-5 Sonderkampfflugzeuge für die II. Gruppe ein. Die Ausbildung der Besatzungen wurde zunächst mit der Do 217 E-4 durchgeführt.

Von den in Garz auf Usedom mit Gleitbomben-Abwurfanlage ausgerüsteten Dornier-Bombern wurde ein Teil als Einsatzstaffel des KG 100 nach Kalamaki abgezweigt. Die bislang geflogenen He 111 H-6/H-11 und H-16 wurden an andere Kampfverbände abgegeben. Dies galt auch für die einzige Ju 88 A-4. Bis Ende Mai 1943 hatte sich die Anzahl der Maschinen auf 37 verringert, nachdem fünf Flugzeuge

ohne Feindeinwirkung verlorengegangen waren. Einige Do 217 E-5 waren zusammen mit neun E-4 bei der IV./KG 100 für die Besatzungsschulung vorhanden. Im Juni 1943 wurden die Verluste bei der II./KG 100 durch Neuzuweisungen ausgeglichen. Allein im Oktober 1943 gingen 14 Do 217 E-5 bei der II./KG 100 verloren, davon vier durch Feindeinwirkung. Der Bestand belief sich daher am 30. Oktober 1943 nur noch auf 31 dieser Flugzeuge. Am 31. Dezember 1943 gab es trotz weiterer Verluste insgesamt 56 Do 217 E-5 bei der II. Gruppe. Im Januar 1944 begann die Zuweisung von He 177 A-3. Gleichzeitig fielen sieben E-5 aus; weitere 22 wurden an andere Verbände oder zur Überholung abgegeben. Ende Januar 1944 belief sich deren Anzahl daher nur auf knapp 30 Flugzeuge. Im Februar 1944 ging der Bestand an verfügbaren Do 217 E-5 durch zehn

Brüche und zwei durch den Gegner verursachten Verluste zeitweise auf 18 Dornier-Bomber zurück. Im März waren nur noch 13 Maschinen übrig. Dafür standen nun zehn He 177 A-3 und 19 A-5 für den Einsatz bereit. Weitere Verluste im Folgemonat ließen den Bestand auf neun sinken. Die letzten Do 217 E-5 wurden bis Ende Mai 1944 an andere Kampfgruppen abgegeben. Die II./KG 100 flog damit nur noch die He 177 A-3/A-5. Einige Do 217 E-5 waren allerdings noch für einige Monate beim Geschwaderstab, bei der III. sowie der IV./KG 100 zu finden. Bis Ende September 1944 wurden die letzten zwölf Do 217 E des KG 100 ausgemustert.

Bis zum Juni 1942 war das Lehr- und Erprobungskommando (EK 17) nur mit der He 111 H-5 ausgerüstet. Im August 1942 waren sechs He 111 H-5 und H-6 sowie zwei Do 217 E-2 vorhanden.

■ **Auch zum Minenlegen wurde die Dornier Do 217 E-2 herangezogen. Hier sehen wir eine Maschine beim Beladen mit einer LM B-Mine.**

Foto: Archiv Griehl

■ Nahansicht einer Dornier Do 217 E-4 mit Y-Anlage, erkennbar an der Antenne auf dem Cockpit.

Foto: Archiv Griehl

■ Flugzeuge des Typs Dornier Do 217 E-2 waren mit Doppelsteuerung ausgerüstet und wurden als Schulmaschinen verwendet.

Foto: Archiv Griehl

Im September 1942 erhöhte sich die Anzahl der Do 217 E-2 auf drei, von denen eine im Oktober 1942 zur Überholung abgegeben wurde. Bis Ende des Jahren stieg die Zahl auf sechs E-4 und drei K-1. Außerdem wurden weiterhin die He 111 H-6 geflogen. Am 30. Oktober 1944 gab es beim EK 17 sieben He 111 H-6 und sechs Do 217 E-4, welche die bisherigen E-2 ersetzt hatten.

Außerdem flogen einige Do 217 E bei mehreren Ergänzungsgruppen und der Nachtaufklärungsgruppe an der Ostfront. Einige wenige Do 217 E waren auch bei der Fernaufklärungsgruppe Nacht und bei der Ergänzungsgruppe Nacht, die in Jüterbog stationiert war, vorhanden. Andere Maschinen flogen bei verschiedenen Kurierstaffeln der Luftwaffe. Mit der Auslieferung der weit

leistungsstärkeren Ju 188 E-1 sowie der schnelleren Ju 88 S-1 und S-3 verloren die verbliebenen Do 217 E ihre Bedeutung bei den Kampfverbänden der Luftwaffe. Als Lenkwaffenträger wurde die E-5, die nur als Einstieg in diese Waffengattung bezeichnet werden konnte, durch die ebenfalls leistungsfähigeren Do 217 K-2 und K-3, vor allem aber durch die He 177 A-3 und A-5 ersetzt.

■ **Drei Dornier Do 217 des KG 40 bei einem Übungsformationsflug über Frankreich.** Foto: Archiv Griehl

■ Mustermaschine der „JaboRei" mit zwei 300-Liter-Abwurftanks und einer SC 250-Bombe.   Foto: Archiv Griehl

Focke-Wulf Fw 190 Jagdbomber (1939)

Die Durchführung einer leistungsfähigen Luftnahunterstützung für die Divisionen der Wehrmacht zählte schon vor Beginn des Zweiten Weltkriegs zu einer der wichtigsten Aufgaben der Luftwaffe. Die dazu vorgesehenen Einsatzmuster, vor allem der zweisitzige Sturzkampfbomber Ju 87 sowie das einsitzige Schlachtflugzeug Hs 123, besaßen jedoch einen entscheidenden Nachteil; sie waren, verglichen mit den sie begleitenden Jagdmaschinen, viel zu langsam. Aus diesem Grunde wurde ab 1940 auch dem Einsatz schneller, einsitziger Jagdmaschinen als Jagdbomber eine immer größere Bedeutung beigemessen. Hierbei kamen zunächst einmal die mit 250 kg Bomben ausgerüsteten Bf 109 E über Westeuropa, insbesondere über Südengland, zum Kampfeinsatz. Da die dort gewonnenen taktischen Erfahrungen für eine Ausdehnung des gewählten Konzepts sprachen, wurde auch bei der Planung der Nach-

folgemuster der Bf 109 auf die Verwendungsmöglichkeit als schneller Jagdbomber großen Wert gelegt. Außer der Mitnahme einer schweren Abwurflast unter dem Rumpf, wurde die Mitführung von mindestens zwei, bes-

ser aber bis zu vier Bomben in der Größe der SC 50 bei der kommenden Jagdbomber-Generation favorisiert. Am 1. Juni 1939 erfolgte der Erstflug der Fw 190 VI (D-OPZE), der des ersten Großserienflugzeuges, der A-1-Ausfüh-

■ Die Fw 190 V9 diente zweitweise Tests mit Abwurfwaffen.   Foto: Archiv Griehl

rung, fand bei Focke-Wulf erst am 27. Februar 1941 statt. Die Fw 190 V9 (SB+IA) diente vordringlich der Bordwaffen- und Ausrüstungserprobung, zum Teil wurde auch die Ausrüstung mit Abwurfwaffen erprobt. Erst mit der Fw 190 V14 (GE+CA) erhielt die Bomben- und Reichweitenerprobung auf der Basis der A-2-Ausführung eine breitere Basis. Mit unterschiedlichen Abwurflasten, bis hin zur SC 500, ja sogar einer 1000-kg-Last wurde anschließend die Fw 190 V912, ein Flugzeug der Ausführung Fw 190 A-0/U4, praktisch erprobt. Die Maschine wurde, wie die meisten frühen Fw 190, von einem BMW 801 C-0-Sternmotor angetrieben und war zeitweise mit bis zu sechs starren Maschinenwaffen (davon bis zu vier MG FF/MG 151 /20) bestückt. Von den späteren Fw 190-Serienflugzeugen der Baureihe A konnten die A-2/U3, A-3/U3, A-4/U1 und U3 sowie die A5/U3, A-5/U8 und A-5/U13 als Jagdbomber, Langstreckenjagdbomber oder Schlachtflugzeuge eingesetzt werden. Von den nachfolgenden A-Serien (A-6 bis A-9) wurden in der Regel keine Maschinen als Jagdbomber verwendet, da ab 1943 ständig ein starker Mangel an schnellen, einsitzigen Jagdflugzeugen herrschte. Darüber hinaus standen nunmehr die Fw 190 F und G in nennenswerter Anzahl der Luftwaffenführung zur Verfügung. Nur ein Jahr zuvor, am 21. August 1942, hatte Generalfeldmarschall Erhard Milch beschlossen, den Schwerpunkt der Jagdbomber-Entwicklung auf die Fw 190 zu legen. Diese Maschine schien ihm eine weit größere Leistungsreserve und Reichweite als die Bf 109 aufzuweisen. Durch eine Verstärkung des Hauptfahrwerkes sollte es darüber hinaus möglich werden, größere Abwurflasten als bisher mitzuführen. Zusätzlich sollte die Mehrzahl der neuen Jagdbomber mittels einer leistungssteigernden GM 1-Anlage (Zusatzeinspritzung) ausgerüstet werden.
Im Frühjahr 1943 hatte man sich im RLM sowie bei Focke-Wulf lange genug mit der neuen Zielsetzung auseinandergesetzt und war zu dem Schluss gekommen, dass die Fw 190 infolge entsprechender, für den Tiefangriff ausreichend geeigneter Ab-

wurfmunition, vor allem bei Nacht oder aus größerer Höhe ihre Ziele angreifen würde. Somit waren die Weichen für den allwettertauglichen Nacht-Jagdbomber gestellt. Um die geforderte, größere Einsatzreichweite zu erlangen, wurde ein Teil der Maschinen mit zwei 300 Liter Treibstoff fassenden Abwurftanks ausgerüstet. Aber schon die ersten Einsätze über England zeigten, dass man mit der Taktik nur Störangriffe durchführen konnte, was aber zur Auslösung von Fliegeralarm und damit zu Produktionsausfällen führte. Ab 1943 handelte es sich bei der Mehrzahl der Fw 190-Jagdbomber vor allem um F-Modelle. Die Fw 190 F-1 bis F-4 wurden von einem leistungsstarken BMW 801 D-2-Doppelsternmotor angetrieben. Dies galt auch für die in großen Stückzahlen gebaute F-8, aber auch für die zum Teil nur geplanten F-10 und F-15 bis F-17, welche gleichfalls den BMW 801 D-2 als Antrieb erhalten sollten. Die Versionen Fw 190 F-5, F-6 und F-9 verfügten dagegen über BMW 801 F-Motoren.
Die Bewaffnung bestand meistens aus zwei MG 131, die im Rumpf eingebaut waren und zwei MG 151 /20 in den Flächenwurzeln. Zum Teil wurde die Bewaffnung – je nach Bedarf – von den örtlichen Werften oder der Truppe selbst demontiert, um Gewicht zu sparen und die Maschinen leistungsfähiger

Technische Daten

Fw 190 F-8

Baujahr:	1943
Spannweite:	10,50 m
Länge:	8,95 m
Höhe:	3,96 m
Flügelfläche:	18,3 m²
Fluggewicht:	4,45 t
Höchstgeschw.:	620 km/h
Reisegeschw.:	530 km/h
Gipfelhöhe:	8500 Meter
Reichweite:	455 km
Triebwerk:	BMW 801 D
Leistung:	1770 PS

zu machen. Die F-1 und F-2 entstanden durch die Umbenennung von A4/U3- und A-5/U3-Jagdbombern. Auch bei der F-3, bis hin zur F-5, handelte es sich zumeist um die Umrüstung bereits vorhandener Fw 190 A. Lediglich von der F-3 wurde eine Kleinserie im Rahmen eines Neubauauftrages aufgelegt. Die überwiegende Mehrzahl aller Fw 190 F gehörte zu den beiden Ausführungen F-8 und F-9. Die Produktion erfolgte sowohl bei den Norddeutschen Dornier-Werken in Wismar als auch bei Arado in den Zweigwerken Warnemünde, Malchin, Tutow und Greifswald.
Als Panzerschlachtflugzeug war die Fw 190 F vielfach mit zwei zusätzlichen MK 103-Kanonen ausgerüstet, die in

■ **Focke-Wulf Fw 190 Jagdbomber mit vier SC 50-Bomben.**   Foto: Archiv Griehl

93

■ **Nahaufnahme der Aufhängung für Abwurfbehälter.**
Foto: Archiv Griehl

Einzelaufhängung unter den Flächen angebracht werden konnten. Die Abwurfanlage bestand entweder aus einem Bombenschloss der Ausführungen ETC 501, 502 oder 503 unter dem Rumpf sowie vier ETC 50 oder ETC 71 unter den Flächen. Hiermit war es möglich, alle gängigen Abwurfwaffen, aber auch Luft- und Bombentorpedos zu befördern.

Die Langstreckenjagdbomber, also die sogenannten „JaboRei" der beiden Ausführungen G-1 bis G-3, von denen zudem spezielle Nachtbomber-Varianten existierten, waren mit BMW 801 D-2-Motoren bestückt. Als Jagdbomber konnten die Ausführungen G-4 bis G-10 eingesetzt werden. Aber nicht alle der vielen geplanten Ausführungen wurden gebaut. Die Mehrzahl kam über Musterstücke nicht hinaus. Die Fertigung der Hauptserie, also der Fw 190 G-6 erfolgte ab 1944 bei Focke-Wulf. Außerdem kam es zur Umbenennung von etlichen Fw 190 A-4 und A-5 in G-1 bis G-3. Zusätzlich erfolgte ein nochmaliger Umbau der G-1 zur Fw 190 G-4. Als Rohrbewaffnung wiesen die Mehrzahl der G-Maschinen schließlich nur noch zwei MG 151/20 in den Flächenwurzeln auf. Als Abwurfanlage waren meistens ein serienmäßiges ETC 501 und zwei VTr.-Auf-

hängungen („Versuchsträger") oder vier ETC 71 unter den Flächen angebracht. Mit dem Einsatz der verbesserten Focke-Wulf-Jagdbomber wurde am 7. Juni 1944 über Westfrankreich, gleich nach dem Beginn der Invasion, begonnen. Zunächst griffen 24 Fw 190 F-8 die gerade gelandeten alliierten Truppen mit Bomben und Bordwaffen

an. Infolge der immensen Luftüberlegenheit des Gegners fielen innerhalb der folgenden Woche fast alle Maschinen der III. Gruppe des SG 4 aus. Während der folgenden Kämpfe konnte daher nur noch eine stark eingeschränkte Anzahl an Fw 190 als Jabo eingesetzt werden. Die Mehrzahl dieser Maschinen gehörte zum Bestand des SG 4 und der

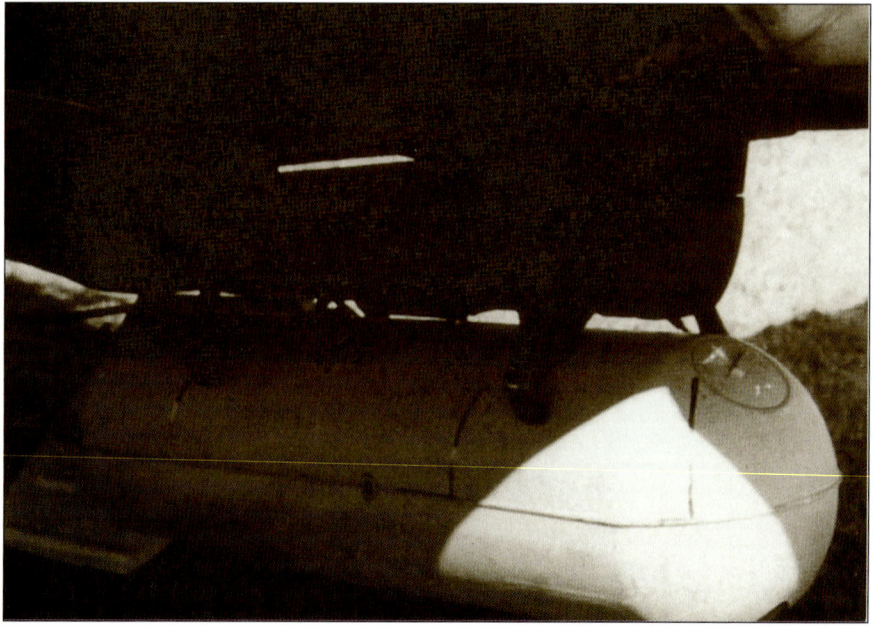

■ **Abwurfbehälter AB 250 unter dem Rumpf-ETC einer Fw 190 F-8.** Foto: Archiv Griehl

■ Fw 190 F als Schlachtflugzeug beim SG 2 in Ungarn, 1944/45. Foto: Archiv Griehl

■ Eine in Böhmen erbeutete Fw 190 F-8/R1 der Luftwaffe. Foto: Archiv Griehl

■ **Startbereiter Langstrecken-Jagdbomber der NSGr. 20**   Foto: Archiv Griehl

Nachtschlachtgruppe 20.
Erst Anfang 1945 gelang es beim SG 4 mehr als 100 Fw 190 F aufzubieten, um den Vormarsch der Alliierten durch Tiefangriffe zu verlangsamen. Durch die hohe Zahl an Feindjägern gingen einmal mehr zahlreiche Fw 190 F-8 und F-9 schon beim Anflug verloren. Zahlreiche Bomben- und Tiefangriffe auf die Liegeplätze im Westen Deutschlands forderten ebenfalls ihren Tribut. Außer an der Ostfront, wo die Mehrzahl der Fw 190-Jagdbomber im Einsatz stand, flogen Maschinen der Ausführungen F-8 und F-9 bei der Nachtschlachtgruppe 9 zusammen mit der Ju 87 D-5 Einsätze über Norditalien. Außer bei diesen Verbänden waren die meisten Fw 190 Jagdbomber bei zwei Schlachtgeschwadern, den SG 1 und SG 10, im Einsatz. Allein beim Schlacht-geschwader SG 1 waren zeitweise 115 der Jagdbomber vorhanden; beim SG 10 gab es noch Anfang 1945 mehr als 70 dieser Maschinen. Bei den Schlacht-geschwadern SG 2 bis SG 5 flogen mehr als 105 Fw 190 zusammen mit etlichen Ju 87 D verlustreiche Einsätze. Als weiterer Verband war die 1. Gruppe des Schnellkampfgeschwaders 5KG 10 mit der Fw 190 ausgerüstet. Diese

Gruppe war solange als möglich in Tours stationiert und wies 1944 bis zu 25 einsatzklare Fw 190 F und G auf. Die Zahl an flugklaren Jagdbombern sank aber infolge der vielen Einsatzverluste im Sommer 1944 von Tag zu Tag. Nach-dem zahlreiche Jagdbomber während der Ardennen-Offensive sowie bei den Einsätzen zu Beginn des Jahres 1945

vom Feindflug nicht zurückgekehrt waren, kam es Anfang des Jahres noch einmal zur Auslieferung zahlreicher Fw 190 F an die Truppe.
Währenddessen griffen starke gegneri-sche Kräfte an allen Fronten mit wach-sender Überlegenheit an und drängten die geschwächten deutschen Divisionen immer weiter zurück. Die Panzerbe-

■ **Einsatzmaschinen der NSGr. 20 im Frühsommer 1944.**   Foto: Archiv Griehl

kämpfung aus der Luft erhielt angesichts der Bodenlage immer größere Bedeutung. Außer der Verwendung der 3-cm-Maschinenkanone MK 103 wurden zahlreiche Versuche unternommen, um gegnerische Panzer bereits in ihren Bereitstellungen oder aber auf dem Gefechtsfeld vernichtend zu treffen. Bei den Versuchen stellte sich heraus, dass sich hierfür, nachdem die entsprechenden Abwurfbehälter endlich zur Verfügung standen, vor allem die Kleinbomben des Typs SD-4HL und SD 10 eigneten. Zum Teil wurden auch SC 50 eingesetzt, da keine andere Abwurfmunition mehr zur Verfügung stand. Gegen Kriegsende wurden zahlreiche Fw 190 mit drallstabilisierten „Panzerblitz"- oder „Panzerschreck"-Raketen ausgerüstet. Mit einer solchen Bewaffnung waren am 20. April 1945 mehr als 310 Maschinen ausgestattet. Die Mehrzahl dieser Fw 190 F-8 erhielt den „Panzerblitz", nur 100 Maschinen waren mit dem „Panzerschreck" bestückt. Die Erfolge bei der Panzerbekämpfung mit beiden Waffen waren nicht zu unterschätzen.

Gleichzeitig sollten die Fw 190 F-8 und F-9 ab 1944 auch gegen Schiffsziele zum Einsatz kommen. Hierfür wurden Bombentorpedos, einige BT 400, 700 und 1400 im nördlichen Teil Dänemarks sowie an der Ostseeküste bereitgestellt. Die für einen nennenswer-

ten Einsatz notwendigen Vorräte konnten kriegsbedingt indes nicht bereitgestellt werden. Zwar waren Kräfte der III. Gruppe des Kampfgeschwaders KG 200 zwischenzeitlich für den Einsatz mit dem Bombentorpedo BT 400 geschult worden, doch die Kriegslage setzte offensiven Vorhaben enge Schranken. Dies galt auch für die Piloten der 1./SG 5, welche ebenfalls für den bevorstehenden BT-Einsatz geschult worden waren. Ein Teil der Maschinen hatte man zuvor noch mit

der Tiefwurf-Schleuderanlage (TSA) ausgerüstet, um zielgenaue Würfe aus geringer Höhe vornehmen zu können. Da keine Lieferung dieser modernen Abwurfwaffen erfolgte, verlegte die Luftwaffenführung die für den BT-Einsatz eingeplanten Staffeln wieder nach Westen. Die Maschinen beider Verbände wurden sodann unter dem Kommando des Luftwaffenkommandos West gegen lohnende Bodenziele eingesetzt. Auch die Brücke von Remagen wurde zum Ziel eines verzweifelten

■ In dieser Verkleidung befand sich die Kamera. Daher die Beschriftung: „Keine Bombe".

Foto: Archiv Griehl

■ Ein mit zwei SC 250 beladener Jagdbomber während des Einsatzes über Frankreich.

Foto: Archiv Griehl

■ **Musterflugzeug der Baureihe Fw 190 A-4/U3.** Foto: Archiv Griehl

Angriffs einiger Fw 190-Piloten. Weitere Einsätze sollten anschließend den Verteidigern der vor der Einschließung stehenden Reichshauptstadt Berlin spürbare Entlastung bringen. Mit den wenigen noch vorhandenen Maschinen war diese Aufgabe jedoch völlig unlösbar. Kriegsbedingt konnte der Gegner immer größere Flakkonzentrationen zusammenziehen und gleichzeitig den vordringenden motorisierten Verbänden einen entsprechend starken Flakschutz auf Selbstfahrlafetten mitgeben. Diese zum Teil gut getarnten Batterien sorgten für zahlreiche Verluste bei angreifenden Fw 190-Jagdbombern.

Am 24. April 1945 waren beim VIII. Fliegerkorps noch die Schlachtgeschwader SG 2 und 77 mit insgesamt vier Gruppen sowie bei der 3. Luftwaffendivision die Schlachtgeschwader SG 4 und 9 mit drei Gruppen und einer Panzerschlachtstaffel im Abwehreinsatz. Infolge des Einsatzes der drallstabilisierten Panzerabwehr-Raketen konnten die eingesetzten Fw 190-Piloten nennenswerte Erfolge erringen. Wegen fehlender Ersatzteile, besonders aber wegen der begrenzten Treibstoffbestände, waren den Einsätzen ab 1945 jedoch ebenfalls enge Grenzen gesetzt. Im Bereich der

Luftflotte 3 griffen Fw 190 F des SG 10 zusammen mit den Panzerschlachtstaffeln 10.(Pz)ISG 2 und 10.(Pz)ISG 9 vielfach aus unterlegener Position in die Bodenkämpfe im Bereich der Heeresgruppe Schörner ein. Letzte Angriffe auf rückwärtige alliierte Nachschubverbindungen und gegnerische Einbrüche wurden noch Anfang Mai 1945 geflogen. Nachdem sich die Lage auch auf den gut ausgebauten Flugplätzen um

Prag drastisch verschlechtert hatte, musste der letzte Teil des fliegenden Materials von der eigenen Truppe gesprengt werden, da nicht mehr genügend Treibstoff verfügbar war. Nur wenige Piloten konnten in die von amerikanischen Truppen bereits besetzten Gebiete fliegen und sich dort den westlichen Alliierten ergeben. Damit endete der Krieg für viele Piloten dieses starken Jagdbombers.

■ **Beim extremen Tiefflug bewährte sich der Feinhöhenmesser.** Foto: Archiv Griehl

■ Das Versuchsmuster der Bauserie Fw 190 F-3/RI trug die Kennung KO+ND.   Foto: Archiv Griehl

■ Nahaufnahme des Einhängerostes ER 4 bei einer A-3/U3.   Foto: Archiv Griehl

■ Dieses seltene Foto der Henschel Hs 130 V1 (GM+OM) entstand während der Werkserprobung. Foto: Archiv Griehl

Henschel Hs 130 (1940)

Henschel gehörte neben Junkers und Dornier zu den bedeutendsten Wegbereitern des leistungsfähigen Höhenkampfflugzeuges. Die Entwicklung wurde ab Mitte der Dreißiger Jahre maßgeblich von Dipl.-Ing. Friedrich Nicolaus, dem Henschel-Chefkonstrukteur in Berlin-Schönefeld, geleitet. Die ersten Arbeiten an der geplanten Hs 130 A-Nullserie setzten im September 1938 ein. Bei der zunächst entwickelten Hs 130 A-0 handelte es sich um einen freitragenden Tiefdecker mit Einziehfahrwerk in Ganzmetallbauweise, der von zwei DB 601 R angetrieben wurde. Die späteren Ausführungen, die sich maßgeblich von der Hs 130 A-0 unterschieden, wurden als Hochdecker entwickelt, wobei die Auslegung des Rumpfes und der Flächen teilweise sehr abwich. Insbesondere die Motorenausrüstung mußte wegen zu wenig leistungsstarker Motoren mehrfach überarbeitet werden. Anfangs hatte das Reichsluftfahrtministerium (RLM) erwogen, nur die Beschaffung von sechs dreisitzigen, unbewaffneten Höhenfernaufklärern durchzuführen.

Doch schon Ende Dezember 1939 mußte sich das RLM eingestehen, daß mit der geplanten Ausrüstung der ersten Hs 130-Musterflugzeuge mit dem DB 601 D vorerst nicht zu rechnen war. Für den Fortgang der Entwicklung

fehlte es auch künftig an entsprechend leistungsfähigen Höhenmotoren. Als einzige Alternative zum nicht lieferbaren DB 601 D boten sich dessen schwächere Ausführung DB 606 F oder aber der DB 605 A-1 zum vorläufigen Einbau an.

■ Das Versuchsflugzeug Henschel Hs 128 V1 war einer der Vorläufer der Hs 130-Entwicklung. Foto: Archiv Griehl

Bis zum Sommer 1940 lag bei Henschel lediglich eine sechs Versuchsmuster (WerkNrn. 130 3001 bis 3006) umfassende Bestellung des RLM vor. Die Zahl erhöhte sich im Sommer 1941 auf zehn Musterflugzeuge sowie acht Nullserienflugzeuge (A-0). Somit lag die Anzahl der bestellten Maschinen am 25. Juni 1940 bei insgesamt 18 Hs 130 A-0 und A-1.

Da man bis März 1941 nicht in der Lage war, die Motorenprobleme bei der Hs 130 A-0 in den Griff zu bekommen, beschloß das RLM, alle Hs 130-Zellen ab März 1941, wenn auch mit schwächeren Motoren, von der Luftwaffe zu übernehmen. Doch noch im Mai 1941 lagen fünf von zehn Hs 130 A-0 wegen fehlender Motoren im Werk fest. Trotz aller Anstrengungen waren die technischen Probleme mit den Motoren sowie mit der Kabinenheizung selbst im Jahre 1942 längst

nicht überwunden. Anfang 1943 wurde daher beschlossen, vier Hs 130 A-0 auf DB 605 B-Motoren mit GM-1-Zusatzeinspritzung umzubauen, was ab März bei der DLH-Werft in Staaken bei Berlin geschah. Die meisten Hs 130 A-0 dienten sodann – ohne daß des zu wesentlichen Problemen mit der Zellenauslegung gekommen war – vor allem als Erprobungsträger für neue Ausrüstungsteile, die bei Höhenflugzeugen Verwendung finden sollten. Gleichzeitig stellte die Mustererprobung mit dem Jumo 208-Höhenmotor einen wesentlichen Schwerpunkt der Hs 130-Erprobung dar. Zwischen Sommer 1940 und Herbst 1942 wurden schließlich nur zehn Musterflugzeuge des Typs Hs 130 A-0 endmontiert; die Serienausführung Hs 130 A-1 entfiel. Am 24. Juli 1940 wurde die Hs 130 AV1 von den Fliegeringenieuren Franke und Voigt in Rechlin nachgeflogen.

Technische Daten

Henschel Hs 130 A-0

Spannweite:	26,00 m
Länge:	15,90 m
Rüstgewicht:	8150 kg
Abfluggewicht:	11.200 Kg
Höchstgeschw.:	460 km/h
Reisegeschw.:	405 km/h
Reichweite:	1840 km
Triebwerk (2):	DB 605B
Leistung:	1475 PS

Im September 1940 begann die weitere Erprobung der Druckkammer. Im Oktober 1940 wurden sechs Flüge mit der Hs 130 V1 unternommen, von denen vier wegen Motorschäden vorzeitig abgebrochen werden mußten. Im November 1940 wurde die Maschine während des Flugbetriebs leicht beschädigt und bis zur Anlieferung neuer

■ Werks-Archiv-Foto der Henschel Hs 130 A-0 mit Nummerierung der Detailkomponenten. Das Flugzeug ist mit Daimler-Benz DB 601-Motoren ausgerüstet.

Foto: Archiv Griehl

■ Diese Werksaufnahme zeigt den Einbau des Daimler-Benz DB 601-Motors in den Motorträger der Henschel Hs 130 A-0. Foto: Archiv Griehl

Luftschrauben stillgelegt. Da die erwarteten Hochleistungsmotoren ausblieben, mußte sich Henschel mit dem Einbau einer GM 1-Anlage, welche die Leistung des damals zur Verfügung stehenden DB 601 A-1 merklich erhöhen sollte, auseinandersetzen. Mit dieser Anlage begannen ab Februar 1941 erste Testflüge von Schönefeld aus. Dank der Glykol-Methanol (GM) 1-Anlage gelangen einige kurze Flüge bis auf 13.200 m Höhe. Der letzte, bekannte Flug fand am 23. November 1943 unter Leitung des E-Stellen-Piloten Borschoff statt. Beim zweiten Musterflugzeug handelte es sich um die Hs 130 AV2 (WerkNr. 3002, GM+ON). Der Erstflug fand Mitte Juli 1940 statt. Ab dem 26. August 1940 befand sich der Prototyp bei der E-Stelle in Rechlin. Trotz aller Anstrengungen gelang es, nur bis auf 11.600 m Flughöhe vorzudringen. Im September 1940 kehrte die Maschine ins Werk zurück, da die Kammerheizung für eine andere Hs 130 A-0 (WerkNr. 3005) benötigt wurde. Anschließend wurde die Maschine wieder nach Rechlin überführt.

Ab Februar oder März 1943 wurde bei der Deutschen Lufthansa in Staaken mit dem Anbau von zwei DB 605 B-Motoren und einer GM 1-Anlage begonnen. Außerdem wurde die Spannweite der AV2 von 26,0 m auf 29,01 m vergrößert.

Als erste A-0-Maschine war die Hs 130 V3 (A-0) von Anfang an mit DB 601 R-0-Versuchsmotoren geplant. Die Maschine (WerkNr. 3003, GM+OO) sollte schnellstmöglich mit serienmäßigen DB 601 R-Triebwerken ausgestattet werden. Im Spätsommer 1940 wurde die Maschine für den Einsatz beim Kommando Rowehl (VfH) vorbereitet. Wegen der noch immer nicht betriebsbereiten Heizungsanlage mußte dieses Vorhaben kurzfristig entfallen. Bis März 1943 wurde hauptsächlich versucht, die gravierenden Heizungsprobleme in den Griff zu bekommen. Anschließend wurde die dritte Hs 130 an die Deutsche Lufthansa in Staaken abgegeben, um dort mit zwei der leistungsstärkeren DB 605 B-Motoren mit Abgasturbolader und GM 1-Anlage ausgerüstet zu werden.

Die Hs 130 V4 (A-0, WerkNr. 3004, GM+OP) wurde im September 1940 erstmals geflogen. Wie bei der Hs 130 V3 gab es bei der vierten Höhenmaschine Probleme mit der Heizung der Druckkammer. Ab Ende 1940 wurde die Mustermaschine im Werk unklar abgestellt, nachdem sie offensichtlich für kurze Zeit in Rechlin oder in Oranienburg bei der „VfH"(Fernaufklärungsgruppe ObdL) gewesen war. Im Juli 1941 fand die Ablieferung der Hs 130 V4, als letzte A-0-Maschine, an die Luftwaffe statt.

Die Hs 130 V5 (WerkNr. 3005, GM+ZF) war ebenfalls für den Fronteinsatz bei der VfH vorgesehen. Auch bei diesem Nullserienflugzeug kam es wiederholt zu Triebwerksproblemen, was eine Abgabe an die Truppe unmöglich machte. Die Nullserienmaschine war noch im April 1941 ohne Motoren bei Henschel abgestellt. Ab April 1942 befand sich die Maschine bei Daimler-Benz. und wurde am 5. September 1944 bei einem alliierten Tiefangriff auf Echterdingen vollständig zerstört.

Die Hs 130 V6 (WerkNr. 3006 GM+ZG) wurde im November 1941 bei Henschel eingeflogen und sollte im Frühjahr, anstelle der zumeist unklaren WerkNr. 3005, von der Dienststelle „Rowehl" (VfH) übernommen werden. Da die Motoren dort ständig zu Zylinderrissen neigten und Höhenflüge von etwa zehn Stunden unmöglich waren, wurde die Maschine bald wieder an

■ Eine faszinierende Konstruktion war die Druckkammer der Henschel Hs 130, die durch die Rumpfaußenhaut verkleidet war. Foto: Archiv Griehl

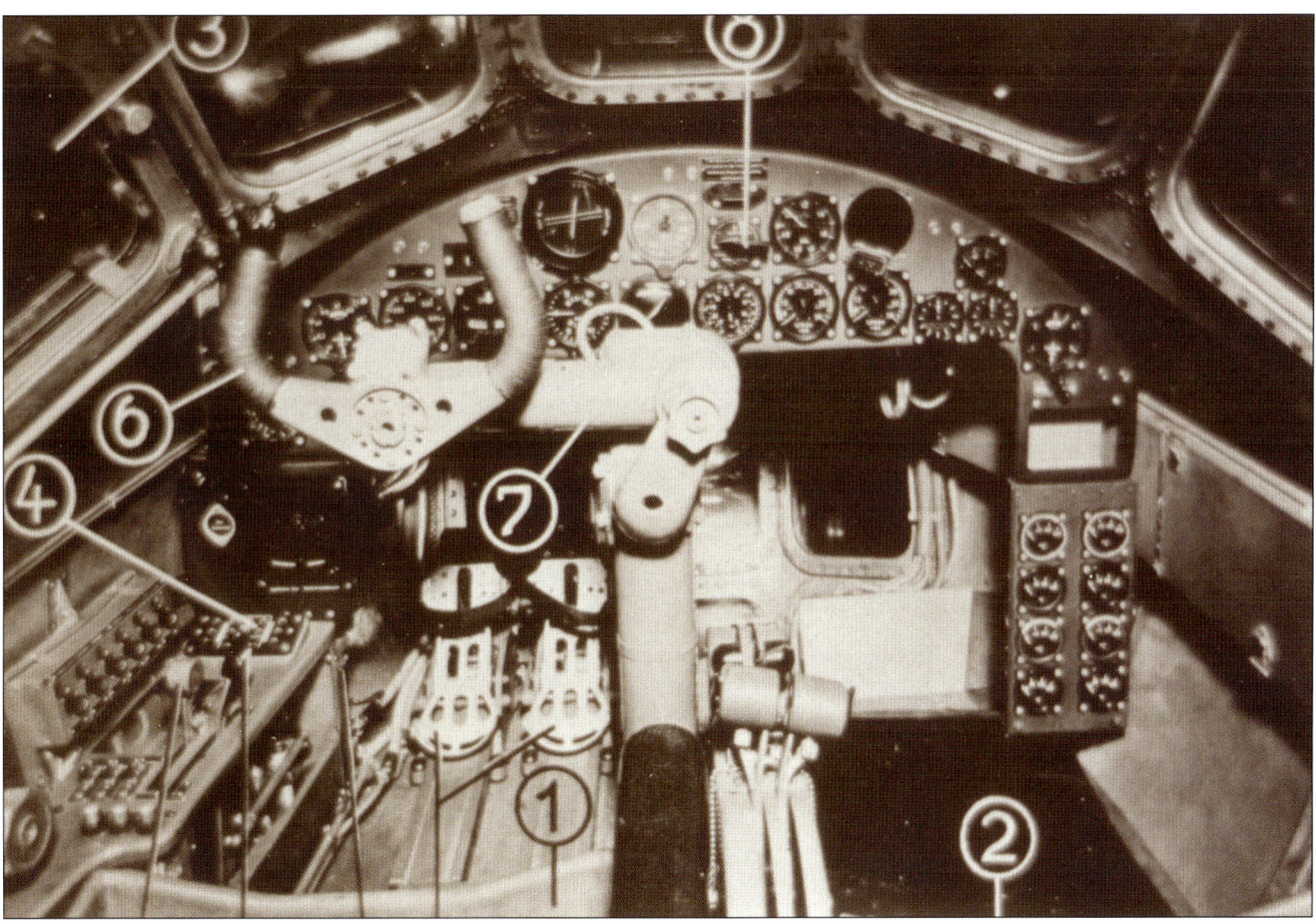

■ Blick in das Cockpit innerhalb der zweisitzigen Druckkabine der Henschel Hs 130.   Foto: Archiv Griehl

den Hersteller zurückgegeben.
Die Hs 130 V7 (WerkNr. 3007, GM+ZH) stand im Herbst 1940 ohne die für das siebte Musterflugzeug geplanten DB 601 R-0-Triebwerke auf dem Henschel-Werksgelände in Schönefeld. Der Erstflug dieser A-0 fand dort am 20. Dezember 1940 statt. Am 10. Juni 1941 wurde die Maschine nach Echterdingen abgegeben. Im Oktober 1942 wurde sie demontiert und die Zelle am 29. Oktober 1942 der Deutschen Lufthansa zum Umbau auf DB 605 B-Motoren mit GM-1-Anlage übergeben.
Die Hs 130 V8 (WerkNr. 3008, GM+ZI) flog erstmals im Januar 1941 und wurde bald darauf ohne Motoren abgestellt. Die achte Hs 130 wurde am 4. Oktober 1941 von Daimler-Benz übernommen und später, ab Mitte Mai 1941, zur E-Stelle Rechlin überführt. Von Rechlin aus kam die Hs 130 V8 am 16. Juni 1943 wieder nach Schönefeld zurück, um dort als Musterbau eine Höhenladerzentrale (HZ) sowie eine Druckkabine mit verbesserter Wärmeschutzverkleidung zu erhalten.
Auch die Hs 130 V9 (WerkNr. 3009,

GM+ZJ) wurde in Henschel-Unterlagen ab April 1941 genannt. Im September 1941 war die neunte Maschine für die Motorenerprobung mit dem DB 605 C vorgesehen. Im April 1943 wurde der Einbau des FuG 203e vorgenommen, da die Maschine für Gleitbombenwürfe aus großer Höhe bei der E-Stelle Peenemünde eingesetzt werden sollte. Am 13. August 1943 traf das Flugzeug dort ein. Die Hs 130 V10, also zehnte A-0 (WerkNr. 3010 GM+ZM), mußte – wie die V7 – zeitweise ohne Motoren bei Henschel abgestellt werden. Ab November 1942 wurde die Maschine nach Staaken abgegeben, um DB 605 D-Triebwerke und eine GM 1-Anlage zu erhalten. Außerdem wurde die Spannweite von 26,0 m um 5,0 m auf 31,0 m vergrößert. Wegen des Umbaus konnte die Hs 130 V10 erst im Oktober 1943 an die E-Stelle Rechlin übergeben werden. Dort unternahm der Testpilot Eisermann (Abt. E415) am 12. Oktober 1943 einen Flug in mehr als 12.000 m Höhe mit einer Dauer von knapp drei Stunden.
Die Zelle der Ende 1939 als Höhenbomber projektierten Hs 130 B-0 ent-

sprach, bis auf die Abwurfanlage, der der Hs 130 A-0. Aus dem bisherigen Bildgeräteraum war nun ein Bombenschacht geworden. Außerdem sollte die größere Fläche, wie sie später bei der Hs 130 AV2 zum Einbau gelangte, verwendet werden. Ende Februar 1940 war die Konstruktion der Hs 130 B-0 relativ weit fortgeschritten. Im Mai 1940 waren die Arbeiten bereits zu 95% erledigt. Auch die Abwurfanlage war inzwischen durchkonstruiert und als Vollattrappe gebaut worden, als es im Juni 1940 zur Streichung dieser Bauausführung durch das RLM kam. Im Winter 1939/40 begann die Entwicklung der Hs 130 C, einem Höhenkampfflugzeug mit starker Defensivbewaffnung. Es handelte sich im Grunde um ein völlig neues Kampfflugzeug. Anstelle der Tiefdeckerausführung (Hs 130 A-0 und B-0), war die zweimotorige Maschine nun als Hochdecker ausgelegt. Wiederum fehlten entsprechend leistungsstarke Höhenmotoren, so daß auf zwei Doppelsternmotoren von BMW ausgewichen werden mußte. Im April 1941 ordnete das RLM den Einbau von BMW 801 MA-2 Motoren an.

■ Ansicht der Henschel Hs 130 E-0 (CF+OZ, WerkNr. 0054) in Schönefeld, 1944.

Foto: Archiv Griehl

Erst später sollten diese gegen zwei BMW 801 J-0 oder TJ mit Abgasturbolader ausgetauscht werden.

Die späteren Serienmaschinen (Hs 130 C-1) wollte man dagegen mit dem DB 603 NB und einem starken Abgasturbolader bestücken. Der Erstflug einer Hs 130 C-0 fand am 10. November 1943 in Schönefeld statt. Das erste Musterflugzeug der C-Serie galt zugleich als drittes Versuchsmuster der Hs 130. Die Hs 130 C-0/V3 (WerkNr. 0011) trug das Funkrufzeichen NK+EA. Infolge zahlreicher technischer Mängel kam die Mustererprobung nur langsam voran. Am 14. Juni 1944 wurde die Hs 130 C-O/V3 einer japanischen Kommission im Fluge vorgeführt und bald darauf verschrottet. Die zweite Mustermaschine, die Hs 130 C-0/V4 (WerkNr. 130 0012, NK+EB), nahm im März 1942 die Erprobung auf. Als Antrieb dienten, wie bei der C-0/V3, zwei BMW 801 MA-2-Motoren. Im August 1942 begann die Umrüstung der Maschine von den bisherigen BMW 801 MA-2-Sternmotoren auf die leistungsstärkeren BMW 801 J-Höhenmotoren mit Turboladern. Es dauerte jedoch

noch bis zum November 1942, ehe der erste Werksflug mit der neuen Triebwerkausstattung erfolgen konnte. Dabei zeigte sich, daß der Ölkühler nicht ausreichend dimensioniert war. Die Maschine erhielt nach dem Umbau

die Bezeichnung Hs 130 C-0/U1. Nach zwei Bruchlandungen wurde die Maschine im Juni 1943 vorläufig stillgelegt. Erst am 3. September 1943 wurde die Hs 130 C-0/U1 nach Rechlin überführt. Im November 1943 wurde die Muster-

■ Windkanalerprobung eines Rumpfmodells der Henschel Hs 130 C. Die Versuche wurden in Göttingen (AVA) durchgeführt.

Foto: Archiv Griehl

maschine in Rechlin mit zwei neuen BMW 801 J-0-Höhenmotoren ausgerüstet, da die ursprünglich eingebauten Höhentriebwerke nicht mehr den von der Truppe gestellten Anforderungen genügten. Die dritte Hs 130 C-0 (WerkNr. 130 0013) flog ab Juni 1942 und war in Gegensatz zu den Werk-Nrn. 130 0011 und 0012 mit zwei DB 605 A-0-Reihenmotoren ausgerüstet worden. Nach dem Anlauf der Flugerprobung, also gegen Ende des Jahres 1941, war absehbar, daß die vom RLM geforderte Triebwerksausstattung für eine so große Maschine nicht ausreichte. Wegen der viel zu leistungsschwachen Triebwerke mußte die angestrebte Serienfertigung der C-1 unterbleiben. Bei den Henschel-Werken befanden sich im Herbst 1942 weitere Hs 130 C-Zellen im Aufbau. Fünf dieser Maschinen, so das RLM, sollten ab 1943 mit zwei DB 603 U und dem Turbolader 9-2281 ausgerüstet werden. Doch hierzu kam es nicht mehr, da die Triebwerkslieferungen (DB 603 U mitsamt den Turboladern) selbst 1944 ausblieben. Die bei Henschel verbliebenen Hs 130 C-0 (WerkNr. 0011 und 0013) wurden im Juli 1944 endgültig abgestellt. Zwei weitere, nahezu fertiggestellte C-Zellen wurden abgewrackt. Nach der Streichung der Hs 130 B-Entwicklung durch das RLM wurde angeordnet, die Ausführung Hs 130 D zu bauen. Es handelte sich bei diesem Höhenflugzeug um eine Hs 130 B mit zwei Jumo 208-Dieselmotoren. Im Vergleich zur Hs 130 A-0 war jedoch an eine geräumigere, dreisitzige Druckkabine mit besseren Sichtverhältnissen sowie an Tragflächen mit einer vergrößerten Spannweite, entsprechend der Hs 130 C gedacht. Wieder bildete die angestrebte Triebwerkausstattung das Hauptproblem bei der Entwicklung. Bis Anfang 1941 waren die als Nachfolgemuster für die Jumo 207 fest eingeplanten Jumo 208-Dieselmotoren noch nicht einmal auf dem Prüfstand in Dessau gelaufen. Da die Lieferung des Jumo 208 schließlich ausblieb, schlug das Entwicklungsbüro der Henschel-Werke vor, die Hs 130 D-0 nunmehr mit DB 605-Motoren und mit einem von der DVL weiterentwickelten und von Argus

durchkonstruierten Höhenlader auszustatten. Da die Arbeiten sich aber immer mehr verzögerten, wurde der Bau von acht geplanten Hs 130 D-0 im August 1941 auf Weisung des RLM vorzeitig eingestellt. Ab Sommer 1941 setzte das RLM nunmehr auf den Einbau der „Höhenladerzentrale". Es handelte sich dabei um eine zusätzliches, im Rumpf eingebautes Triebwerk, das die Vortriebsmotoren mit vorverdichteter Luft belieferte.
Infolge fehlender Höhenmotoren hatte man sich beim RLM für diese aufwendige Lösung für die als Hochdecker ausgelegte E-Ausführung entschieden. Der Rumpf der Hs 130 E-0 wurde – im Ver-

gleich zur Hs130 D-0 – stark zum Bug hin verlängert, um auf diese Weise – schwerpunktmäßig – einen Ausgleich für den im Rumpf untergebrachten DB 605 T nebst dessen Gebläse zu erreichen. Wie schon bei der Hs 130 C erhielt auch die E-Version verlängerte Tragflächen. Im Sommer 1942 war das erste Musterflugzeug (E-0) soweit fertiggestellt, daß mit Standläufen der Motorenanlagen begonnen werden konnte. Die Hs 130 EV1 (WerkNr. 130 0051, CF+OW) sollte im August 1942 die Flugerprobung aufnehmen, nachdem kurz zuvor verbesserte Motoren mit schüttelärmeren Lauf installiert worden waren. Wegen einer undichten Druck-

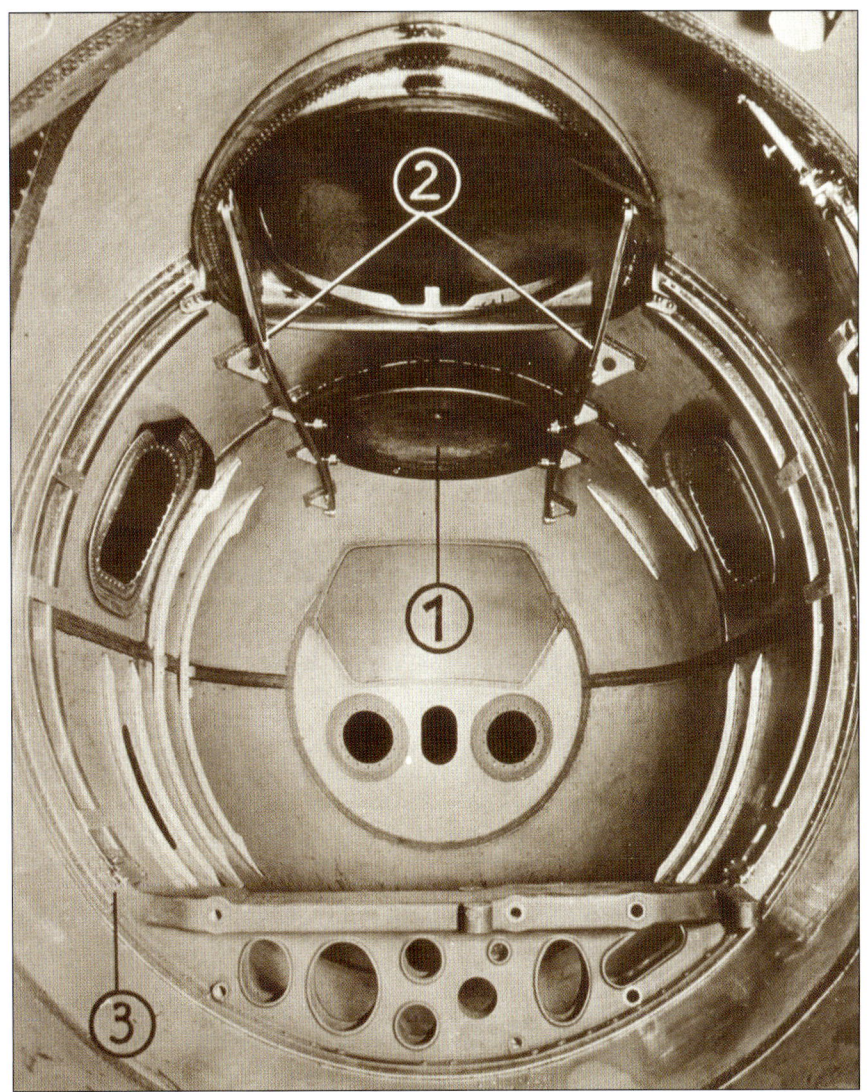

■ **Blick in die Zelle der Henschel Hs 130 A-0.**   Foto: Archiv Griehl

■ Die endgültige Auslegung der Henschel Hs 130 C-0 wurde als Vollholzmodell in der AVA Göttingen im Windkanal eingehend erprobt. Deutlich sind die geplanten Waffeneinbaustände erkennbar.

Foto: Archiv Griehl

kammer und Problemen mit der Hydraulik mußte der Erstflug der EV1 im September 1942 vorzeitig abgebrochen werden. Bis zum Frühjahr 1943 kam es lediglich zu sechs Flügen ohne Einsatz der Laderzentrale, da diese nicht betriebssicher erschien. Nach dem Absturz des zweiten Musterflugzeugs (Hs 130 EV2) wurde die Attrappe der Hs 130 E im Februar 1943 durch Vertreter der E-Stelle Rechlin, der VfH und des RLM nochmals überprüft und angeordnet, den bisherigen, druckfesten Notausstieg schnellstens auf die Rumpfunterseite zu verlegen. Der Umbau der WerkNr. 0051 wurde sofort, ab März 1943, in Angriff genommen. Gleichzeitig kamen neue Triebwerke, ein geändertes Leitwerk und eine Feuerlöschanlage zum Einbau.
Bis April konnte der Umbau des Notausstiegs beendet werden. Im Mai 1943 fanden die Rollversuche mit der umgebauten Mustermaschine in Schönefeld statt. Im folgenden Monat erhielt die WerkNr. 1300051 einen ge-

änderten Sporn. Zudem wurde die Kurssteuerung fertiggestellt und ein vergrößerter Ölkühler eingebaut. Außerdem erhielt die Maschine eine konstruktiv geänderte Höhenladerzentrale (HZ).
Wenig später absolvierte der Prototyp nach drei längeren Werksflügen einen ersten Höhenflug. Bei den folgenden Tests kam es oftmals zu kritischen Situationen und zu einer glimpflich verlaufenen Bauchlandung. Schuld daran war der Ausfall der Hydraulik. Das erste Musterflugzeug wurde auch diesmal nur leicht beschädigt. Für die Reparatur benötigten die Henschel-Werke trotzdem den gesamten März 1944.
Im April brach nach der Instandsetzung, im Rahmen der Kammerversuche, nochmals eine Sichtscheibe. Hierauf wurden bei Henschel ab dem 24. April 1944 sicherheitshalber alle Kabinenscheiben im Cockpitbereich ausgetauscht. Nach dem Abschluß dieser Arbeiten wurde die Maschine –

nach dem Ausbau der HZ-Anlage im Juni 1944 – mit abgenommenen Triebwerken abgestellt und bald darauf – wegen der vom RLM verfügten Einstellung aller Arbeiten an der Hs 130 – verschrottet.
Als zweite Mustermaschine folgte die Hs 130 EV2 (E-0, WerkNr. 130 0052). Diese nahm am 17. November 1942 die Flugerprobung auf. Nach mehreren Triebwerkserprobungsflügen erfolgte am 22. November 1942 erstmals ein Steigflug mit zugeschalteter „Höhenladerzentrale".
Bei weiteren Versuchsflügen kam es fast immer zu kritischen Situationen. Anfang Dezember 1942 mußte ein weiterer Steigflug in 8200 m Höhe vorzeitig abgebrochen werden, da eines der beiden DB 603 A-Triebwerke, infolge einer schadhaften Treibstoffpumpe, nicht einwandfrei arbeitete und abgeschaltet werden mußte.
Am 12. Dezember 1942 erreichte die Werksbesatzung dann die beachtliche Höhe von 11.800 m.

■ Testpilot Karl Wohlfahrt vor der Henschel Hs 130 C. Wohlfahrt stürzte später mit einer Hs 130 E ab.   Foto: Archiv Griehl

■ Detailansicht der Triebwerksgondeln und des Fahrwerks der geplanten Henschel Hs 130 C am Windkanalmodell. Das eingezogene Fahrwerk blieb teilweise sichtbar, um Beschädigungen bei Bauchlandungen zu verringern.   Foto: Archiv Griehl

■ Wartungsarbeiten an einer Henschel Hs 130 E-0 (WerkNr. 0051) bei den Henschel-Werken.

Foto: Archiv Griehl

Beim nächsten Werkflug begann das linke DB 603-Triebwerk schon nach kurzer Zeit heftig zu vibrieren und geriet schließlich in Brand. Der Besatzung Kempf gelang es nicht, das Feuer zu löschen. Nach ihrem Absprung stürzte die Maschine führerlos in die Tiefe und zerschellte beim Aufschlag auf dem Boden.

Wegen der noch umzubauenden Ladeluftkühler verzögerte sich im Juni 1943 auch die Fertigstellung der dritten Mustermaschine. Die Henschel-Werke konnten die Hs 130 E-0 (WerkNr. 130 0053) erst Ende Juli 1943 fertigstellen. Vor dem Beginn der Erprobung wurden noch mehrere Meßinstrumente eingebaut sowie die Anzeigegeräte geeicht. Im August 1943 kam es zu vier Kurssteuerjustierflügen und zwei Meßflügen, bei denen gleichzeitig die Kammerheizung überprüft wurde.

Bei einem der weiteren Probeflüge stürzte die WerkNr. 0053 am 24. September 1943 nach nur neun Flügen, infolge eines Triebwerkbrandes, aus geringer Höhe ab. Die Maschine wurde dabei völlig zerstört. Die gesamte Besatzung kam ums Leben.

Die vierte Hs 130 E-0 (WerkNr. 130 0054, CF+OZ) konnte wegen Problemen mit den Ladeluftkühlern ebenfalls nicht fristgerecht fertiggestellt werden. Nach mehreren Umbauten im Bereich der Triebwerk- und FT-Anlage wurde

die WerkNr. 130 0054 erst am 8. April 1944 an Daimler-Benz nach Echterdingen geliefert. Die Erprobung der Maschine oblag vor allem Flugkapitän Ellenrieder als Chefpilot der Daimler-Benz AG. Das Versuchsmuster ging auf

■ Seitenansicht der schon mit der „Höhenladerzentrale" ausgerüsteten Henschel Hs 130 E-0.

Foto: Archiv Griehl

dem Flugplatz Echterdingen am 5. September 1944 infolge eines Tiefangriffs verloren.

Die fünfte Hs 130 E-0 (WerkNr. 130 0055) nahm im April 1944 noch kurz die Flugerprobung auf. Offensichtlich muß es dabei gleich zu einer Beschädigung der Maschine gekommen sein, da sich diese im selben Monat bei Henschel in der Werft befand, um repariert zu werden. Hiernach stand die Mustermaschine für einen Standlauf mit der HZ-Anlage bereit. Die Maschine wurde nach der Einstellung der Arbeiten am Hs 130 Entwicklungsprogramm zusammen mit dem ersten Musterflugzeug im Juni 1944 im Werk Schönefeld abgestellt. Die Verschrottung dürfte bereits im Sommer 1944 stattgefunden haben. Die großen Hoffnungen des OKL, die von Henschel und dem RLM in die

Entwicklung des modernen Höhenfernaufklärers und -kampfflugzeuges Hs 130 E-1 gesetzt worden waren, hatten sich in keiner Hinsicht erfüllt. Im Grunde war man über die Triebwerkserprobung nicht hinausgekommen.

Hs 130 F

Der technisch und gewichtsmäßig nicht tragbare Aufwand der Höhenlader-Anlage von Daimler-Benz und die günstigen Leistungswerte, die sich mit dem Doppelsternmotor BMW 801 J oder TJ erreichen ließen, führten zur Planung einer mit vier BMW 801 TJ ausgerüsteten Hs 130 E, welche nunmehr die Bezeichnung Hs 130 F erhielt.

Die rechnerische Bewertung dieser Ausführung ergab hinsichtlich der zu erwartenden Leistungen, daß mit einer merklichen Steigerung im Vergleich zur

Hs 130 E-1 zu rechnen war. Nicht nur eine größere Gipfelhöhe, sondern auch eine höhere Reichweite und eine bessere Horizontalgeschwindigkeit waren zu erwarten. Da gleichzeitig der anzusetzende Entwicklungsaufwand als minimal anzusehen war, erteilte das RLM erneut einen Entwicklungsauftrag. Dieser sah vor, die meisten Baugruppen von der Hs 130 C-0, beziehungsweise von der E-0, zu übernehmen. Doch auch die wenigen vom RLM bestellten Musterflugzeuge fielen schon wenig später dem Rotstift zum Opfer. Das RLM hatte die Gesamtentwicklung storniert und setzte von nun an auf strahlgetriebene Aufklärungsflugzeuge wie die Ar 234 B-1 und B-2b. Als Lückenfüller sollte vorerst die von Junkers zu bauende Ju 388 L-1 bei den Fernaufklärungsgruppen eingesetzt werden.

■ Die Aufnahme dieser Henschel Hs 130 E-0 mit demontierten Propellern entstand in Schönefeld.   Foto: Archiv Griehl

■ Werksaufnahme des Daimler-Benz Höhenmotors DB 627, der dem Standard-DB 605 ähnlich sah. Die Auspuffanlage ist nicht montiert, was die Abgasaustrittsöffnungen sichtbar werden läßt.

Foto: Archiv Griehl

Aber was hatten nun alle Anstrengungen gebracht? Mit einem immensen Aufwand war versucht worden, ein leistungsfähiges Höhenkampfflugzeug zu schaffen, ohne daß von Anfang an die entsprechenden Höhenmotoren vorhanden waren. Dies führte dazu, daß die meisten Hs 130 untermotorisiert blieben und die als Fernaufklärer bestimmten Hs 130 A-0 nur relativ wenige Einsätze im Osten absolvierten. Vorzugsweise dienten sie als Testflugzeuge für die unterschiedlichsten Höhenmotoren, die sich gerade in der Flugerprobung befanden. Für einen erfolgversprechenden Einsatz als Höhenfernaufkärer war die A-0 weder genügend betriebssicher, noch die Motoren stark genug. Damit sich die Investitionen des Herstellerwerkes doch noch auszahlten, wurden immer wieder verbesserte Ausführungen auf der Basis der Hs 130 A-0 vorgestellt. Nach der Hs 130 B-0, einem zweimotorigen, unbewaffneten Höhenbomber, schlug

Henschel vor, das Höhenkampfflugzeug Hs 130 C-0, welches über fernbediente Waffenstände verfügte, einzusetzen. Anhaltende Schwierigkeiten im Motoren-bereich führten jedoch dazu, daß dieses Ziel nicht erreicht wurde. Nachdem aber alle Bauausführungen bis zur Hs 130 D entweder über die Studien oder Musterbauten nicht hinausgekommen waren, sollte die folgende Ausführung (Hs 130 E-1) mit ihrer „Höhenladerzentrale" den Durchbruch bringen. Aber schon im Frühjahr 1943 stand fest, daß auch die „Höhenladerzentrale" nicht vor 1944 serienreif werden würde.
Die Weiterentwicklung dieser für den täglichen Truppengebrauch viel zu aufwendigen Anlage, von der am Ende nur zehn Versuchsmuster und 60 serienmäßige Geräte (DB 605 T) gebaut wurden, gab Daimler-Benz im Einvernehmen mit dem RLM, in Hinblick auf das leistungsfähigere Höhentriebwerk DB 627 auf.

Als Ende 1943 im RLM die weitere Verwendung der Do 217 P, Hs 130 und der Ju 188 besprochen wurden, ergab sich, daß keines dieser Baumuster die Erwartungen der Truppe erfüllen würde.
Die inzwischen projektierten Ausführungen der Hs 130 F mit vier einzelnen BMW 801 TJ oder aber zwei Jumo 222 E/F-Höhenmotoren hätten eine Geschwindigkeit von 700 km/h in 13.000 m erreicht, doch waren sie der Ju 488, hinsichtlich der mitführbaren Abwurflast und Kampfkraft, nicht gewachsen. Am 31. Januar 1944 wurden daher alle Arbeiten an der E- und F-Serie eingestellt. Die viermotorige Ju 488 A-1 sollte mittelfristig, ab Anfang 1945, als Höhenbomber und -aufklärer zum Einsatz gelangen. Doch auch diese Maschine kam über den Bau zweier Prototypen nicht hinaus. Nachdem die Arbeiten eingestellt worden waren, gehörte dem strahlgetriebenen Fernaufklärer vollends die Zukunft.

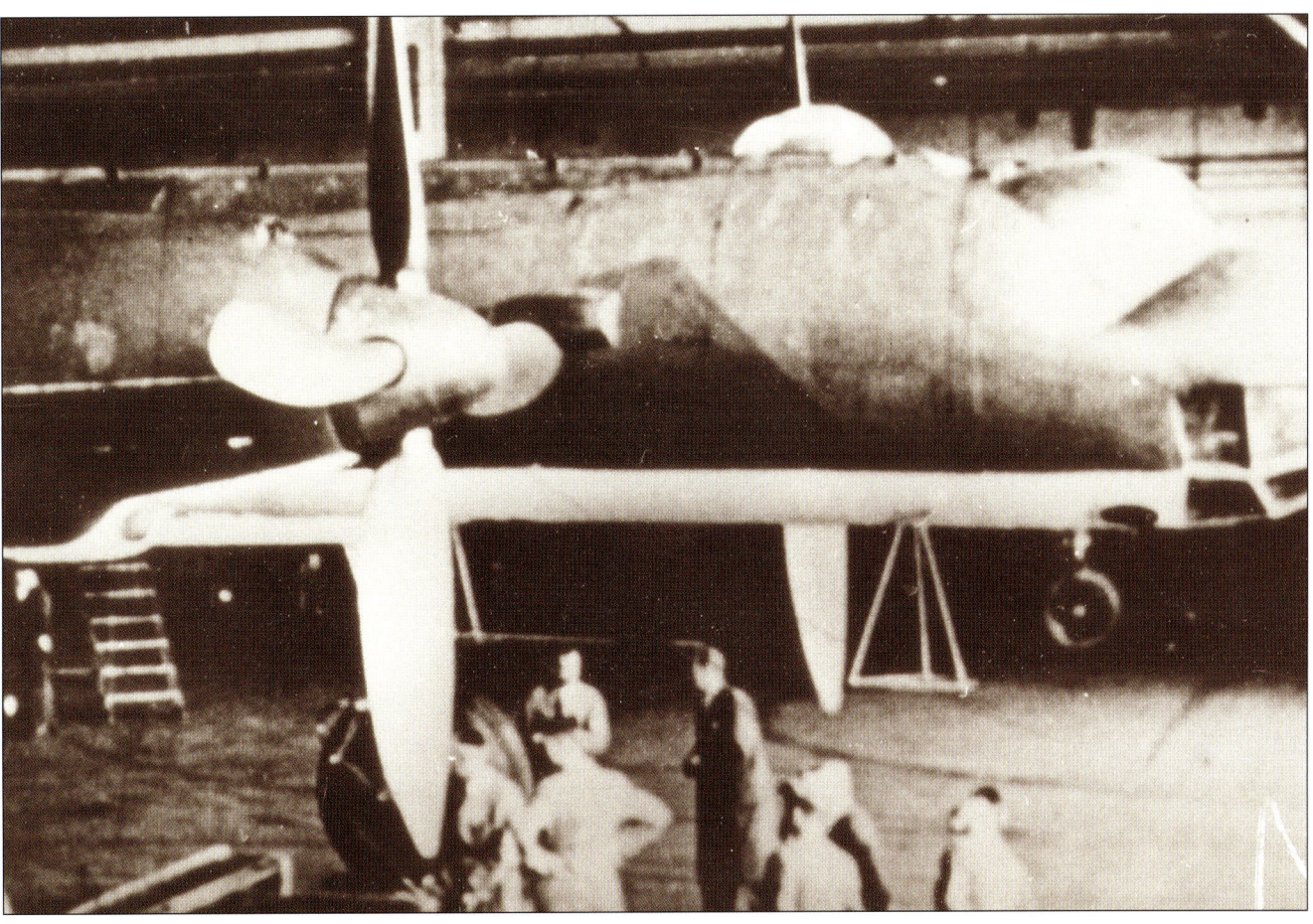

■ Die Ansicht der Henschel Hs 130 E-0 in Schönefeld läßt die großen Propeller gut erkennen.

Foto: Archiv Griehl

■ Im Hintergrund dieses Fotos ist eine Henschel Hs 130 E-0 bei den Henschel-Werken in Berlin-Schönefeld sichtbar. Henschel-Testpilot Karl Wohlfahrt hier im Gespräch mit Chefkonstrukteur Friedrich Nicolaus.

Foto: Archiv Griehl

■ Eine Messerschmitt Bf 109 F der III./JG 52 bei einer Zwischenlandung auf dem Weg nach Afrika.　Foto: Archiv Knobloch

Messerschmitt Bf 109 F (1940)

Die Produktion der schon lange zuvor von Messerschmitt vorgeschlagenen Ausführung Bf 109 F basierte auf der Bf 109 E und sollte, infolge der inzwischen eingetretenen Verzögerungen, den taktischen Erfahrungen des Sommers 1940 Rechnung tragen. Die konstruktive Entwicklung hatte allerdings schon im Sommer des Jahres 1938 eingesetzt. Der Produktionsbeginn der F-Serie verzögerte sich jedoch von Anfang 1939 bis zum Sommer 1940. Bevor die Großserienfertigung endgültig anlief, wurden von der Vorserienausführung Bf 109 F-0 zwischen Januar und April 1939 die ersten sechs mit DB 601 A-Motoren bestückten Maschinen produziert. Insgesamt waren anfangs 46 F-0 mit DB 601 A und, ab September 1939, weitere sieben mit DB 601 E-Triebwerken geplant. Die späteren, serienmäßigen Einsatzvarianten der Bf 109 F wiesen eine Spannweite von 9,9 m, eine Länge über alles von 8,9 m und eine Höhe von 2,6 m auf. Die Spurweite war mit knapp 2,0 m wiederum recht gering und führte, wie bei den zuvor produzierten E-Baureihen, zu etlichen Unfällen; insbesondere bei den schlechten Platzverhältnissen im Osten. Infolge der Produktion der Bf 109 E

sowie wegen teilweise nicht unerheblicher Probleme mit den leistungsstärkeren Daimler-Benz-Triebwerken, verzögerte sich der Anlauf der F-Serienausführung der Bf 109 von Monat zu Monat. Die praktische Erprobung begann mit der Bf 109 V22, die mit dem für die F-Ausführung typischen Ladereinlauf ausgerüstet war. Danach folgte die Bf 109 V23 (Werk-Nr. 1801, D-ISHN), die mit einem DB 601 E-Ver-

suchsmotor ausgerüstet war. Aber erst die Bf 109 mit der WerkNr. 1930, D-IVKC, wurde versuchsweise mit neuen Baugruppen der F-Ausführung versehen. Etwa ein Dutzend unterschiedlich ausgerüstete Versuchsmuster war schließlich für die technische Erprobung notwendig. Die Bf 109 F-0 (WerkNr. 5601) flog ab 1940 und galt als Muster für die Weiterentwicklung des Baumusters. Sie besaß einen DB 601 A-Reihenmotor. Bei

■ Eine der ersten Messerschmitt Bf 109 F, die dem Jagdgeschwader 27 zugeteilt wurden.　Foto: Archiv Griehl

der nächsten Bf 109 F-0, (WerkNr. 5602) handelte es sich um einen Umbau, mit welchem ab 1940 die geplante Wasserkühlerautomatik der künftigen Bf 109 F erprobt wurde.

Das erste Musterflugzeug der künftigen Baureihe Bf 109 F-1, (WerkNr. 5603, CE+BP) entsprach ihrem äußeren Erscheinungsbild nach schon fast der serienmäßigen F-Ausführung mit DB 601 N. Die von einem DB 601 A angetriebene Bf 109 F-0 (WerkNr. 5604, VK+AB) diente bei Messerschmitt der Erprobung der Vorflügel sowie der Wasserkühlerklappen. Weitere Musterflugzeuge waren die WerkNr. 5605 (VK+AC) und die WerkNr. 5642, eine F-1 mit DB 601 A (später mit DB 601 E und GM 1-Anlage). Eine andere F-Maschine flog 1941 versuchsweise mit einer Druckkabine.

Als statische Versuchszelle befand sich die Zelle mit der WerkNr. 5720 im Werk Regensburg in Erprobung. Nachdem bei der Truppenerprobung überraschend vier der neuen Bf 109 F innerhalb relativ kurzer Zeit verlorengegangen waren, bedurfte die Klärung der Unfallursache viel Zeit. Letztlich wurde festgestellt, dass bei allen Maschinen die Leitwerksauslegung festigkeitsmäßig viel zu schwach war. Die konstruktive Verstärkung führte zu einer merklichen Verzögerung der Serienfertigung.

Im Vergleich mit den noch recht kantigen Bf 109 E-Serien stellten die Ausführungen der Bf 109 F eine durchgreifende aerodynamische Verbesserung dar. Insbesondere der DB 601 N-Reihenmotor, dann die MG FF M (Motorkanone) und zwei MG 17 sowie die Luftschrauben- und Kühlerklappenautomatik führten zu einem kampfstarken Jagdflugzeug. Außerdem wurde die sonstige Ausrüstung, insbesondere die Ausstattung des Cockpits und der Treibstoffanlage überarbeitet. Als Untervariante der Bf 109 F-1 gab es die Bf 109 F-l/U1, welche mit zwei MG 131 anstelle der relativ schwachen MG 17 ausgerüstet werden sollte. Der Erprobung des MG 131-Einbaus dienten im Mai 1941 die WerkNrn. 5711 bei der E-Stelle Rechlin sowie die WerkNr. 5712 in Tarnewitz. Die Tests zogen sich

über Monate hin.

Der Serienbau der F-1 lief im August 1940 bei Messerschmitt im Werk Regensburg an. Daneben begann die Produktion der Bf 109 F-1 auch bei den Wiener-Neustädter Flugzeugwerken. Nachdem dort die letzten elf Bf 109 E die Fertigung verlassen hatten, rollten zwischen dem 1. Januar 1941 und dem 30. Juni 1941 erstmals 312 Bf 109 F-1 und F-2 vom Band. Die ersten Serienflugzeuge hatte man bereits Ende 1940 vereinzelt den Geschwader- und einzelnen Gruppenstäben der Jagdverbände JG 26 und JG 51 zugeteilt, um dort taktische Erfahrungen zu sammeln. Die erste Bf 109 F-1 (WerkNr. 5628, SG+GW) erhielt Mitte Oktober 1940 der Kommodore

Technische Daten

Messerschmitt Bf 109 F-1

Spannweite:	9,92 m
Länge:	8,85 m
Höhe:	2,60 m
Flügelfläche:	16,20 m2
Leergewicht:	1960 kg
Nutzlast:	790 kg
Triebwerk:	DB 601 N
Leistung max.:	1175 PS
Reichweite:	710 km
Gipfelhöhe:	12.000 m
Höchstgeschw.:	630 km/h
Reisegeschw.:	528 km/h
Besatzung:	1
Bewaffnung:	2 x MG 17
	1 MG/FFM

■ Das Musterflugzeug für die Messerschmitt Bf 109 F-Serie hatte noch den eckigen Ladereinlauf.

Foto: Archiv Griehl

■ Messerschmitt Bf 109 F aus der Produktion der Wiener Neustädter Flugzeugwerke.   Foto: Haberfeilner

des JG 51, Major Werner Mölders. Die Bf 109 F war hauptsächlich bei der I. und IV./Jagdgeschwader 1, der III./-Jagdgeschwader 2, der I. und III./Jagdgeschwader 3, der I./Jagdgeschwader 5, der II., III. und Ergänzungsstaffel des Jagdgeschwaders 26, I. bis IV./Jagdgeschwader 51, I., IV. und ErgSt./Jagdgeschwader 51 und der I. bis III./Jagdgeschwader 53 anzutreffen. Ferner waren zahlreiche Bf 109 F1 bei den Jagdgruppen Süd und Ost der I.(Jagd)/Lehrgeschwader 2 sowie in geringerer Stückzahl beim Jagdgeschwader 106, einem Schulverband, zu finden.
Die Endmontage der F-1 lief im Werk Wiener Neustadt (WNF) bereits im Januar 1941 und im Werk Regensburg im April 1941 an. Die Produktion der Bf 109 F-1 hatte gerade erst begonnen, als im Januar 1941 die Ausführung F-2 herauskam, welche die erste wirkliche Großserienausführung darstellte. Bewaffnungsmäßig war die Bf 109 F-2 mit einem MG 151/15 anstel-

le des MG FF M ausgerüstet. Die zentrale Motorkanone wurde ab Mai 1941 gegen das MG 151/20, ausgetauscht. Um eine größere Reichweite und somit eine längere Verweildauer im Einsatzraum zu erzielen, kam es ab Spät-

sommer 1941 immer mehr zur Verwendung eines standardisierten 300-l-Abwurftanks. Außer als einsitziges Jagdflugzeug gelangten zahlreiche Bf 109 F-2 auch als schnelle Jagdbomber zum Einsatz.

■ Infolge der extremen Winterverhältnisse wurden die Fahrwerksverkleidungen an den Flugzeugen entfernt.   Foto: Archiv Nowarra

■ Versuchsweise Erprobung einer Messerschmitt Bf 109 F mit Ski-Fahrwerk.
Foto: Archiv Nowarra

■ Unfälle durch Ausbrechen des Flugzeuges waren häufig zu verzeichnen. Hier auf dem Werksflugplatz der Wiener Neustädter Flugzeugwerke.
Foto: Archiv Haberfeilner

■ Überführungsflug einer Messerschmitt Bf 109 F zur Luftflotte 4 im Südabschnitt der Ostfront.   Foto: Dabrowski

Die Serienfertigung der Bf 109 F-2 lief ab November 1940 im Werk Wiener-Neustadt an. Die ersten Bf 109 F-2 wurden an die Jagdgeschwader JG 2, 26, 51 und 53 ausgeliefert. Die Mehrzahl der als Baureihe produzierten Bf 109 F-2 wurden mit der Einführung der F-4 bei den Verbänden wieder entbehrlich. Soweit sie den Fronteinsatz überlebt hatten, wurden die Maschinen Jagdfliegerschulen zugeteilt oder verschrottet. Die folgende Baureihe stellte die Bf 109 F-3 dar. Es handelte sich um eine verbesserte Bf 109 F-1, bei welcher ein DB 601 E-Reihenmotor zum Einbau gelangte. Als Luftschraube wurde eine VDM 9.1210 A-Verstellluftschraube verwendet. Laut den Fertigungsvorgaben vom 1. Oktober 1941 sollten bei WNF nur 15 Bf 109 F-3, zwischen Oktober 1940 und Januar 1941, gebaut werden.

Die Bf 109 F-4 stellte nach der F-2 die zweite Großserie dar. Vom äußeren Erscheinungsbild wich die F-4 kaum von der F-2 ab und unterschied sich vor allem durch einen verbesserten Panzerschutz hinter dem Kopf des Piloten. Die Motorenausstattung entsprach jener der Bf 109 F-3. Statt des DB 601 N wurde der bis 1350 PS starke E-Motor eingebaut. Im Juli 1941 wurde eine Mustermaschine mit DB 601 E, die VQ+DK, in Rechlin getestet,

um die tatsächlichen Flugleistungen zu ermitteln. Von der Bf 109 F-4 gab es die Sonderausführung F-4/Z, bei welcher in einer ansonsten serienmäßigen Tragfläche zwei Ringbehälter als Flügelrüstsatz für die GM 1-Anlage hinzu kamen. Die mit GM 1-Anlage auszurüstenden F-4/Z wurden bei Erla und bei WNF in Serie gebaut. Eine dieser Bf 109 F-4/Z flog Ende September 1941 in Rechlin und stieg bis auf 10.000 m Flughöhe. Die starre Bewaffnung der Bf 109 F-4 bestand aus einem MG 151/15 als Motorkanone sowie zwei MG 17. Als Variante war die Bf 109 F-4/U1 geplant, bei welcher, wie bei der F-1 und F-2, die MG 17 im Rumpfbug durch zwei MG 131 ausgetauscht werden konnten.

Da die Bf 109 F-4 verstärkt im Mittelmeerraum und im Südabschnitt der Ostfront eingesetzt werden sollte, war zudem die Ausstattung mit Tropenausrüstung und Überlebensausrüstung für den Flugzeugführer notwendig. Folgende Jagdgruppen der Luftwaffe waren zeitweise fast vollständig mit der Bf 109 F-4 ausgestattet:
- I. bis IV./Jagdgeschwader 1
- I. bis III. und 10.(Jabo)/Jagdgeschwader 2
- I. bis III./Jagdgeschwader 3
- I. bis IV./Jagdgeschwader 5
- I., III. und 10. (Jabo)/Jagdgeschwader 26

- I. bis III. und 10.(Jabo)/Jagdgeschwader 27
- II. und III./Jagdgeschwader 51
- I. bis III./Jagdgeschwader 52
- I. bis III. und 10.(Jabo)/Jagdgeschwader 53
- I. bis III./Jagdgeschwader 54
- I. bis III./Jagdgeschwader 77

Auch bei den Jagdgruppen Süd und Ost, der Ergänzungsjagdgruppe West sowie der Jabogruppe Afrika, aus welcher die Jabogruppe des Oberbefehlshabers Süd hervorging, waren Bf 109 F-4 in großer Zahl vorhanden.

Ferner wurde die Bf 109 F-4 mit entsprechender Reihenbildausstattung als Nah- und Fernaufklärer bei den Nahaufklärungsstaffeln 4.(H)/1 2, 2(H)/ 14, 1./NAG 2, 6./NAG 4, 1./AufklGr. ObdL sowie bei der 4./(F)/100, 4 ./(F)/122 und der 3./(F)/123 geflogen.

Ab Herbst 1943 wurde die Bf 109 F-4 zunehmend durch frühe Ausführungen der Bf 109 G ersetzt. Im Sommer 1944 waren aus Reparaturbeständen außerdem 27 Bf 109 F-2 und F-4 für das „Mistel-Programm" eingeplant. Bis Ende 1944 dürften fast alle Bf 109 F selbst aus den Beständen der Schulverbände verschwunden sein.

Eine leistungsstärkere neue Ausführung der F-Serie schlug Prof. Messerschmitt vor, als er die Abwandlung einer F-2 mit DB 601 N-Triebwerk vorschlug. Dadurch und mittels der VDM 9-11207 A-Luftschraube sollte ein leistungsfähiger Höhenjäger und Aufklärer entstehen. Die Maschine wollte man von Anfang an mit einer GM 1-Anlage ausrüsten. Von dieser Version haben vermutlich nur relativ wenige Maschinen das Werk in Wiener Neustadt verlassen. Nachweisbar gingen mindestens drei F-5 Maschinen zu Bruch.

Im Oktober 1940 sahen Planungen die Produktion von 1281 Bf 109 F-6 durch das Messerschmitt Werk Regensburg, bei WNF in Wiener Neustadt, bei Arado in Rostock-Warnemünde sowie bei Ago und Erla vor. Bei der Ausführung Bf 109 F-6 handelte es sich um eine F-4 mit verstärkter Bewaffnung. Keine verlässlichen Angaben liegen über die Ausführung Bf 109 F-7 vor. Von der Bf 109 F-8 war der Bau von insgesamt 1112 Flugzeugen geplant.

Die Produktion dieses Jagdflugzeuges sollte ab Frühjahr 1941 gleichzeitig bei drei Werken, Erla, Regensburg und Wiener Neustadt, anlaufen. Wegen der Produktion der Bf 109 G-1 und G-2 waren jedoch alle Angebote einer verbesserten Bf 109 F nicht mehr zu realisieren.

Nachdem die meisten Bf 109 F-2 und F-4 ihren Weg zu den Jagdverbänden der Luftwaffe gefunden hatten, kam es in geringer Zahl auch zur Abgabe an mit Deutschland verbündete Nationen. So wurde ab Oktober 1942 eine ungarische Jagdstaffel mit Bf 109 F-4 unter deutscher Führung an der Ostfront eingesetzt. Anschließend firmierte die Einheit als 5/1 „Puma". Die Staffel wurde ab Winter 1942/43 mit der Bf 109 F-4/B versehen. Die ungarischen Bf 109 F nahmen auch an der Kämpfen um Stalingrad teil. Mindestens 20 der

gebrauchten Jagdbomber wurden durch das Verbindungskommando der Luftflotte 4 an die Luftstreitkräfte Ungarns abgegeben. Ab November 1943 wurde aus der 5.11. und der 5.12., die dem I. Fliegerkorps unterstehende Jagdgruppe 102 mit zwei Staffeln, die dann aber die leistungsfähigere Bf 109 G erhielt. Auch bei den verbündeten italienischen Luftstreitkräften waren damals zwölf Bf 109 F-4 im Einsatz. Die Maschinen taten bei der 1500 Gruppo in San Pietro di Caltagirone ihren Dienst. Dem 40. Stormo waren einige Bf 109 F zugeteilt. Die der Regia Aeronautica überlassenen Maschinen dienten in erster Linie als leistungsstarke Schulflugzeuge, ehe die bereits verbindlich zugesagten 22 Bf 109 G-2, G-4 und G-6 in Italien eintrafen. Abgesehen von der Bf 109 F-1 und den beiden Großserien F-2 und F-4 wurden

■ Beim Einsatz als Jagdbomber wurden meistens SC 50 Bomben verwendet.

Foto: Nowarra

■ Der Einsatz der Bf 109 F „Weiße 2" erfolgte bei der II./JG 27 in Afrika.　　　Foto: Sixt

zwischen August 1940 und dem Ende der Serienfertigung im Jahre 1942 etwa 2400 F-Maschinen produziert. Bei allen übrigen Ausführungen der Bf 109 F blieb es – wenn überhaupt – bei relativ wenigen Zellen.

Die „Friedrich" stellte zwischen 1941 und 1942 den nahtlosen Übergang zwischen der „Emil" und der „Gustav" dar. Die Bf 109 F-4 wurde ab Sommer 1942 bei der Mehrzahl der deutschen Jagdgeschwader durch die Ausführung Bf 109 G-1, die dank des eingebauten DB 605 über größere Leistungsreserven, aber auch über eine wesentlich kampfstärkere Bewaffnung verfügte, ersetzt und an Schulverbände abgegeben. Einige wenige Bf 109 wurden für Erprobungsvorhaben der unterschiedlichsten Art genutzt. Beispielsweise flog die Vorserienmaschine (F-0) mit der WerkNr. 5603 als Erprobungsmuster mit Bugrad und wurde erstmals durch die versierten Werkspiloten Wurster und Baur am Boden und in der Luft erprobt. Die Maschine ging 1944 bei einem alliierten Tiefangriff auf den Flugplatz von Mühlacker verloren. Die Bf 109 F-2 (WerkNr. 9191) war mit einem Breitspurfahrwerk versehen worden und stellte einen Schritt zur geplanten Me 309 dar.

Bei einer anderen Erprobungsmaschine, der Bf 109 F-4 mit der WerkNr. 7003, wurde im Juli 1941 ein lenkbarer Sporn angebaut. Ferner sollte die Maschine eine Me P6-Verstell-Luftschraube erhalten. Die Flugerprobung begann bei Messerschmitt etwa ab Anfang 1942. Bei Messerschmitt war bereits im Jahre 1942 zur Klärung des Flugverhaltens mit V-Leitwerk eine Bf 109 F mit dieser Konfiguration vorgesehen. Das Musterflugzeug stellte eine Bf 109 F-4 (Werk-Nr. 14003, VJ+WC) dar, deren

Flugerprobung ab dem 21. Januar 1943 durch Karl Baur durchgeführt wurde. Die Versuche sollten im Bereich der He 280, der Me 262, der He 162, aber auch für die Me 264 Bedeutung erlangen.

Zu nennen ist auch die WerkNr. 6631, eine Bf 109 F-1, bei der Anfang 1942 eine Verdampfungskühler-Anlage getestet wurde. Frühestens ab März 1942 kam es zu mehreren Testflügen. Da die technischen Probleme innerhalb der gesetzten Zeit nicht zu lösen waren, brach das Technische Amt die Erprobung ab.

■ Gut getarnt abgestellte Bf 109 F des JG 26 in Frankreich.　　　Foto: Archiv Griehl

■ Stillleben: Bf 109 F mit Mähmaschine. Eine Maschine des Jagdgeschwaders 54 an der Ostfront.   Foto: Archiv Nowarra

■ Bf 109 F-Maschinen der III./JG 52 hatten einen interessanten Tarnanstrich.   Foto: Archiv Griehl

■ Flugaufnahme einer frühen P-51 B „Mustang". Die Ausführung der Hoheitsabzeichen wurde im Jahre 1943 nur kurzzeitig verwendet.

Foto: Archiv Regnat

N. A. P-51 „Mustang" (1940)

Zu Beginn des Jahres 1940 erging eine Anfrage des britischen Verteidigungsministeriums an den Flugzeughersteller North American, ob man in der Lage sei, einen Jäger innerhalb eines Zeitrahmens von 120 Tagen zu konstruieren und diesen in einem Prototyp zu verwirklichen. Zu dem von „Dutch" Kindelberger geleiteten Team zählten Chefingenieur Raymond Rice sowie Edgar Schmued, NAA-Design-Ingenieur. Lediglich drei Tage vor Ablauf der Frist wurde das erste Versuchsmuster vollendet. Die Basis des späteren Hochleistungsjägers P-51 „Mustang" stand am 26. Oktober 1940 zu ihrem Jungfernflug bereit. Werkspilot Vance Breese hob die NA-73 behutsam von der Startbahn ab und tastete sich langsam an ihr Flugverhalten heran. Bereits während des ersten Testfluges zeigten sich die hervorragenden Eigenschaften dieser Konstruktion. Auf Grund dieser sehr positiven Ergebnisse konnte die Serienproduktion schneller als geplant ins Auge gefasst werden. Während des fünften Testfluges jedoch wurde Testpilot Balvour zur Notlandung gezwungen. Der Motorschaden hatte fatale Folgen, da sich das Flugzeug über-

schlug. Trotz dieses Zwischenfalls blieb das Beschaffungsamt jedoch bei der bereits am 29. Mai 1940 platzierten Order über 320 Flugzeuge zum Preis von 50.000 Dollar pro Einheit. Die ersten Exemplare wurden bereits im Dezember desselben Jahres ausgeliefert. Die 7. und 10. Maschine wurde dem USAAC für Testzwecke übergeben. Die Maschinen erhielten dort die Bezeichnung XP-51. Nach ausführlichen Testreihen bestellte das US-Beschaffungsamt insgesamt 150 Maschinen, welche in der Folge als Mustang IA an die Briten weitergeleitet wurden. Das Muster NA-73 erhielt die Bezeichnung „Mustang" I. Die RAF orderten von dieser Variante insgesamt 620 Einheiten. Von diesen waren bis März 1942 insgesamt 320 Exemplare ausgeliefert worden. Die Feuertaufe erhielt die „Mustang" I erst am 27. Juli 1942 während eines Einsatzes gegen den Dortmund-Ems-Kanal. Die technischen Unterschiede zur NA-73 bestanden zum einen in der gepanzerten Frontscheibe und deren Glykol-Defroster. Ferner kam ein geändertes Hydrauliksystem zum Einbau. Zur Bewaffnungstechnik zählte nun auch ein Bombenrack. In der Folge wurden alle 620 „Mustang" I auf den Standard der Mk. IA mit 20-mm-Kanonen nach-

gerüstet. Im Rahmen der damaligen britisch-sowjetischen Waffenbrüderschaft wurden zehn Exemplare aus RAF-Beständen für die Sowjetunion abgezweigt. Wie erwähnt, war ein wesentlicher Unterscheidungspunkt zwischen Mk.I und Mk.IA im Bereich der Bewaffnung zu suchen. Die Maschinen verfügten hierbei über eine Flächenbewaffnung von vier 20-mm-Kanonen. Zahlreiche Mk.IA wurden an die RAF ausgeliefert. Nach Pearl Harbor gingen allerdings 77 Maschinen in den Besitz der amerikanischen Luftstreitkräfte über. Diese Flugzeuge wurden in deren Reihen als P-51-1-NA bezeichnet und jeweils mit einer K-24-Kamera ausgestattet. Zu einem späteren Zeitpunkt erhielten die Aufklärer die Kennung F-6A.

Waren die bisherigen Mustangs speziell auf die Wünsche der Briten zugeschnitten, so stellte die A-36 „Apache" die erste Baureihe dar, welche speziell gemäß den Forderungen des US Air Corps entstand. Es handelte sich hierbei um 500 Tiefangriffsflugzeuge, welche im Zeitraum von November 1942 bis März des Folgejahres die Werkshallen von North American verließen. Die USAAF fasste sodann diesen Flugzeugtyp in acht Groups zusammen. Der Fronteinsatz ließ nicht lange auf sich warten. Die „Apache" flogen allein in Europa 23.400 Sorties (Einzeleinsätze), wobei nicht weniger als 7248 Tonnen Bomben auf deutsche und italienische Ziele abgeworfen wurden. Die Erfolgsbilanz wies 84 Abschüsse im Luftkampf aus. Hinzu kamen weitere 14 Maschinen, die am Boden zerstört wurden. Aber auch die Angreifer kamen nicht glimpflich davon. Im Zuge der Kampfhandlungen musste ein Verlust von 177 „Apache" hingenommen werden. Als direktes Nachfolgemuster entstand auf den Reißbrettern die P-51 A, welche im Sommer 1942 geordert, und von den Briten unter der Bezeichnung „Mustang" II in Dienst gestellt wurde. Insgesamt 310 Exemplare verließen die Production Lines. Von diesen übernahm die RAF 50 Maschinen. 35 der von den amerikanischen Luftstreitkräften genutzten P-51 A wurden zu F-6B Fotoaufklärern umgerüstet. Hauptsächlich unterschied sich die P-51 A von ihren Vorgängermustern durch die Möglichkeit, zwei 227-kg-Bomben mitzuführen. Wahlweise konnten an den beiden Unterflügelstationen zwei Abwurftanks mit einem jeweiligen Fassungsvermögen von 284 Litern befördert werden. Weitere Verbesserungen waren im Bereich der Motoren- und Bewaffnungstechnik zu finden. Das Leistungsspektrum der „Mustang" II ließ im mittleren Einsatzbereich immer noch zu wünschen übrig. Der Problemlöser war hierbei der britische Rolls-Royce „Merlin". Mehrere Versuchseinbauten mit diesem Triebwerk zeigten, dass man sich hierbei auf dem richtigen Weg befand. Die Erprobungsphase mit dem britischen Motor konnte im September 1942 erfolgreich abgeschlossen werden. In der Folge entschieden sich die amerikanischen Beschaffungsstellen für einen in den USA auf Lizenzbasis gefertigten „Merlin", den Packard V-1650. Mit dem „Merlin" konnte die bisherige Höchstgeschwindigkeit der „Mustang" um weitere 80 km/h gesteigert werden. Die hier gewonnenen Erkenntnisse sowie die erreichten Leistungssteigerungen schlugen sich im Prototyp der B-Serie, der XP-51 B nieder. Die wesentliche Produktions- und Einsatzgeschichte begann mit der Entwicklung des Musters P-51

B, welche bei den Verbänden der US-Luftwaffe sowie in den Reihen der Verbündeten in großen Stückzahlen zum Einsatz kam. Doch bis dieses Muster über den Fronten des europäischen und pazifischen Kriegsschauplatzes erschien, war ein beträchtliches Stück Arbeit im Entwicklungs- und Produktionsbereich zu bewältigen. Das US-Beschaffungsamt orderte zunächst zwei Prototypen unter der Bezeichnung XP-51 B. Das erste der beiden Versuchsmuster startete am 30. November 1942 in sein natürliches Element. North American, beheimatet im kalifornischen Städtchen Inglewood, sowie im texanischen Dallas, bereitete sich auf eine Fertigung dieses Musters in großem Maßstab vor. Der Hersteller sagte die Auslieferung der ersten Flugzeuge für März 1943 definitiv zu. Weitere 125 Exemplare sollten bereits im April 1943 die Endmontagelinien verlassen. Die Produktionsvorgaben ab September desselben Jahres sahen einen Ausstoß von 400 Einheiten pro Monat vor. Noch im November 1943 konnte die amerikanische 9. Luftflotte die ersten P-51 B-1 übernehmen. Im Folgemonat befanden sich bereits 253 P-51 B auf den Britischen Inseln.
Die Fertigung der P-51 B gliederte sich

Technische Daten

N.A. P-51 D „Mustang"

Spannweite:	11,28 m
Länge:	9,83 m
Höhe:	3,71 m
Rüstgewicht:	4581 kg
Abfluggewicht:	5498 kg
Höchstgeschw.:	704 km/h
Dienstgipfelhöhe:	12.192 m
Reichweite:	Packard V-1650-7
Triebwerk:	DB 605B
Leistung:	1490 PS
Bewaffnung:	6 x 12,7 mm MG

in insgesamt vier Baulose. Das Baulos B-5 zeichnete sich durch eine weitere Erhöhung der Betriebsstoffkapazität aus. Die Maschinen dieses Typs wiesen einen zusätzlichen Hängepunkt für einen 284 l fassenden Droptank auf. Allerdings wurde dies erst bei den letzten 550 Einheiten verwirklicht. So ausgerüstete Flugzeuge erhielten die Bezeichnung P-51 B-7. Die entsprechenden Modifikationen wurden jedoch auch bei bereits an die Truppe ausgelieferten Maschinen in den Feldwerften durchgeführt. Ab dem Produktionslos B-10 fand der Packard V-1650-7 Ver-

■ Die erste Serienausführung für die US-Army Air Force mit vier 20-mm-Kanonen wurde als P-51 „Apache" bezeichnet.

Foto: Archiv Regnat

■ Im Rahmen eines Pacht- und Leihabkommens erhielt die Royal Air Force eine große Anzahl an P-51 Mk.I „Mustang", um ihre Lücke in der Luftverteidigung zu schließen.
Foto: Archiv Regnat

wendung. Diese Version verfügte über einen geänderten Lader. Ansonsten entsprach diese Variante dem V-1650-3. Für den Betrieb des Motors standen nun insgesamt 2154 l Treibstoff zur Verfügung. Diese Menge beinhaltete eine externe Zuladung von 2 x 568 l in Abwurftanks. Insgesamt 71 P-51 B-10 wurden zu F-6 C Fotoaufklärern umgerüstet. Dieser Fertigungsblock wies keine gravierenden Unterschiede zum Vorgängermuster auf. Teilweise erhielten die Maschinen jedoch Abschussvorrichtungen für zehn HVAR Luft-Boden-Raketen. Dieses letzte Baulos der B-Version gelangte ab Frühjahr 1944 zur Truppe. Die P-51 B verblieb im Fronteinsatz bis Februar 1945. Im Jahr 1948 erhielten die letzten noch verbliebenen Exemplare der Spezies P-51 B die Bezeichnung ZF-51 B und wurden kurz darauf aus dem aktiven Flugbetrieb abgezogen. Neben der P-51 B entstand bei North American Dallas die P-51 C. Diese wies keine wesentlichen Unterschiede zu dem in Inglewood gefertigten B-Muster auf. Im Werk Dallas verließen insgesamt 1750 P-51 C die Endmontage. Auch hier gliederte sich die Produktion in vier Blocks, welche mit P-51 C-1-NT, C-5-NT, C-10-NT und C-15-NT bezeichnet wurden. Die ersten Maschinen der in Dallas gefertigten C-Version trafen im Februar 1944 in England ein. Die für die britischen Streitkräfte bestimmten P-51 B und -C wurden in den Reihen der RAF als „Mustang" III bezeichnet.

Die erste Mk.III übernahm die RAF bereits im Jahre 1943. Bei Jahresende verfügten die Briten bereits über die stattliche Stückzahl von 272 „Mustang" III. Insgesamt flogen in den Verbänden der RAF 274 P-51 B sowie 636 Maschinen der Version P-51 C. Um die Sicht des Flugzeugführers zu optimieren, stattete man die Maschinen mit einer der der „Spitfire" nicht unähnlichen Schiebehaube aus. Die sogenannte „Malcolm-Hood" bewährte sich bestens und wurde in der Folge auch bei den P-51 B/C der US-Luftwaffe eingeführt. Den im Einsatz bewährten P-51 B und -C-Mustern folgte auf den Reißbrettern die auch in unseren Tagen auf Airshows zu bewundernde Mustang-Variante. Die Rede ist von der mit Abstand elegantesten D-Version, welche auf Grund der blasenförmigen Vollsichthaube dem Piloten weit bessere Sichtmöglichkeiten bot und somit im Kampfeinsatz ein Stück mehr Sicherheit garantierte.

Die beiden ersten Flugzeuge in dieser Konfiguration entstanden aus Flugzeugen des Typs P-51 B-10-NA. Hierbei wurde im Cockpitbereich die hintere Rumpfpartie gänzlich umgebaut und mit einer Blasenhaube neu gestaltet. Die Flugzeuge gingen in der Folge unter der Bezeichnung XP-51 D in die Erprobung. Wie erwartet zeigten die Tests die erhofften Ergebnisse, so dass die entsprechende Ausführung unter der Bezeichnung P-51 D-5-NA in Serie gehen konnte. Die ersten Mustangs dieses ersten Bauloses trafen gegen Ende Mai 1944 in England ein. Die

■ Völlig identisch mit dem Modell P-51 D war die P-51 K, die sich nur durch die Verwendung eines Aeroproducts Propellers unterschied.
Foto: Archiv Regnat

■ Die bekannteste Ausführung der „Mustang" war eindeutig die P-51 D. Hier eine Viererformation der 31. Fighter Group über Norditalien.

Foto: Archiv Regnat

Maschinen, welche im anderen Werk des North American-Konzerns vom Band liefen, waren hingegen erst ab September 1944 auf der britischen Insel verfügbar. Im Dezember desselben Jahres befanden sich in der Inventarliste der 8. Air Force bereits etwa eintausend „Mustangs" der D-Version. Nach der Seriennummer 44-13902 wurde der sogenannte „Dorsal Fin", eine dem Seitenleitwerk vorgelagerte, keilförmige Strömungsfläche, zum serienmäßigen Bestandteil. „Mustangs" mit diesem Merkmal verließen ab August 1944 die Endmontage. Mit den Produktions-Blocks D-20-NT und D-25-NA fanden Visiere des Typs K-14 Verwendung. Während der Herbst- und Wintermonate des Jahres 1944 wurden auch alle bei der Truppe befindlichen Maschinen mit dieser Zieloptik ausgestattet. Die P-51 D stellte für den Rest des Krieges die am weitesten verbreitete „Mustang"-Version dar. Dieses äußerst leistungsfähige und stetig optimierte Muster wurde in zwei Produktionsstätten gefertigt. Den Löwenanteil dieser Jagdmaschinen nahm natürlich die amerikanische Luftwaffe in Anspruch. Im Rahmen des Pacht- und Leihabkommens übernahm jedoch auch die Royal Air Force eine nicht unbeträchtliche Zahl dieses Musters.

■ Aus der P-51 K wurde die F-6 K als Fotoaufklärer abgeleitet. Deutlich erkennbar das Kamerafenster hinter dem Rumpfkühler.

Foto: Archiv Regnat

■ Die P-51 D „Mustang" DAMN YANKEE blieb in Privatbesitz der Nachwelt erhalten und wird heute auf verschiedenen Flugtagen eingesetzt.

Foto: Archiv Regnat

Das Werk Inglewood fertigte insgesamt 6502 „Mustangs" unter der Bezeichnung P-51 D-NA. In Dallas liefen weitere 1454 Maschinen als P-51 D-NT vom Band. Zudem modifizierte Dallas 136 Maschinen zu Fotoaufklärer F-6 D. „Mustangs" waren Jäger mit einer außerordentlichen Reichweite. Diese Eigenschaft resultierte aus einem umfangreichen Treibstoffsystem, welches auch zwei Abwurftanks unter den Tragflächen beinhaltete. In dieser Konfiguration waren Eskorteinsätze von 7 bis 8 Stunden Dauer nichts Ungewöhnliches. Mit dem Auftauchen dieser weitreichenden Begleitjäger ging die Zahl der Bomberverluste stetig zurück. Die Grundvoraussetzung für eine wirksame Abschirmung der Bomber war eine genügende Treibstoffreserve für die Kampfzeit über Feindgebiet und zudem für den weiten Rückflug. An diesem Kriterium scheiterte im Laufe der Luftschlacht um England so mancher „Messerschmitt"-Jäger. Die „Mustangs" hingegen waren in diesem Bereich jedoch bestens ausgerüstet. Die interne Treibstoffkapazität umfasste 696 l in zwei Behältern zu je 348 l Fassungsvermögen. Der Rumpftank nahm weitere 322 l Treibstoff auf. Zwei unter den

Flächen mitgeführten Droptanks, mit einem jeweiligen Volumen von 284 l bzw. 409 l erhöhten die Reichweite drastisch. Der Schmierstoffvorrat betrug 47 l. Das Kühlsystem der „Mustang" bestand aus zwei Komponenten, zum einen dem Kühlkreislauf des Motors, anderseits der Kühlung des Treibstoff-Luftgemisches des Turboladers. Beide Systeme arbeiteten voneinander unabhängig. Der Kühlstofftank des Motorkreislaufs fasste 62,5 l. Der Behälter des Turboladers war für 19 l ausgelegt.

Wesentlich geringere Anforderungen an die Motortechnik wurden bei den folgend dargestellten Maschinen gestellt, da bei ihrem Einsatzspektrum der Kampfeinsatz nicht gefordert war. Die zweisitzigen „Mustang"-Trainer entstanden auch in ungleich geringerer Stückzahl. Diese Schulungsversion verfügte an Stelle der Funkausrüstung über einen zweiten Sitz sowie eine Doppelsteuerung. Lediglich zehn P-51 D-25-NT wurden 1944 werksseitig in dieser Konfiguration verwirklicht und als TP-51 D bezeichnet. Außerdem wurden noch eine P-51 D-5, 7 D-25 und eine D-30 entsprechend umgerüstet. Hinzu kam eine nicht definitiv bekannte Anzahl von Frontumbauten

bei der 8. Air Force. Ab 1948 erhielten diese Flugzeuge die Kennung TF-51 D. Parallel zur D-Version entstand die P-51 K. Dieses Muster war mit Ausnahme der Luftschraube mit der P-51 D identisch. Die P-51 K lief ausschließlich im Werk Dallas vom Band. Deren Gesamtproduktion umfasste insgesamt 1500 Maschinen, gefertigt in drei Baulosen. Aus dieser Masse von Flugzeugen wurden 163 Maschinen zu Fotoaufklärern des Typs F-6 K umgerüstet. Das Bezeichnungssystem dieser Maschinen änderte sich im Jahr 1946. „Mustangs" der Baureihen P-51 D und K erhielten ab 1946 die Designation FP-51 D/K. Ab 1948 wechselte die Bezeichnung zu RF-51 D/K. Höchstwahrscheinlich wurden einige dieser Maschinen zu Aufklärungstrainern umgerüstet und als TRG-51 D oder K gekennzeichnet. Die Versuchsmuster XP-51 F und XP-51 G sollten die Grundlage für eine gänzlich neue Generation von „Mustang"-Flugzeugen bilden. Sie stellten die Urmuster der sogenannten „Lightweight-Mustang" dar, von der man sich eine deutliche Leistungssteigerung versprach. Von der XP-51 F entstanden insgesamt drei Exemplare, wovon sich die 43-43332 am 14. Februar 1944 erstmals in ihr Element begab. Das dritte Versuchsmuster erhielt die RAF. Die Unterschiede zur traditionellen Mustang lagen zum einen in der Verfeinerung der aerodynamischen Eigenschaften sowie in der Wahl der Werkstoffe. So konnten die Ingenieure durch eine größere, jedoch besser integrierte Blasenhaube und Änderungen in anderen Bereichen einen Geschwindigkeitszuwachs von 30 km/h gegenüber der P-51 D erzielen. Dies resultierte nicht zuletzt aus der Einsparung von 300 kg Gewicht. Zudem kam hier erstmals Kunststoff als Werkstoff zum Einsatz. Um noch positivere Gewichtsdaten zu erhalten wurde die Bewaffnung von sechs auf vier 12,7 mm MG reduziert. Trotz durchaus positiver Datenlage ging die Leichtgewicht-„Mustang" in dieser Konfiguration nicht in Serie. Auch von der XP-51 G wurden lediglich zwei Exemplare gefertigt. Diese beiden Muster waren, abgesehen von der Motorisierung und der Luftschraube, nahezu mit der XP-51 F identisch. An Stelle des V-1650-3 der XP-51 F kam hier ein britischer Rolls-Royce RM 145 M mit 1500 PS Startleistung zum Einbau. Die Kraft dieses Triebwerks wurde in diesem Fall auf fünfblättrige Rotol-Propeller übertragen. In dieser Konfiguration konnten bis zu 760 Stundenkilometer erflogen werden. Den zweiten Prototyp übernahm die RAF. Die letzte Serienversion, die P-51 H, basierte im Prinzip auf den Erkenntnissen der XP-51 F. Einige Änderungen ge-

genüber der Konfiguration des genannten Prototyps waren jedoch notwendig. Im Zuge dieser Maßnahmen wurden das Seitenleitwerk erhöht und der Rumpf verlängert. Bezüglich der Antriebsquelle entschied man sich für den Packard V-1650-11. Diese Motoren entsprachen weitgehend dem V-1650-7. Sie verfügten jedoch über ein Limit für 15 Minuten Notleistung. In den Grenzen dieses Zeitlimits konnte die Leistung von 1990 PS auf stolze 2230 PS hochgefahren werden. Die Treibstofftanks nahmen in der Steuerbordfläche 398 l und Backbord 379 l auf. Hinzu kam ein Rumpftank mit 190 l Fassungsvermögen. Zur weiteren Reichweitenerhöhung wurden zwei Abwurftanks mit jeweils 416 l mitgeführt. Die als zu gering bewertete Bewaffnung der XP-51 F steigerte sich wieder auf sechs Browning-MG. Bei diesem Muster kam auch erstmals das sogenannte „IFF" (Identification Friend or Foe), eine Freund-Feind-Erkennung, zum Einbau. Zu den weiteren Änderungsmaßnahmen zählte eine verkleinerte Kabinenhaube. Bedingt durch ihre grundsätzlich gewichtsparend orientierte Konstruktion sowie den Einsatz möglichst leichter Werkstoffe konnte auch hier eine Gewichtsreduzierung um etwa 250 kg gegenüber dem D-Modell erreicht werden. Die P-51 H wurde ausschließlich in Inglewood produziert, insgesamt 555 an der Zahl. Die restlichen, bereits bestellten, 1445 Einheiten, wurden storniert. Die letzte

zu produzierende „Mustang", eine P-51 H, verließ am 9. November 1945 die Endmontage des Werkes Inglewood. Für den europäischen Kriegsschauplatz kam dieses leistungsfähigere Muster zu spät. Im Pazifikraum hingegen konnten noch Fighter Groups mit der P-51 H ausgerüstet werden. Nach Beendigung der Kampfhandlungen wurden mehrere Verbände der Air National Guard mit der „Lightweight-Mustang" ausgestattet. Im nur wenige Jahre entfernten nächsten Kriegseinsatz, in Korea, kam die P-51 H allerdings nicht in Betracht. Hierbei griff man auf die ungleich robustere P-51 D zurück. Soweit das breite Spektrum der amerikanischen Baureihenbezeichnungen. Hinzu kommen noch eine ganze Reihe von Varianten der britischen und australischen Luftstreitkräfte. Letztgenannte Nation übernahm nicht nur eine große Stückzahl von „Mustangs" aus US-Produktion, sondern fertigte diesen Typ auch in Lizenz. Das Muster ging dort bei Commonwealth Aircraft Corp. unter der Bezeichnung CA-17 in Serie. Das erste dieser auf dem australischen Kontinent gefertigten Exemplare, stand am 29. April 1945 zum Erstflug bereit. Die Maschine wurde am 4. Juni den Streitkräften übergeben. Das erste Serienmuster basierte auf der P-51 D-5-NA, ausgerüstet mit einem Packard V-1650-3-Triebwerk. Die australische Luftwaffe führte diesen Typ als „Mustang" Mk.XX. Bei diesen achtzig Maschinen handelte es sich teilweise noch um Teilelieferungen aus den USA. Eine weitere Baureihe, werksseitig benannt als CA-18 (Mustang Mk.XXI), beinhaltete auf australische Verhältnisse zugeschnittene Änderungen. Von dieser Version entstanden insgesamt 26 Flugzeuge. Die entsprechende Aufklärer-Variante bezeichnete man als CA-18 oder Mustang Mk.XXII. Hiervon wurden 28 Exemplare gefertigt. Vierzehn Flugzeuge erhielten den Packard V-1650-7, der restliche Teil flog mit einem Rolls-Royce „Merlin" 66 oder 70. Als Folgemuster wurden 66 Maschinen unter der Typenkennung Mustang Mk.XXIII produziert. Deren Triebwerksanlage entsprach der Mk.XXII. Die Baureihe CA-21 sollte ursprünglich

■ Anhand dieser historischen Aufnahme eines XP-51 Prototyps im Vergleich mit der P-51 D (links) sieht man deutlich den Entwicklungssprung.　Foto: Archiv Regnat

■ Die klassischen Linien einer P-51 D „Mustang", wie sie heute noch in bedeutenden Stückzahlen in Privatbesitz als fliegende Museumsstücke im Einsatz sind.
Foto: Archiv Regnat

in größeren Stückzahlen gefertigt werden. Lediglich 26 Maschinen dieses auf der P-51 H basierenden Typs verließen die Werkhallen. Weitere 150 bereits geordnete Einheiten wurden wieder storniert. Neben den Mustangs aus einheimischer Produktion lieferten die USA im Rahmen des Pacht- und Leihabkommens zusätzliche 298 P-51 D und K aus einem britischen Kontingent. Diese standen fortan als „Mustang" Mk.IV und IV A im Dienst. Zusätzlich übernahm die RAAF 41 „Mustangs", welche vormals in niederländischen Farben flogen (Netherlands East Indies Air Force).
Der Einsatz der in 15.576 Exemplaren gefertigten „Mustangs" während des Zweiten Weltkrieges war auf relativ wenige Staaten beschränkt. Auch die Sowjetunion erhielt nur eine verschwindend geringe Anzahl dieses damaligen Superfighters. Unbestritten ist die Tatsache, dass die „Mustang" zu den technisch hochwertigsten Jagd-

flugzeugen des 2. Weltkrieges zählte. Viele behaupten sogar, es handelte sich bei diesem Vollblut um den absoluten Top-Fighter dieses Krieges. Weder England noch die Sowjetunion konnten im alliierten Lager gleichziehen. Auf der deutschen Seite war in der Disziplin Kolbenmotorflugzeuge zweifellos die langnasige Fw 190 D herausragend. Betrachtet man die japanische Seite, so

wird man auch hier ein teilweise hohes technisches Niveau feststellen. In Europa wurde die „Mustang" der strategischen 8. Air Force und der für taktische Aufgaben gerüsteten 9. Air Force unterstellt. Als erste Fighter Group der 8. AF erhielt die 357 FG die P-51, welche bei dieser am 11. Februar 1944 erstmals im Einsatz geflogen wurde. Die nächste 8. AF Gruppe, die „Mus-

■ Bild Mitte: XP-51 G „Light Weight Mustang" mit Fünfblattpropeller.
Foto: Archiv Regnat

■ Die XP-51 G wies zur herkömmlichen „Mustang" starke Unterschiede im Zellenbereich auf. Als Motor diente ein Allison V-1710.
Foto: Archiv Regnat

tangs" in ihre Reihen aufnahm, war die legendäre 4. Fighter Group unter Col. Blakeslee. Bis Kriegsende zerstörte die Einheit 1016 deutsche Flugzeuge. Die Jägereinheiten der 8. Air Force wurden Zug um Zug mit der „Mustang" ausgerüstet. Die meisten der Kommandeure waren froh, die schwerfällige „Thunderbolt" abgeben zu können. Ganz anders dachte man bei der legendären 56. FG, martialisch „Zemkes Wolfpack" genannt. Hier wurde das Monstrum bis Kriegsende mit großem Erfolg eingesetzt.

Im Zuge des Kriegsverlaufs konnte immer mehr auf die Tarnung der Flugzeuge verzichtet werden. Das triste Olive Drab und Neutral Grey wich zunehmend den naturmetall belassenen Maschinen. Die „Silverbirds" erhielten nun weithin sichtbare, farbenfrohe Gruppen- und Staffelmarkierungen. Im Mittelmeerbereich flog die „Mustang" ebenfalls bei zwei Air Forces. Es handelte sich hierbei um die 12. AF und die 15. US-Luftflotte. Stationiert in Süditalien, begleiteten die dort stationierten „Mustangs" die Bomberströme nach Südosteuropa, aber auch in den süddeutschen Raum. Die 12. AF verfügte lediglich über eine Mustang-Gruppe, die 52. FG. Zudem waren der Luftflotte mit zwei A-36-Groups (27.u. 86 Jagdbombergruppen) ausgestattet. Außerdem wurde mit P-51, bestückt mit 4 x 20 mm MKs, bewaffnete Auf-

klärung geflogen. Zum Schutz der B-17 und B-24 Pulks standen der 15. AF lediglich vier P-51-Gruppen (31. FG, 325. FG, 332. FG), inkl. der von der 12. AF übernommenen 52. FG zur Verfügung. Im Vergleich zu den 14 „Mustang" Groups der 8. AF nahm sich die Stärke dieser Luftflotte eher bescheiden aus. Auch hier war es gängige Praxis, die Flugzeuge mit farbenprächtigen Markierungen zu versehen. Die 325. FG, als Beispiel genannt, übernahm ihre ersten P-51 B/C im Mai 1944. Wenig später folgten aus den Air Depots die ersten Exemplare der D-Version. Die Einheit flog als erste im Rahmen der „Shuttle-Raids" Bombereskorte zwischen Italien und Russland. Am anderen Ende der Welt, im pazifischen Raum bevölkerten ebenfalls immer mehr „Mustangs" den Himmel. Die meisten im Pazifik stationierten Gruppen übernahmen ihre „Mustangs" allerdings erst relativ spät. Überwiegend handelte es sich dabei bereits um Maschinen der D-Version. Die aus der „American Volunteer Group" hervorgegangene 23. FG wurde traditionsgemäß mit grimmig dreinblickenden Haifischmäulern an den Motorverkleidungen ihrer P-51 ausgestattet. Die Einheit tauschte ihre veralteten P-40 gegen „Mustangs" der Versionen P-51 B und C. Ihr Einsatzbereich befand sich auf dem Kriegsschauplatz China-Burma-Indien, kurz CBI genannt. Es

flogen bei der 14. Air Force zudem „Mustangs" des 311. Jagdbombergeschwaders, welches bei der 10. AF A-36 und P-51 A flog. Im Herbst 1944 wurde die Einheit der 14. AF unterstellt. Die 51. FG wechselte bereits im Herbst des Vorjahres von der 10. AF mit ihren P-40 in den Befehlsbereich der 14. AF. Die Umrüstung auf „Mustangs" erfolgte hier erst im Januar 1945. Zudem flogen in den Reihen der 10. Luftflotte die 8. Photo Recon Group mit der Aufklärervariante F-6. Für ein vielfältiges Aufgabengebiet wurde der 10. AF die 1. und 2. Air Commando Group unterstellt. Die u. a. auch mit P-51 D ausgerüstete 3. Air Commando Group befand sich in den Reihen der 5. US-Luftflotte, welche im südwestlichen Pazifikbereich stationiert war. Die 3. ACG verfügte neben einer C-47-Transportstaffel und L-5-Verbindungsstaffel mit Stinson L-5, über zwei P-51-Squadrons. Die Einheit flog im Dezember 1944, stationiert auf den Philippinen, erste Kampfeinsätze. Weitere mit „Mustangs" ausgestattete Verbände der 5. Air Force waren die 35. Fighter Group. Ab März 1945 flogen alle drei Squadrons mit P-51. Im April/Mai 1945 waren die Mustangs der 15. und 21. FG's auf Iwo Jima einsatzbereit. Insgesamt 108 Mustangs starteten am 7. April 1945 von Iwo Jima zu ihrem ersten Begleitschutzeinsatz für B-29 Bomber des XXI. Bomber Commands.

■ Die P-51 H „Mustang" war letztendlich das Serienmodell der gewichtsreduzierten „Mustang". Trotz ihrer wesentlich höheren Geschwindigkeit kam sie für den Einsatz im Zweiten Weltkrieg zu spät.
Foto: Archiv Regnat

■ Der Prototyp des Nachfolgers der legendären Junkers Ju 52, die Junkers Ju 252 V1, hier bei einer Fahrwerksreparatur während der Flugerprobung.   Foto: Archiv Griehl

Junkers Ju 252 (1942)

Der sich immer schneller wandelnde Luftverkehr der dreißiger Jahre führte dazu, daß die Tage der dreimotorigen Ju 52/3m gezählt zu sein schienen. Als Vorstudie für die Ablösung der „Tante Ju" entstand laut Dipl.-Ing. Ernst Zindel bereits im Herbst 1938 ein erster Entwurf des Entwicklungsflugzeugs (EF) 77. Es galt eine wiederum dreimotorige Maschine mit maximal 21 Sitzplätzen, jedoch mit Einziehfahrwerk und BMW 132-Sternmotoren, für die Deutsche Lufthansa (DLH) zu entwickeln. Die Konstruktionsleitung für die Ju 252 (und später für die Ju 352) hatte Dipl.-Ing. Karl Kraft, der bei Junkers seit 1936 tätig war, inne. Als Entwurfsingenieur war Dipl.-Ing. Schmidt-Stiebitz maßgeblich an der Entwicklung des Ju 52-Nachfolgemusters beteiligt. Die Arbeiten wurden von Prof. Dr.-Ing. Heinrich Hertel und Dipl.-Ing. Ernst Zindel überwacht. Ein Teil der Konstruktionsarbeiten fand später im Prager Konstruktionsbüro, aber auch bei den Fokker-Werken in den Niederlanden statt. Schon bis Dezember 1938 war es

gelungen, ein Verkehrsflugzeug, diesmal in Glattblechbauweise nahezu vollständig auszuarbeiten. Eine 1:1 große Attrappe in Holzbauweise wurde im Junkers-Werk in Prag hergestellt. Die rechnerischen Leistungen befriedigten jedoch weder die Geschäftsleitung der DLH, noch potentielle ausländische Interessenten oder das Technische Amt des RLM. Aus diesem Grund wurde der Gesamtentwurf Ju EF 77 bis Anfang 1939 mehrfach überarbeitet. Es wurde vom RLM festgelegt, zunächst drei zivile Versuchsmuster (Ju 252 V1 bis

V3) herzustellen und ausgiebig zu erproben, ehe man den Serienbau beginnen sollte. Die Entwurfsabteilung der Junkers-Werke in Dessau stellte für die Deutsche Lufthansa Berechnungen für drei unterschiedliche Varianten einer zivilen Ju 252 an. Die Maschinen konnten entweder drei Jumo 207D, drei BMW 800 oder drei Jumo 211F mit einer Triebwerksleistung zwischen 1100 und 1350 PS aufweisen. Die zwischen 19.000 und 21.300 kg schweren Maschinen sollten eine Höchstgeschwindigkeit von bis zu 435 km/h und eine

■ Modell der für die Deutsche Lufthansa geplanten Passagierausführung der Junkers Ju 252. Diese Zivilvariante wurde jedoch nicht mehr verwirklicht.   Foto: Archiv Griehl

Dienstgipfelhöhe von maximal 9000 m erreichen. Eine solche Flughöhe hätte es aber notwendig gemacht, die Ju 252 mit einem druckbelüfteten Führerraum mit sich daran anschließender Kabine zu versehen.

Die am 30. Oktober 1941 konzipierte, verbesserte Zivilausführung sah schließlich entweder Sessel für 32 Fluggäste sowie einen großen Gepäckraum und zwei WC oder aber zwölf Betten und eine Toilette vor. Die zweite Version eines nachtflugtauglichen Verkehrsflugzeuges wies lediglich sechs Betten, aber drei WC mit Waschgelegenheiten auf. Eine Variante mit 15 Schlafsesseln wurde ebenfalls projektiert. Doch infolge des Krieges blieb es vorerst bei der Planung und den hölzernen Attrappenbauten. Alle weitergehenden Arbeiten, insbesondere die Vorbereitung der Serienfertigung, wurden zunächst bis 1940 unterbrochen. Damit konnte nur mit einer verzögerten Auslieferung der drei ersten Versuchsmuster (Ju 252 V1 bis V3) gerechnet werden. Im Vergleich der triebwerksmäßig nun stärkeren Ju 252 zur Ju 52/3m ermittelten die Junkers-Werke, daß die Ju 90, wie auch die unbewaffnete Ju 252, den Wellblech-Vorläufer um knapp 55 % in der Geschwindigkeit (etwa 435 km/h) übertreffen würden, sofern die notwendige Motorenausstattung vorhanden wäre. Die sowohl zivil als auch militärisch nutzbare Ju 252 wurde für drei Reichweitenstufen (technische Flugstrecken: 1500 km, 2500 km und 4000 km) ausgelegt und durchgerechnet. Der Beladeplan sah für die Ju 252 als unbewaffneten Transporter (bei einer Reichweite von 2500 km) beispielsweise ein höchstzulässiges Abfluggewicht von 23.990 kg vor. Durch den Einsatz von Zusatzbehältern unter dem Rumpf sollte die taktische Reichweite auf über 3100 km erweitert werden. Junkers bot die Ju 252 schließlich entweder mit drei BMW 800 oder mit drei Jumo 211F an, was den Transport von Nutzlasten zwischen 3000 und 6500 kg (bei der unbewaffneten Ausführung) ermöglicht hätte. Da sich der im September 1939 ausgebrochene

Technische Daten

Junkers Ju 252

Spannweite:	34,09 m
Länge:	25,10 m
Höhe:	5,75 m
Rüstgewicht:	12.495 kg
Abfluggewicht:	21.980 Kg
Höchstgeschw.:	438 km/h
Dienstgipfelhöhe:	6800 m
Reichweite:	4000 km
Triebwerk (3):	Jumo 211F
Leistung:	je 1350 PS

Krieg in die Länge zog und an Lufttransportraum ständiger Mangel herrschte, wurde der zivile Teil der Ju 252-Entwicklung storniert, worauf sich Junkers voll dem rein militärisch nutzbaren Transporter widmete. Ein mittleres Transportflugzeug wie die Ju 252 konnte je nach Einsatzzweck bewaffnet oder unbewaffnet, mit oder ohne Druckkabine, angeboten werden. Bei der serienmäßigen Ausführung als Transporter war es möglich, die Ma-

■ **Erste Windkanalversuche mit einem Holzmodell, noch unter der Bezeichnung EF 77, verliefen parallel zu den Ju 88-Versuchen (siehe Modell im Hintergrund).**

Foto: Archiv Griehl

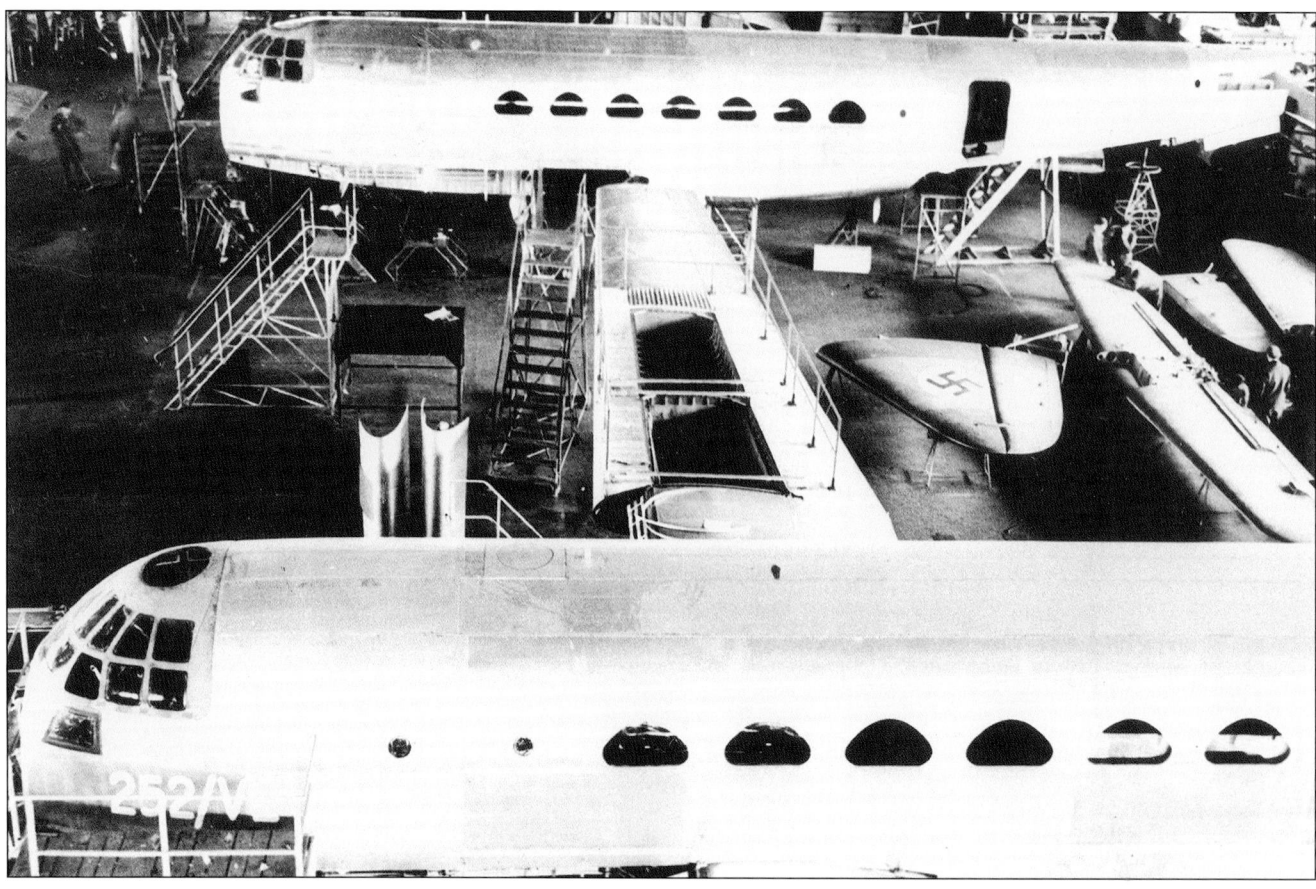

■ Blick auf die Endmontagelinie der Junkers-Werke. Die Junkers Ju 252 V2 und V3 im Endstadium der Montage. Foto: Archiv Griehl

schine mit bis zu sechs SC 1000- oder drei SC 1800- oder zwei SC 2500-Bomben zu beladen. Die Reichweite lag dabei bei maximal 1500 km. Alternativ war die Mitnahme von zwei Jumo 223-

■ Sehr schöne Werksaufnahme einer Junkers Ju 252 vor der Werkshalle in Fritzlar. Interessant der Segment-Tarnanstrich. Foto: Archiv Griehl

Triebwerken oder einer zerlegten Messerschmitt Bf 109 denkbar. Auch die Aufnahme einer Halbkettenzugmaschine nebst leichter Feldhaubitze war ohne weiteres möglich. Als Truppen-

transporter sollte die Ju 252 mit drei Sitzreihen (an beiden Rumpfseiten und in der Raummitte) Platz für 50 Soldaten bieten. Als Flugzeug für Abwurflasten war, ähnlich wie bei der Ausführung als Einsatzmaschine für Fallschirmjäger, daran gedacht, größere Lasten über die Transporterklappe („Trapoklappe") abzuwerfen. Weitere Planungen sahen zudem vor, die Ju 252 auch als Minenleger mit bis zu fünf Luftminen zum Einsatz zu bringen. Kleinere Lasten ließen sich dagegen über vier Öffnungen im Fußboden abwerfen. Als Sanitätsflugzeug konnten bei der Normalausführung bis zu 33 Tragen (bei der Ausführung mit Druckkabine 31) mitgeführt werden. Außerdem gab es ausreichend Sitzgelegenheit für zwei Sanitäter. Um die Jahreswende war man noch immer mit der 1:1 Holzattrappe beschäftigt. Als Sonderausführungen der Ju 252 wurden ab Sommer 1940 bei den Junkers-Werken außerdem ein Triebwerkserprobungsträger für die neuen Jumo 223 und BMW 803-Motoren und eine abgewandelte Ausführung als Seenotflugzeug oder Transporter auf Schwimmern angeboten. Schon Anfang 1941 stellte sich heraus, daß mit der ersten Ju 252 nicht vor April 1942 zu rechnen war. Im Oktober 1941 befand sich lediglich der Rumpf der Ju 252 V1 im Bau. Die Montage des Rumpfes konnte jedoch bis Dezember 1941 nahezu abgeschlossen werden. Anfangs war außerdem geplant, die Ju 252 V1 bis V3 (WerkNrn. 252 0001 bis 252 0003) schwerpunktmäßig für die allgemeine Erprobung mit BMW 800- beziehungsweise Jumo 207-Triebwerken auszurüsten. Die Ju 252 V1 (Jumo 211) sollte vor allem der allgemeinen Mustererprobung der dreimotorigen Maschine dienen. Die Ju 252 V2 war anfangs mit drei BMW 801 geplant, während die Ju 252 V3 wie die V1 mit drei Jumo 211 zu versehen war und von der DLH praktisch erprobt werden sollte. Als weiteres Versuchsmuster kam schließlich die Ju 252 V4 (BMW 800), ein Transportflugzeug ohne Druckkammer-Einbau, hinzu.

Die Ju 252 V5 (Jumo 207) war als Verkehrsflugzeug ohne Druckkammer projektiert. Die Ju 252 V6 sollte drei BMW 803 erhalten und zur Motorenerprobung eingesetzt werden.

Soweit die Vorgaben des RLM, die jedoch nur teilweise umgesetzt werden konnten. Trotz aller Anstrengungen verzögerte sich der Erstflug immer wieder. Im JFM-Monatsbericht 5/42 findet sich die Information, daß der Erstflug der Ju 252 V1 auf den 5. Juni 1942 verschoben werden mußte. Die Besatzung bestand aus Flugkapitän Matthies, der auch für die Erstflüge der Ju 252 V2 bis V7 verantwortlich zeichnete. Die Maschine (WerkNr. 252 0001) baute Junkers im Rahmen der Ju 352-Entwicklung um. Sie trug von nun an die Bezeichnung Ju 252 V1/1, ehe man sie zur Ju 352 V0 umbenannte. Das Musterflugzeug wurde am 11. September 1943 bei einer Notlandung in Dessau zu 80% beschädigt. Die zweite, ebenfalls unbewaffnete Mustermaschine wurde als Transporter (Ju 252 V2, BH+DC) fertiggestellt und absolvierte ihren Erstflug am 1. August 1942. Die Tragflächen der Maschine wurden ab Ende April 1943 in Dessau mit neuen Randkappen versehen, um die Strömungsverhältnisse in diesem Bereich zu verbessern. Der Umbau zog sich jedoch bis zum 15. Mai 1943 hin. Die Maschine erhielt später in Dessau außerdem verbesserte Landeklappen. Im Spätsommer 1943 wurde die Maschine für den Transport wichtiger Ersatzteile eingesetzt. Als Pilot fungierte im September Konrad Beyer. Unter anderem wurden Teile, die für den zunächst beabsichtigten Wiederaufbau der dort zu Bruch gegangenen Ju 90 V8 benötigt wurden, zum Flugplatz Ciampino bei Rom geflogen. Das Einfliegen der Ju 252 V3 begann am 12. November 1942. Anschließend wurde die Maschine Anfang 1943 für Transportflüge genutzt. Als erster militärischer Transporter war die Ju 252 V4 von Anfang an mit Defensivbewaffnung ausgerüstet. Die Maschine galt als Musterflugzeug der projektierten A-Serie. Der Besatzung der ab dem 15. Februar 1943 flugklaren Ju 252 V4 (WerkNr.252 0004) gelang Anfang Juli 1943 gerade noch eine glimpflich verlaufene Bruchlandung, nachdem es zu einem Triebwerksausfall in Dnjepropetrowsk gekommen war. Die beschädigte Maschine wurde zerlegt und per Bahn zur Instandsetzung nach Deutschland zurücktransportiert. Bei der Ju 252 V5 (Erstflug: 31. Dezember 1942) hatte es schon Anfang 1943 Probleme gegeben, da die Folgen einer fehlerhaften Einstellung (zu große Steuerkräfte) eine Nachjustierung notwendig machten. Die Maschine stand hiernach ab dem 9. April 1943 als J4+LH bei der Lufttransportstaffel (LTS) 290 im Einsatz. Im April 1943 wurde die Ju 252 in Castel Vetrano (Sizilien) beschädigt.

■ **Die Junkers Ju 252 V1 mit Jumo 211F-Motoren. Bemerkenswert die Kühlschlitze an den Motoren.** Foto: Archiv Griehl

■ Eine der seltenen Flugaufnahmen der Junkers Ju 252 V1 während der Flugerprobung, aus einem Beobachtungsflugzeug heraus gemacht.

Foto: Archiv Griehl

Nach dem Ausfall der Maschine bei der LTS 290 wurde auch noch die Ju 252 V5 am 24. April 1943 in Grosseto beim Start beschädigt (25%). Die Maschine konnte wiederhergestellt werden, kollidierte aber am 10. Juli 1943 mit einer Ju 88 A-4 (3Z+ES) und wurde dabei schwer beschädigt. Die am 10. Februar 1943 von Flugkapitän Matthies eingeflogene Ju 252 V6 (WerkNr. 252 0010) wurde zwischen dem 18. und 24. Juli 1943 bei der E-Stelle in Rechlin überholt. Die Maschine wurde später, am 2. Juni 1944, auf dem Rollfeld der E-Stelle Rechlin bei einem Zusammenstoß mit einer Ju 188 E-1 (Werk-Nr. 260151) erheblich beschädigt. Bis zum März 1943 konnten drei der ersten acht Ju 252 fertiggestellt und ausgeliefert werden. Hierzu wurden vornehmlich bereits vorhandene Teile der 25 von der DLH

■ Erste Motorenläufe der noch zivil zugelassenen Junkers Ju 252 V1.

Foto: Archiv Griehl

bestellten Ju 252 verwendet. Bis Juni 1943 kam es zur Fertigstellung der Ju 252 V9 bis V12. Nach einer Bruchlandung sollte die Ju 252 V10 in der Werft Werneuchen eine neue Fläche erhalten. Im August 1943 wurde die Maschine erneut flugklar. Die Ju 252 V12 wurde am 29. Mai 1943 bei Junkers in Dessau von Dipl.-Ing. Preuschen geflogen. Außerdem wurde die Reparatur der zuvor ebenfalls beschädigten Ju 252 V3 und V7 durchgeführt. Bei der V10 galt es, kleine Defekte in der Werft zu beheben. In Rechlin wurden zwischen dem 1. und dem 29. Juni 1943 zwei Nullserienmaschinen der Ju 252, die V6 und V10, getestet, nachdem die Reparatur des zuletzt genannten Flugzeuges in Dessau abgeschlossen worden war. Parallel mit dem Abschluß der Flugerprobung der Ju 252 V1/1 (d.h. der späteren Ju 352 V0)

und der V8 konnten im August 1943 die Ju 252 V13 und V14 fertiggestellt und ausgeliefert werden. Die V13 (DF+BY) flog nachweislich am 19. August 1943 in Dessau. Der Einflugbetrieb der Maschinen wurde, meist unter der Leitung von Werkspilot Steckhahn, ab dem 1. Oktober 1943 in Fritzlar durchgeführt. Bis Dezember 1943 folgte die Ju 252 V15 (DE+ZY). Damals befanden sich bereits zwei Ju 252 im ständigen Transporteinsatz bei der Luftwaffe. Im März 1944 wurde die Ju 252 V8 umgebaut und kam hiernach wieder als T9+SK zum Einsatz. Die Ju 252 V11 konnte nach einer Reparatur ebenfalls wieder den Flugbetrieb aufnehmen. Der sich immer deutlicher auswirkende Mangel an hochwertigen Baustoffen, der sich bei der Luftrüstung schon Mitte des Krieges stark bemerkbar gemacht hatte, führte sodann zur

Planung einer von Leichtmetall (Duralumin) auf Gemischtbauweise umgestellten Ju 252. Nur noch der vordere Rumpfteil der Maschine sollte aus Leichtmetall gefertigt werden, während der hintere Teil des Rumpfes nunmehr aus einer Stahlrohr-Fachwerkskonstruktion mit Stoffverkleidung bestehen sollte. Hieraus entstand sodann der Grundentwurf der die Ju 252 ablösenden Ju 352 A-1. Von der Ju 252 waren bei Kriegsende nur noch einige wenige Maschinen, beispielsweise beim KG 200, vorhanden. Die Mehrzahl der gebauten Maschinen mußte wegen fehlender Ersatzteile abgestellt werden oder ging während des Flugbetriebes durch Feindeinwirkung in der Luft und am Boden verloren. Eine der Maschinen, die Ju 252 V1, diente später als Ju 352 V0. Mindestens eine Maschine wurde nach dem Krieg als fliegender

■ **Prototyp Junkers Ju 252 V1 (D-ADCC) während der Flugerprobung über Norddeutschland.** Foto: Archiv Griehl

■ Die Junkers Ju 252 V5 flog zeitweilig bei der LTS 290. Die Person an der Einstiegstür gibt einen Eindruck von der gewaltigen Dimension des Flugzeuges.

Foto: Archiv Griehl

Motorenprüfstand von der russischen Luftwaffe verwendet. Ob es sich dabei um eine der Maschinen gehandelt hat, die 1944 im Rahmen des Umbauplanes als Motorenerprobungsträger hergestellt wurde, ist bis heute nicht belegbar. Infolge fehlender Produktionsmöglichkeiten wurden von der Ju 252, im Vergleich zu der leichter herzustellenden Ju 52/3m, nur 15 Maschinen gebaut. Eine weitere Maschine wurde von den Luftstreitkräften der CSSR nach dem Kriege für Langstreckenversorgungsflüge nach Moskau eingesetzt. Leider wurde auch diese Maschine, aufgrund fehlender Ersatzteile, nach einiger Zeit ausgemustert und verschrottet, so daß kein Flugzeug dieser faszinierenden Konstruktionsart in einem Museum überlebt hat.

■ Bild Mitte: Die hydraulisch betätigte „Trapo-Klappe" (Transportklappe) ist geöffnet und bringt das Flugzeug in eine waagerechte Position.   Foto: Archiv Griehl

■ Bild unten: Detailansicht der Kabine und der Kühlschlitze am Rumpftriebwerk.   Foto: Archiv Griehl

■ Das Flugzeug konnte auf der Tragflächenoberseite mit konventionellen Zapfpistolen betankt werden. Beachtenswert die Ausgleichsgewichte an den Querrudern.

Foto: Archiv Griehl

■ Beladung einer Junkers Ju 252 (DF+BC) der Luftwaffe über die „Trapo-Klappe".

Foto: Archiv Griehl

■ Messerschmitt Bf 109 G-2 Einsatzmaschine der 6./JG 54 mit dem taktischen Kennzeichen „Gelbe 2".

Foto: Rosch

Messerschmitt Bf 109 G (1942)

Als im September 1939 der zweite Weltkrieg begann, standen der Luftwaffe die den gegnerischen Jagdfliegerverbänden zumindest leicht überlegenen Ausführungen der Bf 109 E mit DB 601 A-Motor in nennenswerter Stückzahl zur Verfügung. Die heftigen, sehr verlustreichen Luftkämpfe über London und Südengland zeigten jedoch binnen weniger Monate, daß recht schnell wesentlich leistungsstärkere Maschinen benötigt würden. Es folgte deshalb die Baureihe Bf 109 F, um wieder mit dem Gegner gleichziehen zu können.

Die Weiterentwicklung der Bf 109 F erreichte schon im Frühsommer 1942 mit der Bf 109 G einen neuen Höhepunkt.

Der bislang eingebaute DB 601 wurde durch den stärkeren DB 605-Reihenmotor ersetzt. Ein vorbereiteter, druckdichter Führerraum oder gleich eine vollständige Druckkabine führten dazu, daß die neuen G-Ausführungen auch

in größeren Höhen operieren konnten. Außerdem wurde die bisherige Ausrüstung durch den Einbau eines vergrößerten Ölbehälters, einer verbesserten Rückenpanzerung – mit Kopfschutz – und den vorbereiteten Einbau einer GM 1-Anlage von Anfang an wesentlich verbessert. Auch konnte die neue Ausführung der Bf 109 jederzeit einen

zusätzlichen Abwurftank von 300 l Fassungsvermögen oder unterschiedliche Abwurfwaffen bis 500 kg Masse mitführen.

Eine Nullserie (Bf 109 G-0) wurde bereits im Herbst 1941 im Flug erprobt. Da noch keine DB 605-Motoren in ausreichender Zahl vorhanden waren, erhielten die Maschinen zunächst die

■ **Auch auf dem afrikanischen Kriegsschauplatz und im Mittelmeerraum wurde die Messerschmitt Bf 109 G-4 eingesetzt.**

Foto: Archiv Nowarra

schwächeren DB 601 E-Motoren. Die ersten von zwölf Musterflugzeugen der Ausführung Bf 109 G-0 trugen die WerkNrn. 14001 bis 14003 (Zulassungen VJ+WA bis VJ+WC) und die WerkNrn. 13438 bis 13442 (CC+ZM bis ZQ).

Die sich aus der Bf 109 G-0 ergebende Baureihe G-1 (WerkNrn. 10300-10350 und 14040-141 50), war als einsitziges Höhenjagdflugzeug mit Druckkabine konzipiert worden. Ein Teil dieser Jagdeinsitzer (G-1 /R2) erhielt zur Leistungssteigerung eine GM 1-Zusatzeinspritzung. Da ab 1944 ver-

mehrt Triebwerke mit Mehrstufenlader zum Einsatz gelangten, erübrigte sich bald die Nachrüstung der GM 1-Anlage. Die G-1 konnte außerdem mit zwei MG 151/20 Kanonen oder einer Reihenbildanlage im hinteren Rumpfteil (in Form von verschiedenen Rüstsätzen) zum Einsatz gelangen. Parallel zur Fertigung des Höhenjägers G-1 wurde bei Messerschmitt mit der Produktion der Serienausführung Bf 109 G-2 begonnen. Die Maschinen fanden sich nahezu auf allen Kriegsschauplätzen im Fronteinsatz Außer bei den Jagdgeschwadern 2 und

Technische Daten

Messerschmitt Bf 109 G-6

Spannweite:	9,92 m
Länge:	8,94 m
Höhe:	2,60 m
Flügelfläche:	16,20 m2
Leergewicht:	2680 kg
Nutzlast:	520 kg
Triebwerk:	DB 605 A
Leistung max.:	1415 PS
Reichweite:	650 km
Gipfelhöhe:	12.100 m
Höchstgeschw.:	630 km/h
Reisegeschw.:	520 km/h
Besatzung:	1
Bewaffnung:	2 x MG 131
	1 MG 151

■ **Vor einer Messerschmitt Bf 109 G-2 wird der Flugzeugführer in die aktuelle Lage eingewiesen.**
Foto: Archiv Griehl

3 war die verbesserte G-1-Ausführung auch bei den Jagdgeschwadern 4, 51, 52 und 53 in größeren Stückzahlen vertreten. Die Ausstattung mit Rüstsätzen entsprach grundsätzlich der der Bf 109 G-1. Es bestand jedoch die Möglichkeit, diverse Reihenbildgeräte mitzuführen oder die Maschine mit einer leistungsfähigen Bremssluftschraube (P6) auszustatten. Die folgende Baureihe, die Bf 109 G-3, war die zweite Ausführung der Bf 109 G, welche eine Druckkabine besaß. Bis auf die beiden kleinen Lufteinlässe beiderseits der vorderen Kabinenverkleidung unterschied sich die G-3 kaum von der G-4. Die einsitzigen Höhenjäger kamen bei einigen Höhenstaffeln sowie bei der Ergänzungsjagdgruppe West und der NAG Ergänzungsgruppe ab 1943 in relativ geringer Zahl zum Einsatz. Von der Bf 109 G-3 gab es die Ausführungen G-3/R1 (ETC 500 lXb), G-3/R2 (GM 1-Anlage), G-3/R3 (3001-Abwurftank) und G-3/R6 (MG 151 /20 als Gondelbewaffnung). Schon im Herbst 1942 wurde die Ausführung Bf 109 G-4 in nennenswerten Stückzahlen aufgelegt. Die ersten dieser Einsatzflugzeuge wurden etwa im November 1942 zu den Frontverbänden überführt.

Gern geflogen wurde diese Maschinen von den Piloten der Jagdgeschwader 3, 27, 53 und 54. Als zusätzliche Rüstsatzmöglichkeit war der Einbau einer

■ Ab der Messerschmitt Bf 109 G-5 waren die Beulen an der Motorverkleidung typisch für die nachfolgenden Bf 109 G-Baureihen und trugen ihr den Spitznamen „Beule" ein.

Foto: Mills

Peilrufanlage (G-4/R7) vorgesehen. Die Anlage wurde allerdings nur in relativ geringer Stückzahl eingebaut. Im Herbst 1943 trafen die ersten Bf 109 G-5 bei den Jagdgeschwadern (JG 1,3 und 11) ein. Die meisten dieser Maschinen wurden im Rahmen der Reichsverteidigung und über dem besetzten Westeuropa mit Erfolg eingesetzt. Die Maschine entsprach der in Großserie gefertigten Bf 109 G-6, besaß jedoch eine Druckkabine, wie sie auch bei der G-1 und G-3 installiert war.

Im Dezember 1943 sprachen sich die Flugzeugführer gegenüber Vertretern der E-Stelle Rechlin sehr positiv über die verbesserte G -5-Ausführung aus, da es zu relativ wenigen Ausfällen gekommen war.

Im Februar 1943 trafen die ersten Bf 109 G-6 bei den Jagdgeschwadern ein. Die bis zum Sommer 1944 in Großserie hergestellte Ausführung wurde zunehmend zu einer wichtigen Stütze der Reichsverteidigung.

Die ersten Maschinen der Baureihe Bf 109 G-6 unterschieden sich vornehmlich durch die verstärkte Waffenanlage von der G-4. Anstelle von zwei über dem DB 605-Motor eingebauten MG 17 wurden endlich zwei MG 131 verwandt. Da die Munitionszuführungen für diese Waffen in der bisherigen Motorenverkleidung nicht unterzubringen waren, traten ab der G-6 die für diese Baureihe typischen „Beulen" beiderseits des DB-Motors auf. Um den Piloten bessere Sichtverhältnisse im Einsatz zu verschaffen, wurde ab 1943 der sogenannte „Galland-Panzer" (aus Panzerglas) und wenig später die „Erla-Haube" eingeführt. Die oft fälschlich als „Galland-Haube" bezeichnete Kabinenverglasung gewährleistete eine bessere Rundumsicht.

Als Sondervariante wurde ab Frühsommer 1943 eine MK 108 Motorkanone bei der E-Stelle Tarnewitz erprobt. Bis zum 14. August 1943 wurden 24 G-6/U4, die mit der schweren Kanone ausgerüstet worden waren, an das JG 11 ausgeliefert. Die Bf 109 G-8 stellte folgerichtig einen serienmäßigen Umbau von G-6-Maschinen zum Nahaufklärer dar. Das erste Musterflugzeug wurde im Oktober 1943 im Werk Wiener Neustadt fertig gestellt und trug die Bezeichnung G-8(A). Es war der Einbau von zwei Rb 12,5/7x9 oder zwei Rb 32/7x9 möglich. Ab Frühjahr 1944 wurden die ersten dieser Flugzeuge an mehrere Nahaufklärungsgruppen ausgeliefert. Aus Gründen der Gewichtsreduzierung wurde oftmals die serienmäßige MG 151/20-Motorkanone ausgebaut. Die Ausrüstung der Bf 109 G-8 variierte stark und hing von der Verwendung bei der Truppe ab.

Die letzten Einsätze fanden 1945 im Osten im Bereich der Luftflotte 6 statt. Beispielsweise bei der 1. und 2./Nahaufklärungsgruppe 5 sowie deren Stabsschwarm wurden bis zum 7. Mai 1945 Aufklärungseinsätze im Rahmen der bewaffneten Gewaltaufklärung geflogen. Letzte Einsätze fanden über dem Kurland-Kessel und über Böhmen statt.

Als nächste Baureihe folgte ab Spätsommer 1944 die Bf 109 G-10. Die

■ Zwischenlandung einer Messerschmitt Bf 109 G-6/R6 in Veszprem/Ungarn.   Foto: Archiv Bemard

Maschine besaß teilweise ein recht unterschiedliches Erscheinungsbild. Im Grunde handelte es sich nicht um eine neue Baureihe, da ältere Maschinen, beispielsweise der Typen G-6, ange-passt wurden. Bis auf kleinere Details entstand so ein leistungsstarkes Jagd-flugzeug, welches im Grunde fast schon der Bf 109 K-4 entsprach. Eine vollkommene Typenanpassung musste jedoch wegen der Vielzahl der bis dahin genutzten Ausführungen schei-tern. Für die Umrüstung aller in Frage kommenden Maschinen genügte die Zahl der vorhandenen DB 605 D nicht.

■ Sehr schöne Archivaufnahme einer Messerschmitt Bf 109 G-6. Die Maschine ging am 20. Oktober 1943 durch Absturz verloren.
Foto: Mtt

■ Eine Messerschmitt Bf 109 G-6 der III./JG 53 rollt im Juli 1944 zum Start.

Foto: Lang

Diesbezüglich behalf man sich weiterhin mit dem etwas schwächeren DB 605 AS, wie er teilweise bei den späten Bf 109 G-6 eingebaut worden war. Die Bf 109 G-10 verfügte über die Abwurfbewaffnung der G-1 (oder die der K-4), das leicht verbesserte elektrische Bordnetz, die FT-Anlage und die Starrbewaffnung der G-5, das Fahrwerk der Bf 109 G-2 (oder aber das der K-4), das Leitwerk der Bf 109 G-6 (oder das der G-14), das Rumpfwerk der Bf 109 G-6 oder der K-4 und das Steuerwerk der Bf 109 G-2. Das Tragwerk stammte in aller Regel von den Baureihen Bf 109 G-2, G-14, oder in Ausnahmefällen von der Bf 109 K-4.

Die Mehrzahl der frühen Bf 109 G-10 wurde an die Jagdgeschwader 1, 3, 4, 6, 27 und 77 überführt. Außerdem fanden sich Bf 109 G-10 auch im Bestand der drei Gruppen des JG 300, das im Rahmen der Reichsverteidigung eingesetzt wurde. Nachdem man die Produktion wesentlich erweitert hatte, erfolgte die Auslieferung auch an die II. Gruppe des NJG 11 sowie an die I. Gruppe des KG(Jagd) 6. Die mit dem DB 605 AS ausgerüsteten Maschinen trugen die Bezeichnung Bf 109 G-10/AS und glichen so der G-14/AS. Die G-10, welche schließlich den DB 605 D bekamen, verfügten in der Regel auch über die MW 50-Zusatzeinspritzung. Diese Jagdmaschinen sind vor allem an kleinen Ausbeulungen am vorderen Rumpf erkennbar, da das notwendigerweise größere Kurbelgehäuse mehr Raum als die bisherige Anlage beanspruchte. In diesem Zusammenhang ist erwähnens-

■ Start zu einem Einsatz in der Reichsverteidigung. Hier eine Messerschmitt Bf 109 G-6/R3 der III./JG 3.

Foto: Wagt

wert, dass die Maschinen nun endlich einen größeren Ölkühler erhielten, als dies zuvor der Fall war. Die Umschulung auf die bei den Einsatzverbänden der Luftwaffe geflogenen Jagdmaschinen sollte eine zweisitzige Ausführung der Bf 109 G erleichtern. Etwa 145 Bf 109 G-2, G-3, G-4 und G-6 wurden ab Anfang 1944 zu solchen Übungsflugzeugen umgebaut, obwohl zunächst eine völlig neue Baureihe geplant gewesen war. Trotz der damit verbundenen, relativ aufwendigen Konstruktionsarbeit, rechnete das RLM von Anfang an viel zu optimistisch damit, dass das erste Musterflugzeug bereits im Juli 1943 die Erprobung würde aufnehmen können. Da, wie sich erwies, der konstruktive Aufwand

viel zu groß war, stornierte das RLM den bisherigen Auftrag und ordnete die Serienumrüstung älterer Bf 109 Maschinen an. Der erste Musterbau einer solchen Bf 109 G-12 (DF+CJ, WerkNr. 14130) wurde von Messerschmitt-Testpilot Fritz Wendel in Süddeutschland nachgeflogen.

Die Leistungserprobung ergab im August 1944 eine Höchstgeschwindigkeit von knapp 590 km/h.

Die serienmäßige Umrüstung zur G-12 wurde im Sommer 1944 bei Blohm & Voss im Raum Hamburg durchgeführt. Unterstützt wurde die Aktion durch die Mitwirkung der Flugzeugwerften in Stolp-Reitz, Bad Vöslau, Jüterbog-Damm und Finow.

Das Schulflugzeug G-12 unterschied

sich von den früheren Varianten vor allem durch einen zweiten, vollständig instrumentierten Platz hinter dem bisherigen Pilotensitz. Für Fluglehrer und -schüler wurden getrennte Klapphauben angebracht, deren hintere so ausgelegt war, dass der in der Regel (außer bei der Bildflugausbildung) hinten sitzende Fluglehrer beiderseits des Schülers ein durchaus annehmbares Sichtfeld erhielt. Durch den Einbau des Lehrersitzes musste zwangsläufig die bisherige Tankanlage reduziert werden. Stattdessen kam vielfach ein 300 l fassender Abwurftank zum Einsatz. Die letzte belegbare Baureihe der Ausführung der Bf 109 G stellte die Bf 109 G-14 dar. Sie war einerseits der Übergang zur K-4 und andererseits zum Strahl-

■ Flugvorbereitung einer Messerschmitt Bf 109 G-6/R6 Schulgruppe.

Foto: Radinger

■ Die Baureihe Messerschmitt Bf 109 G-12 entstand durch Umrüstung bereits vorhandener Bf 109 G-Maschinen.   Foto: Radinger

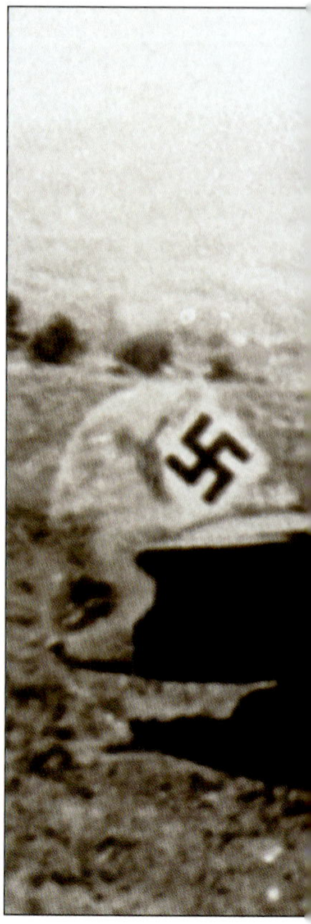

■ Diese Messerschmitt Bf 109 G-10 flog im Spätsommer 1944 bei der II./JG 52.   Foto: Radinger

jäger. Während der letzten Amtschefbesprechung im Mai 1944 hatte Generalfeldmarschall Erhard Milch versucht, für die Produktion von Bf 109 und Fw 190 verbindliche Vorgaben festzuschreiben, da ein schneller Übergang zu leistungsstärkeren Jagdmaschinen nicht innerhalb weniger Monate zu bewerkstelligen war. Die Probleme mit den Strahltriebwerken hatten zu erheblichen Verzögerungen bei der Serienfertigung der Me 262 A-1a geführt. Die Umstellung auf den Düsenjäger drohte zu scheitern. Die Jagdgeschwader befanden sich jedoch in einer verzweifelten Situation, da die alliierten Jagdfliegerkräfte ständig an Stärke zunahmen. Für den Generalluftzeugmeister, wie auch für den General der Jagdflieger, stand zweifelsfrei fest, dass die Jagdgeschwader der Luftwaffe auch auf absehbare Zeit auf die bisherigen Kolbenjäger angewiesen sein würden. Im Juni 1944 trafen die ersten Bf 109 G-14 bei den Geschwadern JG 4, 76 und 77 in Frankreich ein, wo am 6. Juli 1944 starke alliierte Kräfte gelandet waren.

Anschließend wurden die Maschinen auch an nahezu alle übrigen Jagdverbände ausgeliefert, da die Verluste im Sommer 1944 an allen Fronten stark

angewachsen waren und die Geschwader dringend Nachschub anmahnten. Viele der Maschinen wurden auch bei der I./KG(J) 6, der I./KG(J) 27, der II./KG(J) 30, also bei aus Kampfverbänden umgewidmeten Jagdgruppen geflogen. Gleiches galt für die I. und II. Gruppe des KG(J) 55.

Die Produktion der Bf 109 lief fast bis Kriegsende bei Messerschmitt und seinen zahlreichen Lizenznehmern unvermindert weiter, jedenfalls solange genügend Bauteile zur Verfügung standen.

Ab Spätherbst 1944, besonders aber in den letzten Kriegsmonaten und -wochen, war dies kaum noch gewährleistet.

Wie schon bei allen früheren Ausführungen, konnte eine vollständige Standardisierung nicht mehr erreicht werden. So glichen frühe Bf 109 G-14 vielfach späten Bf 109 G-6 oder Teilen der G-10-Produktion. Motorenmäßig waren die meisten G-14 mit dem DB 605 A ausgestattet, welcher über die MW 50-Zusatzeinspritzung verfügte und daher die Bezeichnung DB 605 AM erhalten sollte. Viele der bis zuletzt fertig gestellten Bf 109 G-14 kamen jedoch mit DB 605 AS-Motoren heraus.

■ Eine Schulmaschine vom Typ Messerschmitt Bf 109 G-12 gehörte zum Bestand der 5./JG 108 in Börgönd/Ungarn. Foto: Bernard

■ Eine Messerschmitt Bf 109 G-6 der IV./JG 26 mit der legendären „Erla-Haube", die bessere Sichtbedingungen versprach, bei einem

Der Übergang vom kleinen zum großen Ölkühler wurde jedoch nicht mehr vollzogen, weil anscheinend noch genügend der früheren Ölkühler vorhanden waren. Viele der Maschinen wurden aber schrittweise mit dem FuG ZY ausgerüstet, ebenso gehörte eine größere Fahrwerksverkleidung zum Erscheinungsbild vieler Bf 109 G-14. Die Bf 109 G-14/AS wurde beispielsweise beim JG 27 und 53 sowie beim JG 300 geflogen.

Von der Bf 109 G-14 wurden folgende Ausführungen hergestellt: Außer dem Jagdbomber, der Bf 109 G-14/R11, welcher ausrüstungsmäßig der G-IO/R1 entsprach, wurde als Rüstsatz R2 ein Aufklärer mit unterschiedlicher Reihenbildanlage angeboten und in geringen Stückzahlen hergestellt. Die Bf 109 G-14/R3 wurden als Jagdflugzeug geflogen und entsprachen in ihrer Ausrüstung der Bf 109 G-10/R3. Gleiches galt für die Bf 109 G-14/R6, einer Jagdmaschine mit Gondelbewaffnung, bestehend aus MG 151/20-Kanonen und einer zusätzlich installierten MW 50-Anlage zur Leistungssteigerung. Bei der Bf 109 G-14/U4 kam eine schwere Motorkanone des

■ Motorenwartung an einer Messerschmitt Bf 109 G unter Feldbedingungen.

Typs MK 108 anstatt des bisherigen MG 151 zum Einbau. Ferner verfügte diese Variante über die MW 50-Anlage. Von der G-14/R6 und U4 gab es außerdem noch Varianten mit DB 605 AS-Triebwerk. Wie bei vielen früheren Bf 109 G, wurde bei der G-14 die 2 cm Motorkanone (MG 151) manchmal durch eine Maschinen-kanone MK 108 mit höherer Zerstö-rungskraft, insbesondere gegen vier-motorige Bomber, ersetzt. Außer der Bf 109 G-14/R1 bis R6 gab es unter den Varianten Ri, R3 und R6 auch solche mit leistungsstarken DB 605/AS-Motoren. Die meisten Anfang 1945 im Bereich der Luftflotte 6 eingebüßten Bf 109 waren G-14 oder G-14/AS und gehörten zu den Jagdgeschwadern 6, 11, 51,52 und 77. Von der Bf 109 G-16 findet sich bislang nur eine Nennung in einer Baureihenzusam-menstellung, die am 2. August 1945 für die Alliierten erstellt wurde. Es soll sich bei dieser Bf 109-Ausführung um

Alarmstart.

Foto: Wagner

Foto: Wagner

■ **Nagelneue Messerschmitt-Werksmaschinen, bereit zur Abholung.**

Foto: Mtt

ein leistungsstarkes Jagdflugzeug mit
DB 605-Triebwerk (sicherlich der L-
Ausführung) und MW 50-Anlage mit
115-l-Behälter gehandelt haben. Infolge des Übergangs auf die Ausführung K wurde die G-16 vermutlich
schon Ende 1944 ersatzlos gestrichen.
Aus diesem Grunde dürften nur Musterflugzeuge die Fertigung verlassen
haben.

Die Messerschmitt Bf 109-Varianten
versahen ihren Dienst bis zum Ende
des zweiten Weltkrieges. Trotz der
Einführung der Strahljäger Me 262 und
He 162 war sie das Standardjagdflug-
zeug der Luftwaffe. In der Hand eines
erfahrenen Piloten war die letzte
Serienausführung K-4, die in beachtli-
chen Stückzahlen gebaut wurde, ein
ernst zu nehmender Gegner für die
alliierten Luftstreitkräfte.

■ Mit einem DB 605 AS-Motor ausgerüstete Messerschmitt Bf 109 G-
6, die im April 1945 den Alliierten
in die Hände fiel.

■ Die Ausführung Messerschmitt Bf
109 G-14 stellte nach der G-6
einen neuen Standard dar. Gut
erkennbar auch die „Erla-Haube",
die durch die fehlenden Seiten-
streben dem Piloten erheblich bessere Sichtverhältnisse bot. Unter
der linken Tragfläche ist ein Quer-
ruderausgleichsgewicht zu erkennen. Die Maschine ist mit einem
300-l-Zusatztank unter dem Rumpf
ausgerüstet. Foto: Wagner

■ Testflug der Dornier Do 335 V1. Der erste Prototyp konnte leicht durch die tellerförmigen Fahrwerksabdeckungen identifiziert werden. Die Flugerprobung fand auf dem Flugplatz Mengen statt.

Foto: Dornier

Dornier Do 335 „Ameisenbär" (1943)

Dorniers großer Wurf, der legendäre „Ameisenbär", stieß in den Grenzbereich der Leistungsfähigkeit der Kolbenmotortechnologie vor. Die aerodynamisch sinnvolle Tandem-Anordnung von Flugmotoren wurde im Hause Dornier bereits zwei Jahrzehnte vor der pfeilschnellen Do 335 angewandt. Dornier begann im Jahr 1918 mit der Konstruktion von Flugzeugen in dieser Konfiguration in Form des Flugbootes Gs I. Bereits drei Jahre vorher, im Oktober 1915, wurde die R.S.I fertiggestellt, ein Wasserflugzeug mit drei Motoren in Druckanordnung. Die Entwicklung nach dem 1. Weltkrieg bis in die Dreißiger Jahre brachte ebenfalls zahlreiche Dornier-Flugzeuge mit Motoren in Tandem-Anordnung heraus. Besonders erwähnenswert die Dornier Do 26, ein viermotoriges Transatlantik-Flugboot im Dienst der DLH und Luftwaffe. Der Auslöser zum Entwurf des Projekts P.59 ist vermutlich in der 1936 entstandenen Do 18 zu suchen. Der Antrieb dieses Flugbootes verfügte

über ein seltenes Merkmal. Es handelte sich um Motoren in Tandem-Anordnung, wobei hier erstmals der rückwärtige Motor über eine Kurbelwellenverlängerung arbeitete. Dieses Merkmal war wohl „Vater des Gedankens", den Flugzeugführer zwischen zwei Motoren zu plazieren, welche ihre Energie jeweils auf einen Druck- bzw. Schubpropeller übertragen sollten. Auf dieser Grundlage entstand das Patent Nr. 728044, datiert vom 3. August 1937. Diese Konstruktionsart führte in direkter Linie zum Schnellbomberprojekt

P.59-04. Der schlanke, langgestreckte Rumpf verfügte über ein einsitziges Cockpit. Vermutlich zwei Daimler-Benz DB 605 waren als Bug- und Heckantrieb vorgesehen. Im Gegensatz zur Do 335 erhielt die P.59-04 kein Bugfahrwerk. Den Verantwortlichen im Reichsluftfahrtministerium (RLM) erschien dieser Entwurf wohl zu kühn. Zudem bestand aufgrund der Kriegslage des Jahres 1940 keine Notwendigkeit, ein derart unkonventionelles Flugzeug zu verwirklichen. Man setzte auf Altbewährtes, das schnell in Form eines Frontflugzeuges

■ Mit der Göppingen Gö 9, einem reinen Flugversuchsträger, wurde die Tauglichkeit der Heckwellentechnologie nachgewiesen.

Foto: Archiv Regnat

umgesetzt werden konnte. Bis zur Schnellbomberausschreibung sollten noch etwa zwei Jahre ins Land gehen. Dornier, zutiefst überzeugt von der Richtigkeit, verfolgte sein Konzept in Eigenregie weiter. In der Folge entstand zur Klärung wesentlicher technischer Probleme, aber auch zur Demonstration für die Ungläubigen im RLM, die Göppingen Gö 9, ein Erprobungsträger des Heckwellen-Prinzips. Das RLM stand dem Prinzip des Heckwellenantriebs sehr reserviert gegenüber. Im Zusammenwirken mit anderen bereits erwähnten Faktoren wurde daraufhin Dorniers P.59 abgelehnt. Um die einwandfreie Funktionsweise dieser Konstruktionsart zu demonstrieren, vergab Dornier einen Entwicklungsauftrag an Schempp-Hirth. In der Folge entstand die Gö 9, welche von Wolfgang Hütter konstruiert wurde. Hütter legte hierbei die Do 17, im Maßstab 1:2,5 gegenüber dem Vorbild verkleinert, zugrunde. Diese Verfahrensweise ersparte einen großen Teil der Kosten und verkürzte nicht zuletzt die ansonsten erforderliche, nicht unbeträchtliche Zeitspanne bis zur Fertigstellung des Versuchsträgers. Im Juni des Jahres 1941 stand die in Nabern gefertigte Gö 9 zu ihrem Erstflug bereit. Noch im selben Monat startete sie im Schlepp einer Me 110 oder Do 17 zu ihrem Jungfernflug. Bereits während des Schleppstarts lief der Hirth-Motor, welcher über keinen elektrischen Anlasser verfügte, und somit in der Luft nicht gestartet werden konnte. In tausend Metern Höhe wurde die Gö 9 vom Schleppflugzeug ausgeklinkt, der Beginn des eigentlichen Erstfluges. Testpilot Quenzler beendete das Debüt der Gö 9 mit einigen Kunstflugfiguren. Trotz der befriedigend verlaufenden Erprobungsphase der Gö 9 verhielt sich das RLM ablehnend. Dornier unternahm alle weiteren Schritte wieder in Eigenregie.

Technische Daten

Dornier Do 335 A-0

Spannweite:	13,80 m
Länge:	13,85 m
Höhe:	5,00 m
Rüstgewicht:	7320 kg
Abfluggewicht:	9580 kg
Höchstgeschw.:	755 km/h
Dienstgipfelhöhe:	11.400 m
Reichweite:	1400 km
Triebwerk (2):	DB 603 A
Leistung:	je 1750 PS

Auf den Reißbrettern entstand nun das Projekt P. 231, da es sich abzeichnete, daß die vorhandenen Muster der Luftwaffe künftig ihre Aufgaben nur noch in eingeschränktem Maße bewältigen konnten. Erst in den letzten Monaten des Jahres 1942 sah man sich veranlaßt, die kurzsichtige Planungsweise zu revidieren und ein neues Flugzeug im

■ Auf diesem Foto aus der Montage der Dornier Do 335 sind die drei Hauptbereiche des Rumpfes sehr schön erkennbar. Hinten der Motorbereich, in der Mitte der Tankbereich und vorne das Cockpit.

Foto: Dornier

■ Blick in den Motorraum der Dornier Do 335 „Ameisenbär". Foto: Dornier

Rahmen des Schnellbomber-Wettbewerbs in Auftrag zu geben. Die Vorgaben lagen bei 760 km/h Höchstgeschwindigkeit, zudem sollte das Flugzeug in der Lage sein, eine Bombenlast von 1000 Kilogramm zu befördern. Im Zuge einer weiteren Besprechung wurde die Forderung wesentlich gesenkt. Die Vorgaben beinhalteten nun 750 km/h Höchstgeschwindigkeit, eine Bombenlast von 500 Kilogramm und eine Reichweite von 2000 Kilometern. In der Folge erging die Spezifikation an

■ Das Bugfahrwerk der Dornier Do 335 im Detail. Foto: Dornier

fünf Hersteller. Die teilnehmenden Firmen der für den 11. Januar 1943 anberaumten Konferenz waren Arado, Dornier, Heinkel, Junkers und Messerschmitt. Die Dornier-Werke legten bezüglich dieses Wettbewerbs den Entwurf P.231 vor, dessen Grundprinzip auf dem Projekt P.59 basierte und in drei verschiedenen Varianten ausgearbeitet wurde. Der freitragende Tiefdecker, ausgestattet mit einem Kreuzleitwerk, Bug- und Heckmotor und Bugfahrwerk, verließ zweifellos die konventionellen Pfade des Flugzeugbaus. Dennoch ließen die Leistungen nach der Verwirklichung der Do 335 V1 die meisten Zweifler verstummen. Die Vorstufe zur Do 335 wurde in drei Ausführungen ausgearbeitet.
P.231/1 – Ein Entwurf mit zwei Daimler-Benz-Reihenmotoren des Typs DB 605 E. Andere Quellen nennen auch den DB 605 A als vorgesehene Motorisierung.
P.231/2 – Hier legte man bereits den DB 603 zugrunde. Dieser Motor sollte in der Version G zum Einbau kommen. Zellenmäßig bestand eine weitere Änderung in der Verwendung eines Tragwerks mit geänderter Geometrie.
P.231/3 – Dieser Entwurf verfügte über einen Hybridantrieb (Mischantrieb). Der Antrieb sollte aus einer Kombination von Kolben- und Strahltriebwerk bestehen. Die P.231/3 stellte die Basis

für das weiterführende Projekt P.232/2 (DB 603/Jumo 004) dar. An diesem Januartag war Dornier selbst zur Sitzung nach Berlin ins RLM gereist, um sein unkonventionelles Projekt vorzustellen. Zunächst wurde jedoch nur die Verwirklichung von zehn V-Mustern beschlossen. In der Folge sollte eine wirkliche Großserie jedoch das Planungsstadium nie verlassen. Der große Augenblick für alle am Projekt Beteiligten kam am 26. Oktober 1943. An diesem Herbsttag begab sich Dorniers Entwurf erstmals in die Luft. Kein Geringerer als Hans Dieterle, Rekordbrecher mit der He 100, startete in Mengen bei Sigmaringen. Schon nach wenigen Minuten Flugzeit erkannte Dieterle, was Dorniers Tandemflugzeug zu leisten vermochte. Bedauerlicherweise war er gezwungen, den Flug schon nach relativ kurzer Zeitspanne abzubrechen, da sich während des Tests das Hauptfahrwerk im eingezogenen Zustand nicht verriegeln ließ. Der Grund hierfür war die untere, runde Fahrwerksabdeckung, welche sich mit Exzenterrollen beim Einziehvorgang verschoben. Die entsprechenden Abdeckungen wurden entfernt und Dieterle startete drei Tage später zu einem Wiederholungsflug. Die Beurteilung für das Flugzeug war hervorragend. Auch die Kinderkrankheiten, welche nahezu jeder neuen Konstruktion anhaften, konnten den Erfolg nicht schmälern. Gen. Milch, starker Befürworter der Do 335, wurde durch diese Ergebnisse nur noch bestärkt. Nach dem Erstflug der V1 standen unumstößliche Fakten zur Verfügung, welche die Do 335 als ausgezeichnetes Flugzeug auswiesen. Sie konnte zudem mit eintausend Kilogramm Ladefähigkeit das Doppelte der Me 262 tragen. Ihre Geschwindigkeit in Bodennähe betrug stolze 640 km/h. Das RLM orderte daraufhin vierzehn V-Muster, zehn Maschinen der Vorserie A-0 sowie elf Exemplare der Serienversion A-1. Zudem addierte sich ein Auftrag über drei doppelsitzige Trainingsflugzeuge. Man dachte auch an weitere Versionen, darunter eine Zerstörervariante, welche nun in Bezug auf die Zelle möglichst ohne große Unterschiede parallel zum Schnellbomber Gestalt annehmen sollte. Für den Zerstörer sah Galland eine zusätzliche Flächenbewaffnung, bestehend aus zwei MK 103, vor. Weiterhin stand jedoch der Do 335 die Me 262 nicht nur als Schnellbomber gegenüber. Dem Erstflug vom 26. Oktober 1943 folgte schon bald ein umfangreiches Werkserprobungsprogramm welches sich in sechs verschiedenen Versuchsreihen gliederte. Dies geschah mit der Zielsetzung, die Stärken, aber auch die Schwächen dieser unkonventionellen Konstruktion kompromißlos offenzulegen. Im Zuge der Erprobung konnte nicht das gesamte Leistungsspektrum der Maschine ausgeschöpft werden. Einer der Gründe hierfür war ein Defekt im Bereich der Triebwerkskühlung. Hinzu kamen Schäden an verschiedenen Stellen der Beplankung, welche durch zahlreiche Umrüstungsarbeiten an der Maschine entstanden. Auch wurde die errechnete Volldruckhöhe nicht erreicht. Der Grund war hierbei in der falsch dimensionierten Lufthutze zu suchen. Diese negativen Punkte stellten zwar massive Gründe für Beanstandungen dar, deren Beseitigung war jedoch innerhalb einer relativ kurzen Zeitspanne zu bewerkstelligen. Nach Abschluß der werksinternen Erprobung wurde die V1 an die Erprobungsstelle der Luftwaffe in Rechlin überstellt. Die dortige Testphase (ab September 1944) mit DB 603 E beinhaltete unter anderem Hochgeschwindigkeitsflüge, wobei in Bodennähe annähernd 650 km/h erflogen wurden. Bei simuliertem Triebwerksausfall, also dem Flug mit nur einem Motor,

■ **Cockpitansicht der Dornier Do 335.**

Foto: Dornier

erreichte die Do 335 V1 immerhin noch eine Höchstgeschwindigkeit von 560 km/h. Die Wendigkeit des Flugzeuges wurde äußerst positiv beurteilt. Zu gleichen Ergebnissen kamen die Nachflieger der Luftwaffe sowie des Technischen Amtes selbst. Die Testreihe der V1 nahm in Lärz am 20. November 1944 durch einen Unfall ein abruptes Ende. Höchstwahrscheinlich wurde die V1, bedingt durch die bereits eingangs erwähnten Schäden, nicht mehr instandgesetzt. Durch die Landung ohne Bugfahrwerk waren starke Beschädigungen im Bereich des Bugmotors und zellenseitige Schäden vorauszusetzen. Das Einsatzspektrum der Prototypen V2 bis V8 reichte von der einfachen Grunderprobung bis hin zu spezialisierten Testreihen, wie der Triebwerks-, Ausrüstungs- und Waffenerprobung. Das zweite Versuchsmuster (CP+UB) absolvierte seinen Jungfernflug am 31. Dezember 1943. Die nachfolgende Mustererprobung erfolgte ebenfalls im süddeutschen Raum und sollte der Grunderprobung sowie der Leistungsermittlung dienen. Jedoch währte das Flugzeugleben nicht sehr lange. Bereits im April 1944 ging die V2

durch Unfall verloren. Den ursprünglichen Plänen zufolge sollte die V2 bezüglich weiterer Testreihen nach Rechlin überführt werden. Bedingt durch den Unfall am 15. April 1944 konnte dies jedoch nicht mehr realisiert werden. An diesem Tage war Pilot Altrogge für einen Übungsflug mit Startpunkt Mengen eingeteilt. Bereits nach kurzer Flugdauer meldete Altrogge starke Vibrationen im Bereich des Heckmotors. Anschließend riß die Funkverbindung ab, so daß die weiteren Geschehnisse nur durch Augenzeugen belegt werden konnten. Diese beobachteten, daß der Pilot das Kabinendach abwarf, jedoch nicht absprang. Die Maschine riß ihn mit in den Tod, als sie in Buxheim in einem Aufschlagbrand endete. Die nachfolgende Untersuchung des Hergangs ergab, daß Altrogge aufgrund seiner schweren Kopfverletzungen, welche ihm die abgeworfene Haube zufügte, unmöglich in der Lage war, den Schleudersitz zu aktivieren. Um das Verhalten der Cockpithaube während des Abwurfs zweifelsfrei festzustellen, wurde dieser Vorgang in einem sogenannten Wasserschlepp-Bad simuliert.

■ Im Rahmen der Entwicklung der Dornier Do 335 wurde auch eine zweisitzige Version für das Training der Besatzungen mit der Bezeichnung A-10 vorgesehen.

Foto: Dornier

Durch die im Wasserbad gewonnenen Erkenntnisse wurde der Abwurfmechanismus geändert und somit das Notfallverfahren bei allen anderen Do 335 sicherer gestaltet. Die V3 absolvierte ihren Jungfernflug am 20. Januar 1944. Die CP+UC diente in der Folge der Dauererprobung, welche auf den Plätzen Mengen und Oberpfaffenhofen durchgeführt wurde. Im Rahmen dieser Versuchsreihen wurde die V3 im Mai 1944 an den Flächen mit Waffenattrappen ausgestattet. Etwa zwei Monate später, genauer am 26. Juli, begannen die Arbeiten an der V3, um sie als Behelfsaufklärer umzurüsten. Zu dem neuen Standard zählte nun die im Bombenschacht installierten Aufklärungskameras (Reihenbildgerät Rb 50/30). In diesem Ausrüstungszustand wurde das Flugzeug an den Versuchsverband des Oberkommandos der Luftwaffe überstellt. Nun erhielt die V3 die neue Kennung T9+ZH. Im Anschluß an die zweimonatige Zugehörigkeit zu diesem Sonderverband sollte die V3 bezüglich weiterer Tests nach Rechlin überführt werden. Dies wurde jedoch zunächst im November durch einen Landeunfall vereitelt. Erst nach Beseitigung der Schäden konnte Rechlin die

Erprobung dieses Musters aufnehmen. Die dortigen Versuchsreihen beschränkten sich auf die Erprobung der FuG 218-

■ Detailansicht des mächtigen Heckpropellers und der absprengbaren Heckflosse an der Dornier Do 335 V9.

Foto: Dornier

Nachtjäger-Antennenanlage und waren bis Mitte Dezember abgeschlossen. In den technischen Merkmalen wie Ringkühler, Motorenversion und der Cockpitabdeckung glich die Maschine der V2. Die V3 war ebenfalls unbewaffnet. Neu hingegen gestaltete sich der Übergangsbereich zwischen Rumpf und Flächen. Das vierte Versuchsmuster (CP+UD) absolvierte unter Testpilot Quenzler am 9. Juli 1944 seinen Erstflug. Das Debüt der V4 nahm bereits nach etwa einer halben Stunde Flug bedrohliche Formen an. Grund hierfür war der in Brand geratene Heckmotor. Glücklicherweise gelang es Quenzler den Brandherd mittels des bordeigenen Löschsystems erfolgreich zu bekämpfen und die Maschine mit stillgelegtem Heckmotor ohne weitere Zwischenfälle zu landen. Nach erfolgter Instandsetzung wurde die V4 bis Oktober 1944 im Rahmen der Werkserprobung in Mengen genutzt. Im Zuge ihrer weiteren Verwendung wurde die V4 mit einem neuen Tragwerk ausgestattet. Es handelte sich hierbei um die Flächen der geplanten B-Version mit einer Spannweite von 18,40 m. Die V4 wurde der Prototyp für die B-4 Aufklärer-Variante. Das Flugzeug befand sich 1945 bei Dornier. Der nächste Prototyp, bezeichnet als V5, flog erstmals am 2. August des Jahres 1944. Die nach-

folgende Verwendung beschränkte sich in der Aufgabe als Waffenerprobungsträger. Im Laufe dieser Tests wurde die CP + UE zunächst bei Dornier für Stand-Beschußversuche genutzt. Am 30. September erfolgte die Überführung nach Rechlin. Bereits am folgenden Tag wurde die Waffenanlage abgeändert. Diese bestand ursprünglich aus einer MK 103 und zwei Maschinenwaffen des Typs MG 151. Die Bewaffnung in der neuen Konfiguration setzte sich nun aus zwei MK 103 (Rumpf) sowie zwei MG 151/20 in den Flächen zusammen. Nicht zweifelsfrei gesichert ist die Installation einer MK 103 als durch die Propellernabe schießende Motorkanone. Die Testreihen in Lärz wurden am 23. Dezember 1944 beendet. Anschließend wurde die Maschine dem Erprobungskommando 335 in Mengen unterstellt.

Wenige Wochen vor seinem Tod startete Werner Altrogge am 25. März 1944 mit der V6 (CP+UF) zu dessen Jungfernflug. Das sechste Versuchsmuster sollte in der Folge ausschließlich der Werkserprobung dienen. Bedingt durch einen Fahrwerksschaden verblieb die V6 auf dem Flugplatz Löwental (Friedrichshafen). Kaum einen Monat nach dem Erstflug wurde die V6 durch einen amerikanischen Luftangriff auf

den Flugplatz Friedrichshafen-Löwental am 24. April 1944 vollkommen zerstört.

Technisch gesehen entsprach dieser Prototyp in den wesentlichen Bereichen der Ausrüstung der V5.

Die in Löwental entstandene V7 (CP+UG) startete am 19. Mai 1944 unter der Führung von Hans Dieterle zu ihrem Erstflug.

Die weitere Verwendung des siebten Versuchsmusters bestand vornehmlich im Bereich der Werkserprobung. Verschiedenen Quellen zufolge wurde die V7 später zu Junkers überführt. In Dessau diente die Maschine als statischer Prüfstand. Im Rahmen dieser Tests kamen zwei Jumo 213 zum Einbau. Die V7 wurde noch während dieser Versuche das Opfer eines alliierten Luftangriffs.

Erste Rollversuche, welche dem Jungfernflug der V8 vorausgingen, wurden ab dem dem 22. Mai 1944 absolviert. Der Erstflug dieses Versuchsmusters ist datiert mit 30. Mai, beziehungsweise 31. Mai 1944. Mit dessen Durchführung wurde Testpilot Quenzler betraut, der bereits während des Debüts der V8 (CP+UH) Mängel feststellen mußte. Das Fahrwerk konnte nicht eingefahren werden, so daß Quenzler gezwungen war, den Flug vorzeitig abzubrechen. Für weitere Tests wurde die in Löwental

■ Diese schöne Seitenansicht zeigt die unvergleichliche Linienführung dieser faszinierenden Konstruktion, die die spätere Schnelligkeit erahnen läßt. Diese siebte Maschine aus der Vorserie trägt keine Kennzeichen.

Foto: Dornier

■ **Einbau des Hecktriebwerks hinter dem Cockpitbrandschott.** Foto: Dornier

entstandene Maschine an Daimler-Benz bezüglich der Installation verbesserter Triebwerke übergeben. Hieraus resultierten Änderungen an der Motorenverkleidung. Entsprechende Versuchsflüge wurden in Stuttgart-Echterdingen durchgeführt. Der 1. Juli 1944 brachte einen erneuten Standortwechsel nach Mengen. Zweck des Ortswechsels waren erneute Testreihen, ebenfalls den Triebwerksbereich betreffend. Im Mengen wurde das achte Versuchsmuster mit Flammenvernichter-Rohren ausgestattet, welche für den in Planung befindlichen Nachtjäger auf ihre Eignung getestet werden sollten. Entsprechende Nachtflugversuche wurden ab der zweiten Augusthälfte vom Flugplatz Neuburg aus durchgeführt. Ab Oktober 1944 folgten in Mengen Höhentests. Am letzten Februartag des Jahres 1945 verließ die V8 Mengen mit Ziel Rechlin. Die in der numerischen Reihe nachfolgende Do 335 V9 stellte kein Erprobungsflugzeug im bisherigen Sinn dar. Es handelte sich hierbei um das erste Musterflugzeug für die Do 335 A-0-Vorserie. Dornier trat mit der Verwirklichung der Do 335 A-0 nun in eine neue Phase der Entwicklung dieses Flugzeugmusters ein. Die Vorstufe zur tatsächlichen Serien-

produktion war erreicht. Im Juni des Jahres 1944 wurde das erste Musterflugzeug fertiggestellt. Dies geschah in Bauart des Prototypen Do 335 V9 (CP+Ul), welcher in dieser neuen Konfiguration gefertigt und in dieser Form den Urahn der Do 335 Serienflugzeuge darstellte. Das Musterflugzeug zur Vorserie A-0 (Werknummer 230 009) absolvierte seinen Jungfernflug am 29. Juni des Jahres 1944. Wie im Fall der V8 wurde auch hier Testpilot Quenzler mit der Durchführung des Erstfluges betraut. Bereits im Folgemonat stand die V9 in Diensten der Waffenerprobungsstelle Tarnewitz. Hier wurden verschiedene Versuche an der Motorlafette der MK 103 vorgenommen. Die nächste und vermutlich letzte Station dieses Prototyps war ab 7. August 1944 die E-Stelle Rechlin. Im Rahmen der dortigen Testreihen flog die Maschine auch ein Staffelkapitän des JG 26. Dessen Aufgabe bestand darin, die Eignung der Do 335 als Jagdflugzeug zu überprüfen. Die Maschine wurde am 18. August 1944 bei einer Bruchlandung beschädigt. Es ist anzunehmen, daß die V9 sich bei Kriegsende noch in Rechlin befand. Im Spätsommer des Jahres 1944 überwand die Do 335 die Hürde von der reinen Versuchsfliegerei in das Stadium der einer Produktionsversion vorgeschalteten 0-Serie. Das erste Exemplar dieser Vorserie stellte die Werknummer 240 101 dar, welches sogleich in die Truppenerprobung gelangte. Weitere vier Maschinen wurden im Oktober 1944 dem Erprobungskommando 335 in Mengen unterstellt, wo neue Einsatztaktiken entwickelt wurden. Die Produktion dieser Version umfaßte insgesamt zehn Einheiten. Deren Fertigung wurde dezentral vorgenommen. Das heißt, der Flächenbau erfolgte 1944 in einer Flugplatzhalle in Konstanz. Der Rumpfbau hingegen wurde in den letzten Wochen des Krieges in einem Sägewerk in Ummendorf, nähe Biberach, durchgeführt. Die Baugruppen wurden anschließend in Oberpfaffenhofen endmontiert. Das erste Exemplar der A-0 Serie (WN 240 101) erhielt das taktische Kennzeichen VG+PG und wurde nach dem werksseitigen Einfliegen nach Mengen, bezüglich der Mustererprobung, überführt. Die Maschine soll zu einem späteren Zeitpunkt als Ersatzmaschine für die abgestürzte Do 335 V2 gedient haben. Nach Kriegsende wurde diese Maschine gemeinsam mit der „102" nach Amerika verschifft. Den bereits

■ **Detailansicht der Landeklappe in Landestellung.** Foto: Dornier

erwähnten Maschinen folgten die Seriennummern 240 103 bis 240 110. Die Werknummer 240 110 (VG+PQ) ist als letzte A-0 und entgültige Musterausführung der Do 335 A1-Jabo-Serienversion anzusehen. Die Motorisierung bestand aus Daimler-Benz-Motoren des Typs DB 603 E-1. Wahrscheinlich wurde auch diese Maschine während eines Bombenangriffs zerstört. Wie erwähnt, verließen von dieser, der eigentlichen Serie vorgeschalteten Variante, insgesamt zehn Exemplare die Werkhallen. Es folgte ihr die Version Do 335 A-1, die erste, bedingt einsatzreif anzusehende Ausführung dieses Flugzeugtyps. Aus A-0-Zellen wurden zudem die Prototypen V11 und V12 gefertigt. Sie sind als Vorläufer der A-10-Schulflugzeuge zu betrachten. Der A-0-Vorserie folgte im November 1944 das erste Exemplar der Version Do 335 A-1. Hierbei handelte es sich um die Werknummer 240 111, welche in Oberpfaffenhofen die Endmontage verließ. Der ursprünglichen Absicht entsprechend, sollten zwölf Maschinen in A-1-Konfiguration gefertigt werden. Diese Vorgabe betraf die Werknummern 240 111 - 240 122. Stellvertretend für alle fertiggestellten Maschinen dieser Serie hier nun Informationen über das erste und letzte Exemplar der Nummernfolge. Das Flugzeug (RP+UA) verließ 1945 die Endmontage in Oberpfaffenhofen. Es handelte sich jedoch hierbei um keine reinrassige A-1, sondern um eine zweisitzige, unbewaffnete Trainingsausführung, welche mit A-11 gekennzeichnet wurde. Vergleichsweise entstand hierzu die Schulversion A-10 aus der A-0-Zelle. Zu einem späteren Zeitpunkt wurde die 111 durch einen Defekt am Bugfahrwerk beschädigt, jedoch wieder instandgesetzt. Wie in den anderen Fällen ist auch bei der letzten Maschine in dieser Reihe das Erstflugdatum nicht feststellbar. Das Flugzeug wurde als Doppelsitzer hergestellt. Im Zuge seiner kurzen Nutzung hatte die Maschine in Oberpfaffenhofen einen Flugunfall, wobei das Heck des Flugzeuges abknickte. Auf eine Instandsetzung der 122 wurde verzichtet. Das Flugzeug wurde in der Folge in Oberpfaffenhofen von den Amerikanern erbeutet und nach Kriegsende verschrottet. Aufgrund des zur Verfügung stehenden Materials kann man davon ausgehen, daß elf Exemplare in unterschiedlicher Konfiguration verwirklicht wurden, oder sich zumindest,

■ Diese Haubenform kam nur bei der V2 und V3 zum Einbau. Foto: Dornier

als die Waffen schwiegen, im weit fortgeschrittenen Bauzustand befanden.

Vorgesehene Ausführungen der A-1-Serie:

Do 335 A-2: Basisversion A-1, jedoch mit geänderter Bombenanlage. Ausführung einer Zerstörerversion.

Do 335 A-3: Eine ebenfalls auf der A-1 basierende Variante mit geänderter Bewaffnung (Zerstörerversion).

Do 335 A-4: Hier lieferte die Grundlage das Muster A-0. Es handelte sich um einen Aufklärer mit Reihenbildkameras im Bombenschacht. Zwei Linsenöffnungen etwa mittig, eine am hinteren Ende der Schachtklappen.

Do 335 A-5: Dieses Muster stellte einen projektierten Höhenjäger-Entwurf dar.

Do 335 A-6: Ein doppelsitziger Nachtjäger, ausgestattet mit dem FuG 217. Wurde in Form des Prototyps V10 verwirklicht. Es gibt Hinweise für eine weitere Ausführung der A-6, welche hier über eine Blasenhaube für den Meßfunker verfügte sowie mit dem FuG 220 und FuG 350 ausgestattet war. Die Bewaffnung bestand aus 1 x MK 103 plus 2 x MG 151/20. Zur Reichweitenerhöhung addierten sich zwei Abwurftanks.

Do 335 A-7: Schnellbomber-Version mit Jumo 213.

Do 335 A-8: Zerstörer-Variante mit Jumo 213.

Do 335 A 9: Einsitziger Aufklärer mit Jumo 213.

Do 335 A-10: Die Erstvariante des doppelsitzigen Schulungsflugzeuges.

Die unbewaffnete Ausführung wurde mittels zweier Prototypen getestet.

Do 335 A-11: Diese Ausführung eines doppelsitzigen Trainers wurde unter Verwendung von A-1-Zellen gefertigt.

Do 335 A-12: Hier wurde eine zweisitzige Version für Flug- und Waffentraining projektiert.

Do 335 A-13: Eine weitere, geplante Ausführung für ein doppelsitziges Trainingsflugzeug.

Im Zuge der Entwicklung der A-Version wurden die Prototypen V10/V11 und V12 in die Erprobung eingebunden. Wie erwähnt, handelte es sich hierbei um eine zweisitzige Nachtjagd-Variante (A-6). Die Grundlage hierfür bildete eine Flugzeugzelle des Typs A-1, welche bei Heinkel in Wien (EHAG = Ernst Heinkel AG) entsprechend modifiziert wurde. Das Versuchsmuster (CP+UK) wird in einem Schreiben, datiert vom April 1944, erwähnt sowie dessen Fertigstellung bzw. Flugbereitschaft bis Mitte November bestätigt. Die Flugerprobung wurde jedoch erst am 24. Januar 1945 aufgenommen. In der Folge erhielt die E-Stelle Werneuchen die Maschine bezüglich der Mustererprobung der geplanten A-6-Serie. Die V10 soll beim Stab des l./NJG 3 zum Einsatz gekommen sein. Bei Kriegsende wurde die Maschine französische Kriegsbeute und durch eine Bruchlandung schwer beschädigt. Die Entwicklung eines Do 335-Nachtjägers machte eine ganze Reihe von konstruktiven Änderungen notwendig. Diese beinhalteten in den wichtigsten Bestandteilen die Schaffung eines zweiten Arbeitsbereiches.

■ Flugaufnahmen der Dornier Do 335 sind äußerst selten. Diese Flugaufnahme der V1 stammt aus einem Werksfilm. Foto: Dornier

Das zweite Cockpit wurde in überhöhter Position hinter dem Flugzeugführer plaziert. Diese Maßnahme führte zu einer drastischen Reduzierung der Treibstoffkapazität. In aerodynamischer Hinsicht erhöhte sich der Widerstand einerseits durch das überhöht plazierte zweite Cockpit sowie durch die seitlich der Motoren installierten Flammenvernichter. Hinzu addierte sich vermehrter Widerstand, welcher durch die an den Flächen montierten Funkmeß-Antennen verursacht wurde. Die Zellenmaße entsprachen in den Längs-, Höhen- und Spannweiten-Abmessungen denen der bisher produzierten Flugzeuge. Die militärische Ausrüstung der A-6 umfaßte eine Maschinenkanone MK 103 sowie zwei MG 151/20. Gemäß den Plänen sollte Heinkel in Wien die Serienfertigung übernehmen. Die Do 335 V11 (CP+UL) diente als Musterbau der unbewaffneten Trainervariante A-10. Die Baugrundlage bildete eine Zelle der Ausführung A-0, welche ebenfalls über ein zweites Cockpit verfügte. Dies ging wie im Fall der V10 zu Lasten der Treibstoffkapazität und somit der Reich-

weite. Der vordere Bereich war für den Schüler bestimmt, der erhöht dahinterliegende für dessen Ausbilder. Der große Haupttank des Einsitzers entfiel. An dessen Stelle kam ein wesentlich kleinerer, L-förmiger Betriebs-

stoffbehälter zum Einbau. Dieser befand sich unter und hinter dem Sitz des Fluglehrers. Motorseitig wurde die Maschine mit zwei DB 603 A-2 ausgestattet. Wie bei der V11 handelte es sich bei der V12 um einen doppelsitzigen Trainer. Hier in

■ Die zwei Triebwerke der Dornier Do 335 vom Typ Daimler-Benz DB 603 sollten der Maschine eine phänomenale Geschwindigkeit verleihen. Foto: Dornier

156

der Ausführung A-11. Das Flugzeug wurde im letzten Quartal des Jahres 1944 fertiggestellt. Nach dem werksseitigen Einfliegen wurde die V12 im November 1944 nach Rechlin überführt. Neben allgemeinen Flugtests diente die Maschine dort zur Erprobung der von Messerschmitt entwickelten Luftschraube P8 sowie zur Vermessung der Höhenrudersteuerung. Das Flugzeug befand sich im April wieder in Friedrichshafen und fiel dort den US-Truppen zerstört in die Hände.

Die RP+UO, so die der V12 zugeteilte Kennung, wies gegenüber der V11 eine ganze Reihe von Unterschieden auf. Die wesentlichsten Änderungen betrafen das Bugfahrwerk, welches nun um fünfundvierzig Grad seitlich geschwenkt in den Fahrwerksschacht eingefahren wurde. Das entsprechende System wurde in der B-Serie berücksichtigt. Wie erwähnt, wurde an der V12 der Messerschmitt P8-Propeller, eine elektrisch verstellbare Dreiblattschraube mit 3,5 Meter Durchmesser, getestet. Der

Typ P8 wurde für Triebwerke der Leistungsklasse bis 2000 PS konstruiert und stand insbesondere für die zwei Motorentypen DB 603 und Jumo 213 in Entwicklung. Die weiteren Änderungen gegenüber dem Muster V11 bestanden in der Verwendung von Motoren des Typs DB 603 E-1. Die Einbaumöglichkeit von Waffen entsprach der des Musters A-1. Die V12 stellte das letzte V-Muster im Rahmen der Entwicklung der A-Version dar. Beginnend mit dem Versuchsmuster V13 plante man eine Prototypen-Reihe bis zur V22, welche im Rahmen des Do 335 B-Testprogramms genutzt werden sollte. Tatsächlich wurden jedoch nur vereinzelte Exemplare fertiggestellt. Diese Maschine diente als Prototyp (RP+UP) für die in Planung befindliche Do 335 B-2-Zerstörerserie. Die Unterschiede zum Standard der A-Serie bestand u. a. in der Verwendung von drei MK 103, die zusätzlich zur bisher installierten Motorkanone nun auch in den Flächen zum Einbau kam. Hinzu addierten sich zwei

MG 151/20 oberhalb des Bugmotors. Weitere Merkmale waren das EZ 42-Visier sowie eine Servo-Bremsanlage und geänderte Frontscheiben der Cockpitverglasung. Die Rumpflänge maß 13,85 m. Als Höchstgeschwindigkeit erreichte die V13 760 km/h. Die Reichweite lag bei 1400 km und die Gipfelhöhe bei 11.400 m. Der Jungfernflug dieses Musters wurde für den 31. Oktober 1944 angesetzt. Der Termin konnte jedoch, bedingt durch einen Schaden am Hauptfahrwerk, nicht gehalten werden. Anstatt der Flugversuche beschränkte sich die Testreihe zunächst auf ausführliche Roll- und Bremsversuche. Im Laufe des Folgemonats konnte die Flugerprobung aufgenommen werden. Gegen Mitte Dezember 1944 folgte die Waffenerprobung mit ausführlichen Schußversuchen, dabei wurde das EZ 42-Visier erprobt. Etwa ab Mitte März 1945 befand sich die V 13 wieder in Mengen. Die nachfolgende V14 stellte einen Prototyp (RP+UQ) der B-2-Reihe dar.

■ Dieses Foto, nach dem Kriege angefertigt aus einem amerikanischen Beobachtungsflugzeug, markiert das Ende der Do 335-Entwicklung auf dem Flugplatz Oberpfaffenhofen.

Foto: Dornier

■ Nach dem Krieg wurde diese Do 335 nach den USA verschifft. Foto: Archiv Regnat

Die Maschine trug die waffentechnischen Merkmale der V13. Die Flächenwaffen sowohl der V13 als auch der V14 erhielten sogenannte Siebloch-Mündungsbremsen. Die beiden Flächenwaffen kamen in der Flächennase zum Einbau. Dieser Bereich war bei der A-Serie zwei Kraftstofftanks mit je 375 l vorbehalten. So ging die drastische Verstärkung der Bewaffnung zu Lasten der Treibstoffkapazität. Anstelle der Tanks wurde dieser Raum nun zur Bevorratung von jeweils siebzig Schuß 3-cm-Munition sowie des entsprechenden Zuführungssystems genutzt. Die Maschine wurde zu einem späteren Zeitpunkt französischen Stellen übergeben. Im Fall der V15 handelte es sich um einen Musterbau für die Nachtjägerversion B-6. Die Arbeiten an dieser nicht fertiggestellten Maschine wurden in Oberpfaffenhofen durchgeführt. Die V16 stellte einen Musterbau für die Do 335 B-1 und B-2 dar. Der siebzehnte Prototyp (Werknummer 240 313) wurde erst nach Beendigung der Kampfhandlungen vollendet. Dies geschah unter französischer Regie durch deutsches Personal. Seine konstruktiven

Merkmale entsprachen der geplanten Nachtjäger-Serie Do 335 B-6. Das besondere Identifizierungsmerkmal bestand in der nach hinten klappbaren Kanzelabdeckung des Meßfunkerbereichs. Zudem war die Maschine am Bug mit einer Messerschmitt P8-Luftschraube ausgestattet. Ihren Erstflug absolvierte die V17 am 2. April 1947, also annähernd zwei Jahre nach Kriegsende. Wenige Tage später sollte die V17 nach Frankreich überführt werden. Ein Vorhaben, das mehrmals durch Schäden am Motor, bzw. dessen Welle, bis zum 29. Mai 1947 verschoben werden mußte. Nach einem weiteren Flug wurde das Flugzeug bei der Landung irreparabel beschädigt. Die in numerischer Folge gekennzeichneten Prototypen V18 bis V22 waren als Versuchsmuster für Nachtjäger (V18, V20, V21 und V22) und V19 (Zerstörer) vorgesehen. Keines dieser Flugzeuge wurde verwirklicht. Wie diese Aufstellung zeigt, wurden nur wenige Exemplare der Prototypen-Reihe V13 bis V22 tatsächlich endmontiert. So blieb auch das Vorhaben, die Do 335 B in großen Stückzahlen als Serienmuster auszu-

bringen, nur Makulatur. Wie so viele erfolgversprechende Entwürfe, welche den technischen Standard der Luftwaffe drastisch erhöht hätten, um zumindest den damaligen Feindmächten ihre zunehmend vernichtende Luftoffensive zumindest drastisch zu erschweren, verblieben auch die Do 335 im Versuchsstadium. Die oft beschworene Wende im Luftkrieg wäre angesichts der erdrückenden Übermacht jedoch reine Utopie gewesen. Die Geschehnisse im letzten Akt dieses gleichermaßen chaotischen wie blutigen Dramas betraf auch die Do 335, welche nur in Form von Prototypen oder durch Flugzeuge der Vorserie A-0, respektive der Erstserie A-1 vertreten waren. Eine verschwindend kleine Anzahl von Flugzeugen, die nur der Erprobung dienten und somit der kämpfenden Truppe nicht zur Verfügung standen. Wie berichtet, verhinderten zahlreiche widrige Umstände die schnelle Serienausbringung dieses hochentwickelten Musters. Hierdurch litt natürlich auch das Do 335 B-Programm. Auf den Reißbrettern des Dornier-Konzerns entstanden insgesamt zehn Ausführungen des Musters Do 335 B, die in unterschiedlichen Konfigurationen ein breites Einsatzspektrum abdecken sollten.

Beschreibung der Serienvarianten

Do 335 B-0: Bezeichnung für die Anlaufserie der Zerstörerversion.
Do 335 B-1: Diese Version war als Zerstörer konzipiert. Die Normalbewaffnung wurde zunächst auf eine MK 103 sowie zwei MG 151/15 festgelegt. Später verstärkte man die Rohrbewaffnung auf drei MK 103 und zwei MG 151/20. Die Motorisierung bestand aus zwei DB 603 E-1.
Do 335 B-2: Auch die Flugzeuge dieser Baureihe waren als Zerstörer mit DB 603 E-1 vorgesehen. Die entsprechenden Erprobungsträger stellten die Do 335 V13 und V14 dar. Auch dieses Muster verfügte über die großkalibrige Bewaffnung, bestehend aus drei MK 103 und zwei MG 151/20.
Do 335 B-3: Hierbei handelte es sich ebenfalls um eine Zerstörer-Ausführung, dessen Basismuster in Form der Do 335 V19 auf dem Reißbrett entstand. Die Version B-3 sollte Motoren der Baureihe DB 603 LA erhalten. Die Bewaffnung entsprach der der B-1.
Do 335 B-4: Diese nur projektierte Höhenaufklärer-Version mit DB 603 LA erhielt aufgrund der Forderung, in großen Höhen zu operieren, ein vergrö-

■ Die legendäre „102" in den Farben der US-Army Air Force. Foto: Archiv Regnat

ßertes Tragwerk, welches von Heinkel entwickelt, nun über eine Spannweite von 18,40 m verfügte. Gegenüber dem ursprünglichen Tragwerk wurden je Seite zwei Segmente von 2,30 m im Außenbereich hinzugefügt. Die Gesamtfläche steigerte sich nun auf 43,00 m². Die Aufklärerausrüstung bestand aus zwei im Bombenschacht plazierte Reihenbild-Kameras.

Do 335 B-5: Der ebenfalls nur projektierte Waffentrainer sollte das vergrößerte Tragwerk der Do 335 B-4 erhalten. Als Triebwerksanlage waren zwei DB 603 E-1 vorgesehen. Die Bewaffnung, bestehend aus einer MK 103 sowie zwei MG 151/20, war als Do 335-Standard-Rumpfbewaffnung eingeplant.

Do 335 B-6: Hierbei handelte es sich um eine zweisitzige Nachtjagd-Variante mit 13,80 m Tragwerk, welche im Gegensatz zur A-6 NJ-Version über eine verstärkte Flugzeugzelle und zudem über ein neues Bugfahrwerk verfügte. Die Bewaffnung der Do 335 B-6-Serie sollte eine MK 103 und zwei MG 151/20 beinhalten. Als Nachtjagdausrüstung wählte man das FuG 218 G/R „Neptun". Weitere Merkmale dieses Typs bestanden in der Verwendung einer etwas flacher gestalteten Klapphaube über dem Meßfunker-Bereich sowie den DB 603 E-1-Motoren, kombiniert mit Flammenvernichtern.

Do 335 B-7: Ausrüstungsmäßig entsprach dieses Muster weitgehend der Do 335 B-6. Die gravierendsten Unterschiede bestanden im geplanten Einbau von DB 603 LA-Triebwerken und im

Bereich des Tragwerks. Hier sollte eine Fläche mit Laminarprofil und erhöhter Spannweite zum Einsatz kommen. Als Musterflugzeug war die nur im Projektstadium existente Do 335 V 20 vorgesehen.

Do 335 B-8: Bei diesem zweisitzigen Nachtjäger wurde das große Tragwerk mit 18,40 m Spannweite und 43,00 m² Flächeninhalt zugrunde gelegt. Die B-8-Serie sollte ebenfalls mit DB 603 LA-Triebwerken ausgerüstet werden. Hierzu sollten Erprobungsflugzeuge in Form der V21 und V22 entstehen.

Do 335 B-12: Dieses projektierte, zweisitzige Muster stellte eine zweisitzige Trainer-Variante dar, welche ausrüstungsmäßig auf der A-12 basierte, jedoch über eine Flugzeugzelle der Do 335 B verfügte.

Die Vielfältigkeit der B-Serie hätte zweifellos eine große Bereicherung für die Luftwaffenverbände bedeutet. Besonders hervorzuheben ist, daß hier ein Flugzeug in Entwicklung stand, das der britischen „Mosquito" ebenbürtig war. Hier waren bereits im Vorfeld der B-Serie die Muster A-2 und A-3 auf dem Reißbrett vorhanden, welche jedoch durch die Forcierung des Do 335 B-Programms nicht realisiert wurden. Den Anlaß für die Entstehung einer Zwillingsversion auf der Basis der Do 335 bot eine Forderung des RLM gegen Ende des Jahres 1943. Die in der Folge erstellte Studie befaßte sich mit einem Langstreckenaufklärer, welcher als Seeaufklärer und zur U-Boot-Sicherung eingesetzt werden sollte. Ein entsprechendes Muster nahm auf den Reißbrettern

der Heinkel-Werke unter der Bezeichnung P.1075 Gestalt an. Während einer Konferenz des RLM im November 1944 wird der Bau von 30 Maschinen bei Junkers gefordert. Die Dornier/Heinkel-Konfiguration stellte die einfachere Lösung dar, welche jedoch im Vergleich zur Ausführung von Junkers weit mehr eine Improvisation darstellte. Wie berichtet, handelte es sich bei der Dornier/Heinkel-Lösung um ein Flugzeug mit serienmäßigen Rümpfen. Auf eine Verbindung der kreuzförmigen Leitwerke wurde verzichtet. Lediglich ein neugestaltetes Flächen-Mittelstück verband die beiden Rümpfe. Die äußeren Flächenteile bestanden aus dem Tragwerk der B-Serie. Als Triebwerke sollten vier DB 603 E-1 verwendet werden. Das Fahrwerk wurde hier von der Do 335 übernommen. Diese Lösung stellte in Bezug auf gewichtsmäßige, wartungstechnische und nicht zuletzt materialwirtschaftliche Gesichtspunkte nicht der Weisheit letzten Schluß dar. Im Herbst des Jahres 1944 wurde Junkers mit der Weiterentwicklung beauftragt. Im Vergleich zu dieser mehr als Notlösung zu bezeichnenden Konstruktion entwickelte Junkers eine weit aufwendigere Ausführung, die jedoch auch nicht mehr zur Ausführung kam. Von der legendären Do 335 wurde von amerikanischen Truppen ein Exemplar gerettet, das Deutschland für einen limitierten Zeitraum als Ausstellungsstück zur Verfügung gestellt wurde und für einen Zeitraum von zehn Jahren im Deutschen Museum zu besichtigen war.

■ Von Dornier mustergültig restauriert, konnte man diese Do 335 viele Jahre im Deutschen Museum besichtigen.

Foto: Archiv Regnat

■ Eine der formschönsten Konstruktionen des Zweiten Weltkrieges war die Tank Ta 154 „Moskito". Foto: Archiv

Tank Ta 154 „Moskito" (1943)

Am 18. August 1942 wurde während einer Besprechung beim Generalluftzeugmeister, von Generalfeldmarschall (GFM) Erhard Milch selbst, nach neuen Verwendungsmöglichkeiten für die inzwischen reichlich vorhandenen Jumo 211-Reihenmotoren gesucht. Gleichzeitig votierte GFM Milch am 16. September 1942 für einen leichten, vor allem aber schnellen Nachtbomber. Angesichts der damaligen, bereits angespannten, Materiallage sprach vieles für eine Maschine in Holz- oder Gemischtbauweise. Focke-Wulf legte einen Entwurf einer deutschen „Mosquito", also eines unbewaffneten, zweimotorigen Schnellbombers in Gemischtbauweise mit zwei Jumo 211 F-Reihenmotoren dem Technischen Amt des RLM zur Begutachtung vor. Die Maschine war als Schulterdecker mit Einziehfahrwerk geplant. Der Schnellbomber sollte alle gängigen Abwurflasten in einem Bombenschacht, der sich dem Cockpit anschloß, transportieren können und zur Leistungs-

steigerung außerdem noch eine GM 1-Zusatzeinspritzung erhalten. Beim ersten, vom 22. September 1942 stammenden Angebot wurde seitens des Werkes davon ausgegangen, daß der Schnellbomber vorläufig auch ohne

Defensivbewaffnung auskommen würde, da er dank seiner Geschwindigkeit selbst über gegnerischem Gebiet, ungefährdet hätte operieren können. Am 9. Oktober 1942 wurde die weitere Bearbeitung des neuartigen Bomber-

■ Die hölzerne Attrappe des künftigen Nachtjägers Tank Ta 154 mit FuG 202 Funkmeßanlage, Ende 1942. Foto: Archiv Griehl

projektes vollständig auf Kurt Tank übertragen. Die immer heftiger werdenden alliierten Bombenangriffe hatten zwischenzeitlich das Technische Amt bewogen, von der Weiterverfolgung dieses Entwurfs abzusehen. Man sah bessere Verwendungsmöglichkeiten für die schnellen Maschinen, beispielsweise als ein- oder zweisitzige Zerstörer oder Nachtjäger. Für die Einführung der relativ leistungsstarken Ta 211 (später: Ta 154) sprach damals, daß die gerade im Einsatz stehenden Ju 88- und Bf 110-Nachtjäger zwar, dank verbesserter Nachtsichtgeräte und verfeinerten Funkführungsverfahrens, beachtliche Erfolge vorweisen konnten, auf längere Sicht dem immer mehr erstarkenden Gegner, der zunehmend auf viermotorige Großbomber setzte, jedoch nicht gewachsen waren.

Daher ordnete GFM Milch am 30. Oktober 1942 an, daß die Arbeiten im Bereich der Entwicklung der Maschinen beschleunigt und die Montage nebst der Erprobung des ersten Versuchsmusters schnellstmöglich in Langenhagen bei Hannover durchzuführen sei. Gleichzeitig wurden zehn Mustermaschinen, die Ta 154 V1 bis V10, bei

Focke-Wulf geordert. Weitere Aufträge wurden in Aussicht gestellt.

Inzwischen war allen Beteiligten klar geworden, daß der Jumo 211 ein zu geringes Leistungsspektrum, angesichts der erheblich verbesserten, gegnerischen Angriffsmittel, besitzen würde. Besser wäre der Einbau des Jumo 213 gewesen, doch dieser besaß gerade erst die Prüfstandsreife. Er war somit noch nicht einbaureif. Erhard Milch, der die Ta 154 zusammen mit der Bf 110 G gern als Ausweichlösung für die Überbrückung bis zur He 219 gehabt hätte, setzte mit der Anordnung der Serienfertigung dieser Maschine einen neuen Entwicklungsschwerpunkt. Am 18. Juni 1943 wurde bestimmt, die Produktion in drei Fertigungsringen in Mitteldeutschland – unter Einschaltung zahlreicher, kleiner Unterlieferanten – so zu dislozieren, daß die Endmontage durch gegnerische Luftangriffe kaum noch zu beeinträchtigen war. Das einzige größere Problem, so vermutete man voreilig, würde die Bereitstellung entsprechend leistungsstarker Reihenmotoren, wie des Jumo 213, darstellen. Während der Entwicklungsbesprechung vom 17. März 1944 kamen

Technische Daten

Tank Ta 154 „Moskito"

Spannweite:	16,00 m
Länge:	12,57 m
Höhe:	3,60 m
Rüstgewicht:	8930 kg
Höchstgeschw.:	640 km/h
Reichweite:	1370 km
Dienstgipfelhöhe:	10.700 m
Triebwerk (2):	Jumo 213
Leistung:	je 1750 PS
Bewaffnung:	4 x Mk 108

nahezu alle die Bauausführung betreffenden Probleme zur Sprache. Diese beruhten vor allem auf der mangelhaften Verleimung der einzelnen Baugruppen, der Verbindung zwischen Holz- und Metallteilen sowie den Mängeln, die aus dem Fehlen von ausreichend geschulten Facharbeitern resultierten. Auch Oberstleutnant Siegfried Knemeyer war beunruhigt. In seinen Augen zeichnete sich bereits eine ähnliche Katastrophe wie vormals bei der Bf 210 ab.

Eine Vielzahl von Brüchen und Flugunfällen war während des Flugbetriebs

■ Frontansicht des Prototyps (V1) der Tank Ta 154 in Hannover-Langenhagen. Die Maschine ist an ein Außenbordstromaggregat angeschlossen.

Foto: Archiv Griehl

■ **Attrappenmäßige Darstellung des hinteren Cockpits mit den geplanten Einbaugeräten der FuG 202 Anlage.**
Foto: Archiv Griehl

mit den Versuchsmustern der Ta 154 zu verzeichnen gewesen. Zu einer ersten Bruchlandung war es bereits am 31. Juli 1943 mit der Ta 154 V1 gekommen. Am 18. Februar 1944 erfolgte eine zweite mit der Ta 154 V4, als bei der Landung beide Hauptfahrwerke unversehens wieder einfuhren. Wenige Tage später, am 28. Februar 1944, brach bei der Ta 154 V3 das Bugrad. Am 7. April 1944 knickte bei der Ta 154 V5 eines der Hauptfahrwerke weg. Der Pilot landete die Maschine auf dem verbliebenen Fahrwerk und dem Bugrad. Mit der vollständigen Zerstörung endete der Erprobungsflug der Ta 154 V9 am 18. April 1944. Eine weitere Ta 154 wurde beschädigt, nachdem das Bugrad sich nicht ausfahren ließ, weil sich die Fahrwerksklappen verklemmt hatten. Kurz darauf, am 6. Mai 1944, endete auch die Landung der Ta 154 V8 in einer Katastrophe. Die Besatzung Otto/Rettig wurde bei Goslar getötet. Dieser Unfall bewegte vermutlich alle Verantwortlichen, baldmöglichst die betroffenen Baugruppen der Ta 154 neu zu konstruieren und anstelle des Holz-, einen Blechrumpf einzuführen. Die neue Baureihe trug die Bezeichnung Ta 154 C und wurde ab 1944 mit großem Nachdruck entwickelt. Die Aktion kam wegen der Kriegsereignisse jedoch nicht mehr zum Tragen. Inzwischen war eine Vielzahl von Ta 154-Varianten entwickelt worden. Der Nullserie Ta 154 A-0, einem zweisitzigen Nachtjäger mit Jumo 211 N-Mo-

toren sollte der einsitzige Tagjäger Ta 154 A-1 folgen. Aus diesem wurde ein zweisitziger Tagjäger mit der Bezeichnung Ta 154 A-1/R1 entwickelt. Als Triebwerk war wiederum der Jumo 211 N gewählt worden. Die A-2 stellte die Abwandlung der A-1 mit Zusatzeinspritzung (GM 1) dar. Diese Variante bildete später den Grundstock für einen zweisitzigen Nacht- und Schlechtwetterjäger mit Jumo 213 A-Motoren. Die Ta 154 A-3 galt als zweisitziges Schulflugzeug und die A-4 als zweisitziger Nachtjäger. Ein weiterer Nachtjäger-Entwurf war die Ta 154 B-1. Die B-2 dagegen sollte hauptsächlich als einsitziger Tagjäger eingesetzt werden. Die B-Versionen unterschieden sich von der Ta 154 A vor allem durch die Verwendung der VS 9-Luftschrauben. Mit Blechrumpf und Jumo 213-Motoren wurde die Ta 154 C konzipiert. Die C-1 war als zweisitziger Nachtjäger, die C-2 als einsitziger Tagjäger und Jagdbomber, die C-3 als zweisitziger Tagjäger (Zerstörer) gedacht. Bis auf die A-0, A-1 und A-2 blieben alle diese Varianten auf der Strecke. Dies galt auch für die Ta 154 D-1, einem Höhenjäger mit Jumo 213 E-Motoren und VS 111-Luftschrauben, aus dem sechs unterschiedliche Ausführungen der Ta 254 entwickelt wurden. Angesichts der bevorstehenden Einführung von strahlgetriebenen Einsatzmustern hätten diese Maschinen auch bei Behebung der Hauptmängel, wie der Suche nach einer belastbaren

Verleimung wohl keine Chance gehabt, die Großserienfertigung zu erreichen. Der Anfang vom Ende der Ta 154 zeichnete sich in der Besprechung zwischen Göring, Milch, Galland, Tank und Saur am 25. Mai 1944 auf dem Obersalzberg ab. Reichsmarschall Hermann Göring wandte sich überaus barsch an Prof. Kurt Tank und bemerkte: „Die Maschine sollte heute ja schon im Programm laufen, aber ich stelle fest, sie ist nicht da. Geleimt kann sie auch nicht werden und die Leistungen liegen weit zurück."
Selbst Kurt Tank gelang es nicht, eine ausreichende Rechtfertigung für das Stagnieren der Ta 154-Entwicklung zu geben, da die Leimprobleme nicht in den Griff zu bekommen waren und alliierte Luftangriffe ihr Übriges getan hatten. Auch im Falle des Einbaus stärkerer Triebwerke, wie des von Focke-Wulf angestrebten Jumo 213, erwartete der General der Jagdflieger (GdJ) keine durchgreifende Änderung im Flugverhalten. Probleme mit der Ruderanlage und vor allem mit dem Fahrwerk hielten an. Seiner Ansicht nach war selbst die Bauchlandung wegen der Holzbauweise der Ta 154 A ein nicht zu kalkulierendes Risiko für die Besatzungen. Hierauf bot Prof. Kurt Tank sogleich die neu entwickelte Aluminium-Kanzel für die künftigen Baureihen der Ta 154 an. Doch auch dieses Angebot konnte die Fortsetzung der Arbeiten nicht sicherstellen.
Am 2. August 1944 ordnete GFM Milch an: „Alle fertigen Flugzeuge sind abzustellen, größere Baustücke dürfen nicht mehr gefertigt werden. Es wird verboten, auch nur noch einen Tropfen Benzin für die (Ta) 154 zu verbrauchen!"
Für die Erprobung der Ta 154 war zuvor eigens ein Erprobungskommando, das EK 154, gebildet worden. Es wurde am 9. Dezember 1943 für die Dauer von sechs Monaten auf dem Kommandowege aufgestellt.
Truppendienstlich und technisch war die kleine Einheit dem Kommando der Erprobungsstellen (KdE), einsatzmäßig dem GdJ und wirtschaftlich dem Flugplatzkommando 88/X1 unterstellt. Dem EK 154 waren zeitweise unterschiedlich viele Versuchs- und Nullserienmuster, darunter die Ta 154 V3 bis V5 sowie die V7 und die V10, zugewiesen worden. Dem Erprobungskommando oblagen vor allem die praktischen Tests mit unterschiedlichen Flammenvernichtern, die Waffenpro-

■ Windkanalmodell der geplanten, einsitzigen Ausführung der Tank Ta 154.

Foto: Archiv Griehl

bung, beispielsweise der MK 108, aber auch praktische Tests mit neuen Kühlern. Ferner sollte die taktische Eignung der Ta 154 möglichst genau bewertet werden. Im Frühjahr 1944 wurde außerdem Leutnant Hans Raum von der 9./NJG 3 nach Langenhagen kommandiert, um dort die neuen Nachtjäger auf Herz und Nieren zu testen und die Möglichkeiten für den Truppeneinsatz zu beurteilen. Er flog dort zwei der Ta 154, die zumindest von der fliegerischen Seite seine Zustimmung fanden. Nachteilig für die weitere Flugerprobung wirkte sich der Ausfall zahlreicher Erprobungsmuster aus. Am 15. Juli 1944 erkundigte sich daher der Kommandoführer des EK 154, Oberleutnant Vohl, beim Kommando der Erprobungsstellen in Rechlin, was aus seinem Kommando werden solle, nachdem dieses nur noch über eine einzige Ta 154 verfügte. Genaueres ließ sich zu jenem Zeitpunkt jedoch nicht sagen, es wurde aber eine Einsatzstaffel mit Ta 154-Maschinen befürwortet. Diese sollte aus den Kräften des bisherigen EK 154 gebildet werden, für die 60 Mann technisches Personal aus einem Ta 154-Einweisungslehrgang in Detmold bereit standen. Soweit kam es jedoch nicht; im August 1944 wurde das EK 154 aufgelöst.

■ Detailansicht des Hauptfahrwerkbeines der Tank Ta 154, das sich als ständige Schwachstelle erweisen sollte.

Foto: Archiv Griehl

■ Dieser Prototyp einer Tank Ta 154 ist bereits mit dem Radargerät FuG 212 C „Lichtenstein" ausgerüstet. Foto: Archiv

Den schweren Luftangriff auf den Erprobungsplatz in Hannover-Langenhagen, am 5. August 1944, überstand das Erprobungskommando ohne Personalverluste. Jedoch wurden auf dem Flugplatz Langenhagen sämtliche Hallen sowie die Unterkunft des Erprobungskommandos zerstört. Dieses besaß Mitte August 1944 weiterhin nur eine Ta 154, die zur Fortsetzung der noch abzuschließenden Erprobungsvorhaben bis zum 1. September eingesetzt werden sollte. Im Werk Adelheide bei Detmold waren zu jener Zeit die Mehrzahl der mit Jumo 213 A-1-Triebwerken zu versehenden und als Nachtjäger (Ta 154 A-2) eingeplanten Maschinen in Arbeit. Mit ihnen sollte schnellstens der bevorstehende Truppeneinsatz begonnen werden. Es handelte sich bei den Maschinen um die Ta 154 V5 (WerkNr. 100005), die Ta 154 V6 (WerkNr. 100006), die Ta 154 A-0 (WerkNr. 120005) sowie vier Ta 154 A-2 (WerkNrn. 320008 bis 320011). Die erste Umbaumaschine wurde am 1. August 1944 in Erfurt überführungsklar und traf von dort kommend am 11. August 1944 in Langenhagen ein. Dort

wurde das erste Musterflugzeug mit FuG 220-Anlage, die Ta 154 V5, praktisch erprobt und anschließend zur Vermessung der Antennen nach Werneuchen/Diepensee geflogen. Von dort aus war die schnellstmögliche Abgabe

nach Stade zum NJG 3 geplant. Alle übrigen Ta 154 sollten dorthin folgen. Auch diese Aktion stand unter keinem guten Stern: Einer der neuen Nachtjäger, möglicherweise die Ta 154 V5, erreichte die E-Stelle Werneuchen nur

■ Seitenansicht der Tank Ta 154 V1 bei einem Triebwerksprobelauf. Noch fehlen die Flammenvernichterrohre an den Auspufföffnungen. Foto: Archiv Griehl

mit einem laufenden Triebwerk. Da zudem die Landeklappen nicht ausfuhren, kam die Maschine über die Bahn hinaus und überschlug sich. Aller Wahrscheinlichkeit nach ging auch diese Maschine letztlich infolge nicht zu behebender Probleme mit der Hydraulikanlage verloren.

Erst die verbliebenen fünf Ta 154 trugen den technischen Anforderungen Rechnung. Die Maschinen hatten in Detmold, außer neuen Motoren, voll ausgewuchtete Seitenruder sowie verstärkte Knickstreben im Bereich der Bugfahrwerke erhalten. Dank der Jumo 213 A-1-Triebwerke konnte, laut Flugkapitän Sander, die Geschwindigkeit um zwischen 40 und 80 km/h, je nach Flughöhe, gesteigert werden, da jene die Geschwindigkeit stark reduzierende Antennenanlage vor dem Bug inzwischen entfallen war. Die Dipole des FuG 220 waren zu Paaren auf den Flächenober- und -unterseiten angebracht worden.

Die eigentliche Truppenerprobung mit der Ta 154 sollte nunmehr – wenn auch stark verzögert – ab November 1944 auf dem Einsatzhorst der III./NJG 3 bei Stade beginnen. Nur relativ weni-

■ Der Konstrukteur, Prof. Kurt Tank, flog seine Konstruktionen persönlich. Hier sehen wir ihn beim Verlassen der Tank Ta 154 V1.　　Foto: Archiv Griehl

ge Piloten des NJG 3 hatten größeres Zutrauen zur Ta 154 und flogen diese wiederholt. Den meisten erschienen die bisherigen Einsatzmuster wegen der Metallbauweise als wesentlich sicherer. Nur wenige Flüge lassen sich daher zwischen Januar und März 1945 mit der Ta 154 nachweisen. Mehrere

Piloten der Gruppe rügten die eingeschränkten Sichtverhältnisse im Cockpit, anderen war das ihnen ungewohnte Bugrad zu störanfällig. Darüber hinaus gab es auch weiterhin Probleme mit der Hydraulik. Während der letzten Kriegswochen standen drei der Ta 154 zumeist in getarnten Boxen

■ Die Tank Ta 154 A-0 (TQ+XE) kam der späteren Nachtjägerausführung schon sehr nahe. Später erfolgte der Umbau dieser Maschine zur A-4.

Foto: Archiv Griehl

■ Diese TA 154 Übungsmaschine des EJG 2 wurde von alliierten Truppen in Lechfeld erbeutet.

Foto: Archiv Griehl

■ Frontansicht einer Tank Ta 154 mit Rückblickfernrohr über der Kabinenhaube und eingebauter SN-2 Radaranlage.

Foto: Archiv Griehl

im nahen Wald, wo sie kurz vor Kriegsende gesprengt wurden. Die vierte Ta 154 wurde relativ unversehrt von englischen Truppen in der Nähe von Stade erbeutet. Kurz vor Kriegsende, am 30. April 1945, gegen 18.00 Uhr, hatte eine Ta 154-Besatzung vom Stab der III./NJG 3 Probleme bei der Landung ihrer Maschine. Unmittelbar vor der Platzgrenze des Fliegerhorstes Stade blieb die D5+HD, eine Ta 154 A-2/U4, nach einer Bauchlandung, auf einer sumpfigen Viehkoppel stark beschädigt liegen. Über die genaue Unglücksursache gibt es bis heute nur Spekulationen. Die Maschine wurde anschließend ausgeschlachtet, dann geplündert und schließlich ein Opfer mutwilligen englischen Beschusses. Die so erheblich demolierte Ta 154 (WerkNr. 320008, D5+HD, vormals KU+SU) wurde erst am 6. Mai 1945 von englischen Spezialisten untersucht. Hierbei stellten diese, als weitere Besonderheit, die zur Verbesserung der Seitenstabilität angesetzten Flächenendstücke aus Aluminium fest. Diese waren, laut Flugkapitän Hans Sander, vermutlich von der Werft der III./NJG 3 angebracht worden, da die Maschine noch unter Schiebe-Rollmomenten litt. Eine angestrebte, umfassende Änderung des gesamten Tragflügelbereichs mußte, infolge der Kriegslage, vor allem aber wegen des damit verbundenen Aufwands, entfallen. Im Bereich der Jumo 213 A-1-Reihenmotoren (2 x 1600 PS) war es gelungen, auf die voluminösen, auf Kosten der Geschwindigkeit gehenden Flammen-Vernichterrohre zu verzichten.

Eine weitere Ta 154 hatte angeblich beim Gruppenstab der I./NJG 3 in Grove/Dänemark überlebt. Bei der III./EJG 2 in Lechfeld südlich von Augsburg stand bei Kriegsende eine Ta 154 A-1 (WerkNr. 320003, KU+SP), welche zuvor der Umschulung von Me 262-Piloten gedient hatte.

Trotz des immensen Aufwands, mit dem versucht worden war, ein deutsches Gegenstück zur britischen DeHavilland „Mosquito" zu schaffen, waren die erzielten Erfolge angesichts des gewaltigen Einsatzes bei Focke-Wulf recht gering einzustufen.

Es hatte sich erneut gezeigt, daß die Anwendung neuer Technik nicht unbedingt binnen kurzer Zeit zu einem wirklich brauchbaren Einsatzmuster führen und daß das Beschreiten neuer technischer Wege unter Kriegsbedingungen scheitern mußte.

■ Sehr schöne Archivaufnahme der Tank Ta 154 V7 (TE+FK).

Foto: Archiv Griehl

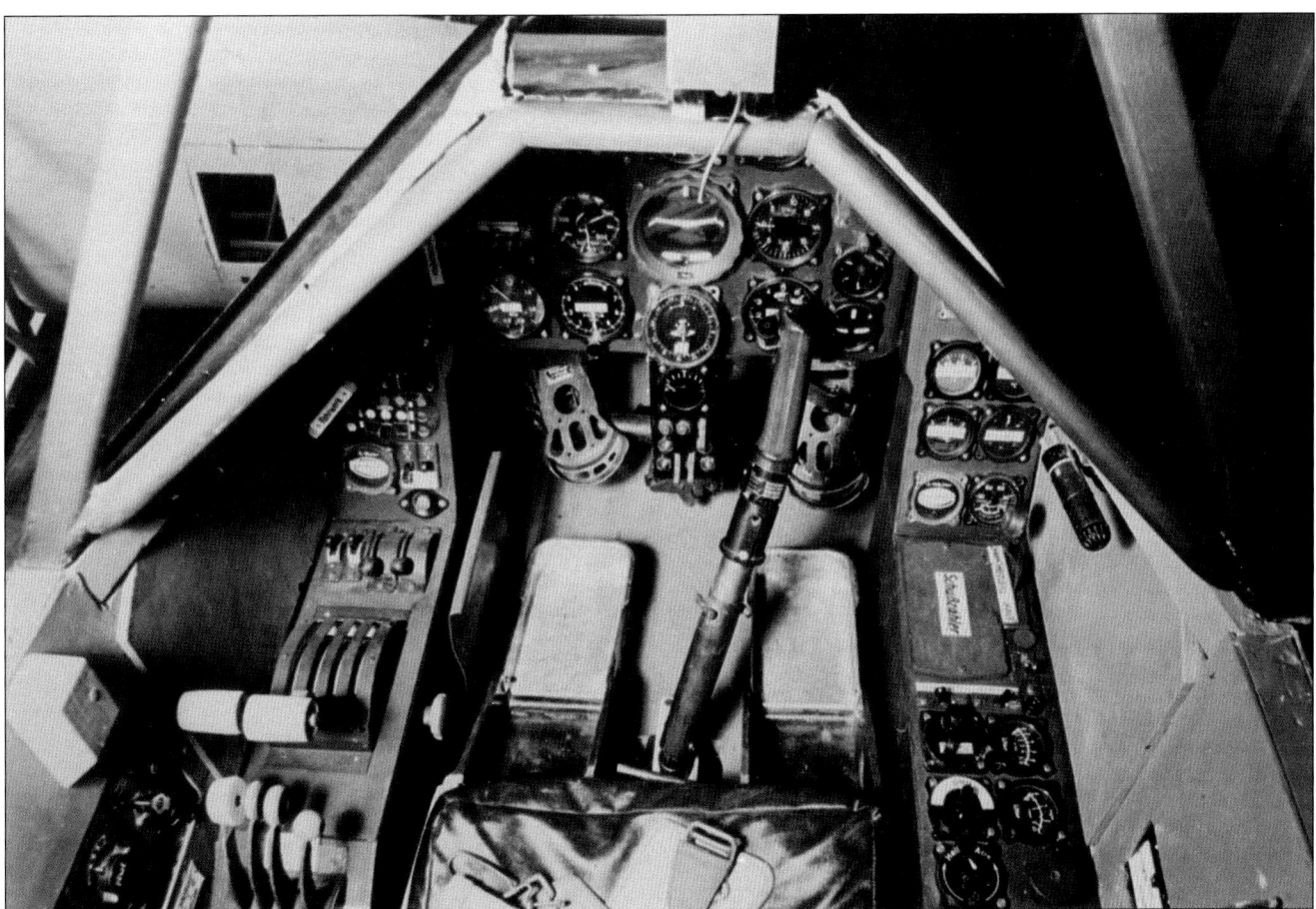

■ Die vergleichsweise enge Kabine der Tank Ta 154 war mit den damals modernsten Instrumenten ausgerüstet. Hier die Kabine eines Prototyps ohne Waffeneinbauten.

Foto: Archiv Griehl

■ Werksfoto einer Hawker „Sea Fury"F.Mk.10 (TF 952) während eines Erprobungsfluges.

Foto: Archiv Lang

Hawker „Sea Fury" (1944)

1942 wurde vom britischen Luftfahrt-ministerium die Spezifikation F.4/42 herausgegeben. Auf der Basis dieser Spezifikation sollte eine Weiterentwicklung der Hawker „Tempest" für die Royal Air Force entstehen. Fast zur gleichen Zeit wie die RAF suchte auch die Royal Navy nach einem neuen Jagdflugzeug, das in seinen Grundzügen den Forderungen der RAF entsprechen sollte. Daraufhin wurden vom Luftfahrtministerium und der Admiralität 1943 die Spezifikationen F.2/43 und N.7/43 herausgegeben, die die Grundlagen für die Entwicklung der Hawker „Fury" und „Sea Fury" darstellten. Hawker sollte beim Anlaufen der Serienfertigung den Bau der Land- und Seeausführung und Boulton Paul einen Teil der Fertigung der Seeausführung übernehmen. Bis Dezember 1943

■ Die Luftstreitkräfte Iraks erhielten eine Anzahl Hawker „Sea Fury". Diese Aufnahme entstand in England, kurz vor der Ablieferung an den Irak, im Jahre 1953.

Foto: Archiv Lang

bestellte die RAF sechs Prototypen. Zwei davon waren mit Griffon-85 Triebwerken, zwei mit Centaurus XXII und einer mit Centaurus XII ausgerüstet. Der sechste Prototyp wurde als Bruchzelle verwendet. Der erste Prototyp (NX798), ausgerüstet mit Centaurus XII und Vierblatt-Propeller machte seinen Erstflug am 1. September 1944. Dieses Flugzeug wurde während eines Vorführungsfluges (zu diesem Zeitpunkt führte es die zivile Zulassung G-AKRY) im Mai 1948 von den ägyptischen Streitkräften beschlagnahmt. Da die „Fury" unbewaffnet war, wurden die Bordkanonen einer „Spitfire" Mk.VC eingebaut. Obwohl keinerlei Ersatzteile für dieses Flugzeug vorhanden waren, blieb sie bis zu ihrem Absturz, im Oktober 1948, im Einsatz bei den ägyptischen Streitkräften. Der

zweite Prototyp (LA610) hatte ein Griffon-85 Triebwerk mit zwei gegenläufigen Dreiblatt-Luftschrauben. Der Erstflug fand am 27. November 1944 statt. Bei der LA610 handelte es sich um eine umgebaute „Tempest" Mk.III mit verkürzter Spannweite und höher angebrachtem Cockpit. Da die Leistungen des Griffon-85 Triebwerkes nicht befriedigten, wurde es im Februar 1945 gegen einen Centaurus XV und im Mai 1945 gegen einen Napier Sabre V/1 ausgetauscht. Mit letzterem Triebwerk erreichte die Maschine in 5640 m Höhe eine Geschwindigkeit von 900 km/h. Der dritte Prototyp (NX802) flog erst am 25. Juli 1945. Ausgerüstet war er mit Centaurus XV. Als K875 wurde er nach Pakistan verkauft. Im April 1944 bestellte die RAF 200 „Fury". Dieser Auftrag wurde jedoch nach dem

Technische Daten

Hawker „Sea Fury" FB.Mk.11

Spannweite:	11,70 m
Länge:	10,57 m
Höhe:	4,84 m
Leergewicht:	4191 kg
Startgewicht:	5662 kg
Höchstgeschw.:	736 km/h
Dienstgipfelhöhe:	10.920 m
Reichweite:	1120 km
Reichweite (max):	1660 km
Triebwerk:	Bristol-Centaurus XVIII
Leistung:	2480 PS

Kriegsende annulliert, da kein Bedarf für diese Flugzeuge mehr vorhanden war und die RAF auf strahlgetriebene Flugzeuge setzte. 1946 wurde die

■ Diese Aufnahme einer Hawker „Sea Fury" F.Mk.10 zeigt sehr schön das Standardtarnschema auf der Oberseite des Flugzeuges. Mit diesem Schema wurden alle Maschinen an die Royal Navy ausgeliefert.

Foto: Archiv Lang

■ Die Trainervariante der „Sea Fury" hatte die Bezeichnung T.Mk.20. Die Aufnahme entstand im Jahre 1985. Foto: Archiv Lang

letzte Fury (VP207), mit Napier-Sabre-VII-Triebwerk ausgerüstet, fertiggestellt. Sie wurde als Musterflugzeug für den Export eingesetzt. Die Hawker „Sea Fury" sollte der letzte kolbenmotorgetriebene Jäger des Fleet Air Arm (FAA) werden. Der Truppendienst wurde allerdings erst nach Kriegsende aufgenommen. Der Auftrag der Royal Navy über 200 Flugzeuge wurde nach Beendigung des Krieges auf 100 Einheiten gekürzt. Die Fertigungsrate lag nach Einstellung der Produktion jedoch erheblich höher.

Der erste Prototyp der „Sea Fury" (SR 661) flog am 21. Februar 1945. Diese

Maschine hatte bereits einen Fanghaken, aber noch keinen Faltflügel. Als Antrieb kam ein Centaurus XII zum Einbau, der einen Vierblatt-Propeller antrieb. Der zweite Prototyp (SR666) machte am 12. Oktober 1945 seinen Erstflug. Er war mit hydraulischen Faltflügeln und Fanghaken ausgerüstet. Bei dieser Ausführung kam erstmals ein Fünfblatt-Propeller zum Einbau. Die einzige, bei Boulton-Paul gefertigte Maschine (VB857) flog am 31. Januar 1946. Boulton-Paul sollte zuerst 100 Flugzeuge der „Sea Fury"-Serie fertigen. Dies wurde aber nach Kürzung des Auftrages durch die Royal Navy

hinfällig. Gebaut wurden drei Versionen der „Sea Fury", die Jägerversion F.Mk.10, der Jagdbomber FB.Mk.11 und der Trainer T.Mk.20.

Die ersten 50 Flugzeuge wurden in der Version F.Mk.10 gebaut. Die erste serienmäßige „Sea Fury" F.Mk.10 (TF 895) führte am 30. September 1946 ihren Erstflug durch. Als erste Einheit wurde die No. 807 Squadron der Royal Navy im Juli 1947 mit der „Sea Fury" F.Mk.10 ausgerüstet. Diese Version erreichte 724 km/h, stieg in 11,5 Minuten auf 9150 m und war mit 4 x 20-mm-Hispano-Maschinenkanonen bewaffnet.

1948 wurden mit der TF923 Versuche als Jagdbomber durchgeführt. Diese Version wurde mit „Sea Fury" FB. Mk.11 bezeichnet. Als erste FB.Mk.11 wurde die TF956 im Mai 1948 an die No. 802 Squadron ausgeliefert. Dieses Flugzeug flog bis zu seinem Absturz im Juni 1989 bei der RN Historic Flight. Da in der Zwischenzeit auch eine Trainerversion gefordert wurde, entstand bei Hawker die Sea Fury T.Mk.20. Diese hatte am 15. Januar 1948 ihren Erstflug (VX818). Die Royal Navy gab davon 60 Stück in Auftrag, welche alle bis 1952 ausgeliefert wurden. Die erste Serienmaschine führte die Seriennummer VX280. Die Bewaffnung bestand aus zwei 20 mm Maschinenkanonen. Insgesamt wurden 925 „Fury" und „Sea Fury" gebaut. Davon wurden allein an die Royal Navy 615 Einheiten ausgeliefert.

■ Bei den Streitkräften der holländischen Marine stand die Hawker „Sea Fury" als Jagdbomber im Dienst. Foto: Archiv Lang

■ In den klassischen Farben der Royal Navy zeigt sich diese Hawker „Sea Fury" T.Mk.20.   Foto: Archiv Lang

■ Nach ihrer aktiven Einsatzzeit fanden einige „Sea Fury" begeisterte Privatpiloten für den Zivileinsatz.   Foto: Archiv Lang

■ Eine der ersten Messerschmitt Me 262 „Blitzbomber" beim KG 51.　　　　Foto: Archiv Griehl

Messerschmitt Me 262 „Blitzbomber" (1944)

Bereits Anfang 1943 wurde bei Messerschmitt an einem Strahlbomber auf der Basis der Me 262 gearbeitet und mehrere Studien erstellt. Die Arbeiten kamen jedoch nur langsam voran, so dass erst im April 1944 Beladeversuche unternommen wurden. Am 1. Juni 1944 wurde befohlen, den Verfolgungsjäger Messerschmitt Me 262 nun als schnellen Düsenbomber weiterzuentwickeln, da die Invasion im Westen unmittelbar bevorstand. Als sich die alliierten Landungsschiffe der Normandie näherten, zeigte sich die gewaltige Materialüberlegenheit des Gegners. Die Kämpfe um den Landungsraum waren noch in vollem Gange, als am 20. Juni 1944 die ersten Piloten der 3. Staffel des KG 51 mit der Umschulung auf die Me 262, den „Blitzbomber" begannen. In Lechfeld, ganz in der Nähe der alten Stadt Landsberg, sollten die ersten Strahlbomberpiloten ausgebildet werden.

■ Frontansicht des „Blitzbombers" mit Turbinenantrieb Messerschmitt Me 262.

Hierzu waren dem Verband fünf Maschinen zugeteilt worden. Es handelte sich vorerst nur um Me 262 A-1a Jagdmaschinen, die zu Strahlbombern umgerüstet worden waren. Die eigentliche Serienausführung sollte die A-2a werden, deren Kanonenbewaffnung von vier auf zwei MK 108 reduziert worden war, um Gewicht zu sparen. Für Tiefangriffe wurde hieraus eine stärker gepanzerte Ausführung, die A2/R 1, sowie die A-2/U 2 entwickelt. Letztere besaß eine sogenannte Tiefwurf-Schleuderanlage (TSA) mit welcher der Bombenangriff perfektioniert werden sollte. Vorerst verzögerten unsinnige Flug- und Einsatzrichtlinien jedoch die baldige Verwendung der neuen Düsenbomber von Woche zu Woche. Beispielsweise galt es anfangs eine Mindestflughöhe von 4000 m über Grund beim Flug über dem vom Gegner besetzten Gebiet einzuhalten, um so die

Technische Daten

Messerschmitt Me 262 A-1

Triebwerke:	2 x Junkers Jumo 0048-1
Leistung:	je 900 kg Schub
Spannweite:	12,50 m
Länge:	10,60 m
Höhe:	3,83 m
Flügelpfeilung:	18° 32 min
Flügelfläche:	21,86 m²
Höchstgeschwindigkeit:	868 km/h
Landegeschwindigkeit:	175 km/h
Dienstgipfelhöhe:	11.000 m
Reichweite:	845 km (in 6000 m Höhe)
	1050 km (in 9000 m Höhe)

Eigengefährdung der neuartigen Düsenmaschinen weitgehend zu reduzieren. Noch dazu gab es vielfältige Probleme mit den Bombenschlössern,

„Wikinger-Schiffe" genannt, die unter dem vorderen Rumpfteil angebracht waren. Aber auch die Nachrüstung mit einem zusätzlichen Kraftstoffbehälter

Foto: Archiv Griehl

■ Nahaufnahme des Bugfahrwerks der Me 262 A-1a/Bo.   Foto: Archiv Griehl

neun gestarteten Piloten den vorgeschobenen Einsatzhorst.

Ende August 1944 starteten sieben Me 262 „Blitzbomber" zum Einsatz gegen alliierte Truppenbereitstellungen, wobei AB 500 (Abwurfbehälter), die mit kleinen SD-10-Bomben gefüllt waren, zum Abwurf gelangten. Da erneut fast der gesamte Nachschub zusammenbrach, sank die Zahl der Bombeneinsätze auf einige wenige und stellte somit den weiteren Einsatz im Westen in Frage. Ende August 1944 folgte ein Angriff, der vor allem gegen die kriegswichtigen Bahnanlagen von Melun bei Paris gerichtet war. Allerdings traf nur eine SC 500-Bombe ihr Ziel.

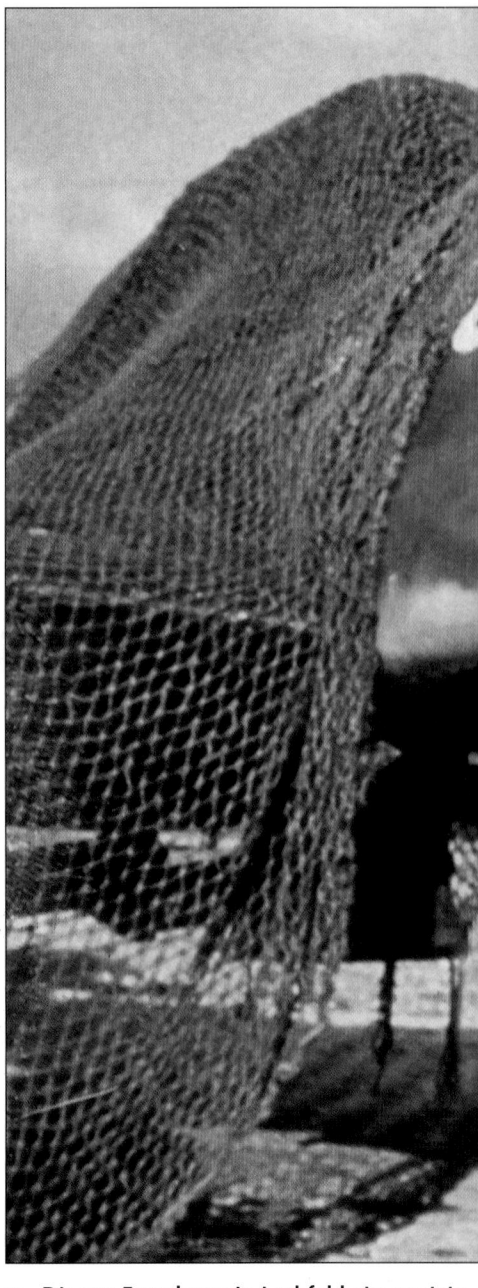

■ Die zur Erprobung in Lechfeld eingesetzte

im hinteren Rumpfteil bereitete einige unvorhersehbare Schwierigkeiten. Als das Einsatzkommando Schenk (EKdo 51), ein Teil des Kampfgeschwaders 51, am 20. Juli 1944 auf dem Flugplatz von Chateaudun eingetroffen war, waren Caen und St. Lo nach verlustreichen Kämpfen gerade vom Gegner genommen worden. Der wichtige Hafen von Cherbourg war inzwischen von starken Kräften eingeschlossen, während die Alliierten immer weiter nach Westen vordrangen. Mit der kleinen Zahl an einsatzbereiten Me 262 A-1a/Bo konnte daher kaum etwas bewegt werden. Meist blieb es bei Störangriffen, die Nadelstichen glichen. Auch der für den Kampfeinsatz notwendige Nachschub ließ auf sich warten, da alliierte Tiefflieger und

Jagdmaschinen am Himmel dominierten und Treibstofftransporte nachhaltig behinderten. Mehr als vier Me 262 waren daher beim Einsatzkommando des Edelweißgeschwaders (KG 51) in der Regel nicht einsatzfähig. Im Juli 1944 erhielt das KG 51 immerhin 50 Me 262, um einige der Staffeln aufzurüsten. Wegen des nach Osten vordringenden Gegners musste sich das Kommando bereits am 15. August 1944 von Chateaudun nach Creil zurückziehen. Etwa eine Woche später stand die Verlegung nach Juvincourt an, um der gefährlichen Frontnähe auszuweichen. Nachdem die Einheit in Juvincourt eingetroffen war, wurde sie von einigen wenigen Besatzungen der 3. Staffel verstärkt. Infolge von Unfällen erreichten aber nur fünf von

Mit solch zahlenmäßig unzureichenden Kräften konnte der alliierte Vormarsch auf keinen Fall gestoppt werden, so dass bald darauf die Rückverlegung nach Ath-Chièvres in Belgien anstand. 48 Stunden später ging es weiter nach Volkel-Eindhoven in den nahen Niederlanden. Bei der Verlegungsaktion büßte das Kommando weitere Maschinen ein. Noch dazu griff die Royal Air Force den Liegeplatz der als „Wunderwaffe" eingestuften „Blitzbomber" massiv an. Das kleine Me 262-Kommando musste deshalb am 4. September 1944 nach Rhcinc bci Münstcr/Wcstfalcn zurückgenommen werden, um nicht vollständig aufgerieben zu werden.

Trotz der Anlieferung weiterer Me 262 verblieben Mitte September 1944 nur fünf dieser Maschinen in einsatzklarem Zustand. Diese griffen mehrfach Bodenziele im Raum von Lüttich mit Abwurfwaffen an. Ferner galt der Einsatz der wichtigen Brücke bei Nimwegen und dem Bereich der ersten kanadischen und zweiten britischen Armee. Aber auch die früheren Einsatzplätze in Chièvres, Eindhoven und Volkel wurden von Blitzbomber-Piloten mit einigem Erfolg angegriffen. Hierbei kam es wieder zum Abwurf von SD 250-Sprengbomben sowie der bereits erwähnten AB 250-Steubombenbehälter.

Infolge der sich inzwischen einstellenden Einsatzerfahrungen gelang es einigen der älteren Piloten mehr und mehr auch Ziele im Radius von gut 100 m zielsicherer mit ihren Bomben zu treffen.
Das Kampfgeschwader 51 „Edelweiß" erhielt währenddessen weitere Me 262. Am 20. November 1944 besaß die 1. Gruppe des Verbands immerhin schon 28 der neuen Messerschmitt Me 262 „Blitzbomber". Die in Schwäbisch-Hall stationierte II. Gruppe bot dagegen nur 15 von 40 geplanten Messerschmitt Me 262 auf, befand sich aber zu jenem Zeitpunkt noch in der vorläufigen Umschulungsphase.

Messerschmitt Me 262 V-3 „03" unter Tarnnetzen gegen Fliegersicht abgeschirmt.

Foto: Archiv Griehl

■ **Eine im Dezember 1944 abgestellte Messerschmitt Me 262 A-1a/Bo.** Foto: Archiv Griehl

Das Kommando Schenk wurde dagegen – trotz seines geringen Bestandes – weiterhin für Bombeneinsätze herangezogen. So griffen einige Me 262 A-2 am 27. Dezember 1944 den Kessel von Bastogne an, wo amerikanische Bodenverbände während der Ardennenoffensive („Wacht am Rhein") eingeschlossen waren. Anschließend erfolgte die bekannte Operation „Bodenplatte". Zusammen mit zahlreichen einmotorigen Kolbenjägern der Luftwaffe griffen „Blitzbomber" des KG 51 am Morgen des 1. Januar 1945 Flugplätze bei Brüssel, aber auch die von den Alliierten besetzten Flugplätze in Eindhoven und Venlo an. Anschließend folgten einige Tiefangriffe auf Bereitstellungen des Gegners, wobei gute Trefferlagen verzeichnet wurden. Auch über dem Elsass griffen „Blitzbomber" vom Flugplatz Giebelstadt aus an. Andere Teile des Kampfgeschwaders „Edelweiß" bombardierten im Januar 1945 den Raum um Kleve sowie den westlichen Teil des Rheinlandes. Wie schon zuvor, reichten die eingesetzten Kräfte der Luftwaffe nicht aus, um der Materialüberlegenheit des Gegners

massiv genug entgegenzutreten. Ab dem 13. Februar 1945 sollte der Kampfraum zwischen Nimwegen und Schleiden im rollenden Einsatz angegriffen werden, um den eigenen Bodentruppen Entlastung zu bringen. Doch schon bald zeigte sich, dass die

vorhandenen Einsatzmittel dazu nicht ausreichten. Anschließend griffen die Jetpiloten mehrfach in den Kampf um Jülich und Kalkar ein.

Auch die nahezu unversehrt in Feindeshand gefallene Eisenbahnbrücke von Remagen galt es zu bekämpfen und

■ **Ein mit zwei SC 250 Bomben beladener „Blitzbomber".** Foto: Archiv Griehl

möglichst schnell zum Einsturz zu bringen. Hierzu starteten erste „Blitzbomber" am 7. März 1945. Infolge der gegnerischen Abwehr und dort massierter Flakeinheiten, misslang der wagemutige Einsatz der Me 262-Besatzungen.

Auch als im März 1945 starke alliierte Panzerkräfte in der Pfalz an Raum gewannen, griffen Düsenbomber am 19. und 23. März mit Bomben Ziele bei Bad Kreuznach an. In Münster am Stein wurde versucht, die dortige Eisenbahnbrücke über die Nahe zu zerstören und so den alliierten Nachschub zu behindern.

Kurzzeitig schien es, dass diese Einsätze zu den letzten Angriffen des Geschwaders gegen Bodenziele gehören sollten. Am 30. März 1945 befahl General der Flieger Josef Kammhuber, dass 2/3 der Me 262 des KG 51 an das Jagdgeschwader JG 7

abzugeben seien. Der Rest sollte zur Auffüllung des KG(J) 54 verwendet werden. Schon am 4. April 1945 wurde diese Anweisung wieder zurückgenommen. Dennoch hatte der Befehl Kammhubers bewirkt, dass zahlreiche Me 262 an die Jagdverbände abgegeben worden waren und vorerst nicht mehr dem Edelweißgeschwader zur Verfügung standen. Zudem mussten unter Feinddruck die Einsatzhorste in Westfalen geräumt werden. Daraufhin verlegten die verbliebenen Teile des KG 51 nach Süddeutschland und begannen mit der Wiederaufrüstung des Verbands. Die Front war inzwischen schon bis auf die Höhe von Würzburg vorgerückt, so dass dort einige Angriffe notwendig wurden, um der eigenen Truppe für kurze Zeit Entlastung zu bringen. Am 22. April 1945 überrannten Kräfte der 7. Amerikanischen Armee die Liegeplätze der II. Gruppe

des KG 51. Nur wenigen Piloten gelang es mit ihren „Blitzbombern" den Raum München zu erreichen. Dort wurde die Mehrzahl der Maschinen Teil des von Generalleutnant Galland geführten Jagdverbandes 44. Anschließend wurde der Geschwaderstab aufgelöst und aus den Restteilen des Kampfgeschwaders eine Einsatzgruppe KG 51 gebildet. Alle am 26. April 1945 noch flugklaren Me 262 des Verbands wurden nach Prag-Rusin befohlen und sollten dort vom IX. Fliegerkorps (Jagd) übernommen werden. Zwischen dem 28. April und dem 5. Mai 1945 kam es über der heutigen Tschechischen Republik noch zu einigen Einsätzen mit der Me 262. Am 7. Mai 1945 verlegten die letzten Düsenbomber nach Zatec (Saaz), von wo aus sich eine Anzahl Piloten mit ihren Me 262 in den Raum München absetzen konnten.

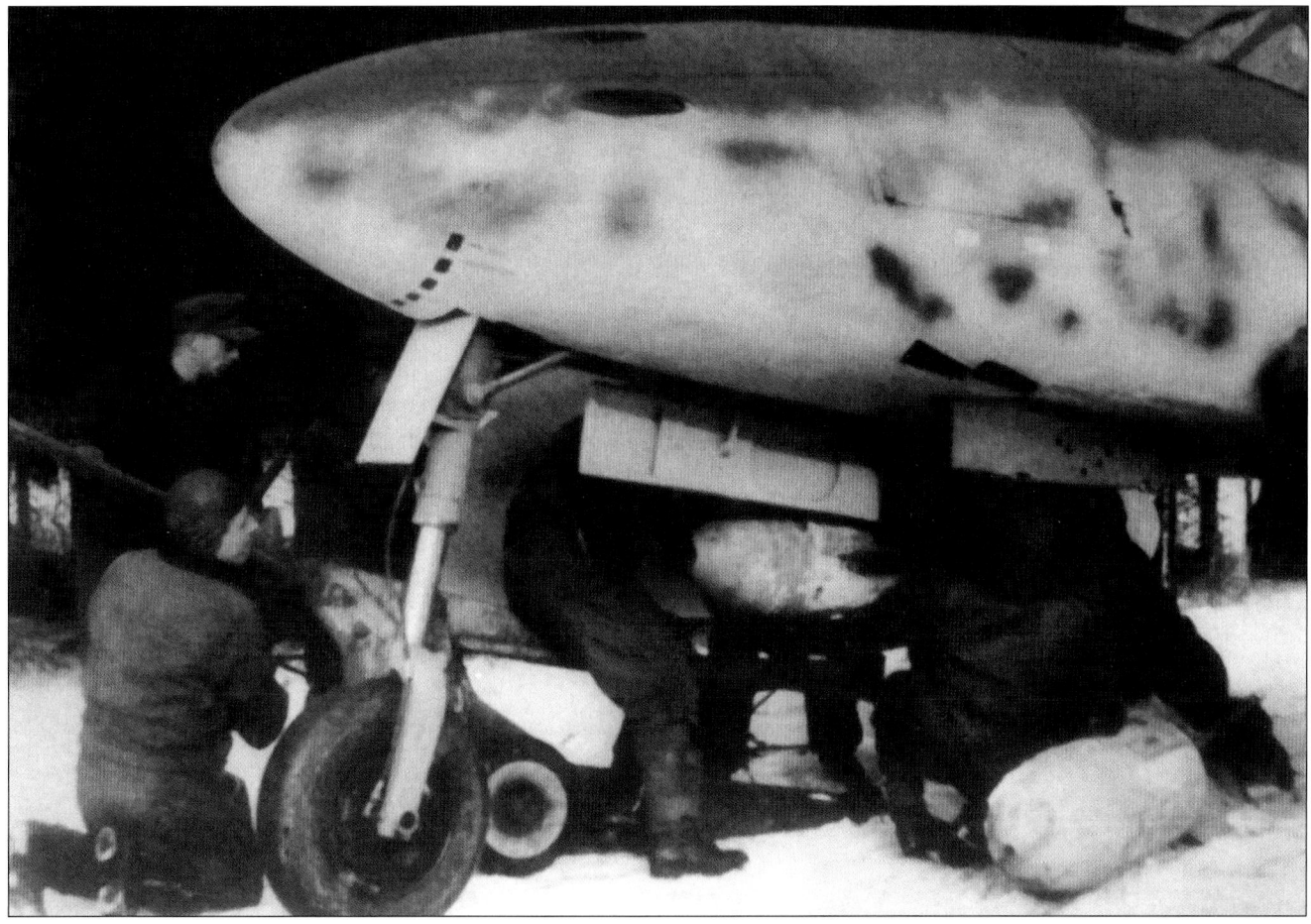

■ **Beladung eines Messerschmitt Me 262 „Blitzbombers" mit Bomben im Winter 1944/45.** Foto: Archiv Griehl

Damit endete die kurze Einsatzgeschichte des Me 262-Düsenbombers. Die erbeuteten Maschinen sowie die Aussagen ihrer Piloten sorgten kurzfristig für eine wahre Revolution im Luftkriegsgeschehen.

■ Fotos oben: Eine einsatzklare Messerschmitt Me 262 A-1a/Bo. in der Verwendung als Blitzbomber. Später wurden zwei der vier Maschinenkanonen des Typs MK 108 ausgebaut.   Foto: Archiv Griehl

■ Der Erprobungsblitzbomber Messerschmitt Me 262 A-1a auf dem Flugplatz Lechfeld.

Foto: Archiv Griehl

■ Der antriebslose Gleiter Horten H IX V1 wird zum Start geschleppt.

Foto: Archiv Griehl

Horten Ho 229 (1945)

Ab den zwanziger Jahren entstanden in Deutschland zahlreiche Nurflügelflugzeuge, wobei Alexander Soldenhoff, Alexander Lippisch und die Gebrüder Reimar und Walter Horten zu den Wegbereitern der neuen Technik gehörten. Die Konzeption des Nurflügelflugzeuges war von Anfang an umstritten, da deren Aufbau vielen zu unkonventionell schien. Aber auch das Flugverhalten setzte einige Routine beim Piloten voraus. Das Reichsluftfahrtministerium (RLM) gehörte bekanntlich nicht zu den unvoreingenommenen Förderern neuer Ideen. So sprachen sich im Sommer 1942 der Generalingenieur Gottfried Reidenbach und ab 1943 auch Stabsingenieur Friebel wiederholt gegen den Bau von Einsatzmaschinen in Nurflügelbauweise aus. Beide Offiziere behinderten so, zumindest für einige Zeit, die zukunftsweisenden Pläne und Arbeiten von Reimar und Walter Horten. Diese mußten noch dazu ihre zukunftsweisenden Arbeiten zeitweilig einstellen, da das Reichsluftfahrministerium voreilig andere Schwerpunkte im Entwicklungs-

bereich gesetzt hatte. Ausgehend von der Tatsache, daß der Bau der von den Brüdern Reimar und Walter Horten entwickelten Maschinen wegen zahlreicher dazu verwendeter Holzteile die schon vor Kriegsbeginn angespannte

Materiallage entlasten würde, sahen die Gebrüder ab Anfang 1943 eine gute Chance für ihre bislang letzte Konstruktion eines strahlgetriebenen Einsatzmusters in Nurflügelbauweise. Um Ihre Idee voranzubringen suchten die Gebrüder

■ Die fertiggestellte Tragfläche der Horten Ho IX V1 kurz vor der Verladung. Deutlich erkennbar die saubere Holzkonstruktion.

Foto: Archiv Griehl

Horten am Nachmittag des 28. September 1943, in Begleitung von Oberstleutnant im Generalstab Ullrich Diesing, dem Ia im Stab des Luftwaffen-Führungstabes im RLM, den Oberbefehlshaber der Luftwaffe, Hermann Göring, auf dem Reichsjägerhof auf. Hauptmann Walter Horten berichtete zunächst über die Entwicklung der letzten Nurflügelflugzeuge und legte zudem einige großformatige Fotos vor. Bei der Unterredung erkundigte sich Göring auch nach der Verwendungsmöglichkeit von Jagd- und Kampfflugzeugen in Nurflügelbauweise. Hauptmann Walter Horten sprach daraufhin das Projekt eines zweistrahligen Kampfflugzeuges (Jagdbomber) an, das in der Straßenmeisterei bei Göttingen vorerst als antriebsloser Gleiter entstehen sollte, um Aufschlüsse über das spätere Flugverhalten solcher Maschinen zu erhalten.

Die künftige Einsatzmaschine sollte, dank zweier Jumo 004 B-Strahlturbinen (TL), eine Höchstgeschwindigkeit von gut 950 km/h und eine Reichweite von mindestens 1500 km aufweisen. Es sollte möglich sein, 1000 kg an Abwurflasten unter dem Rumpf mitzuführen.

Die Besprechung führte im Oktober 1943 zur Anweisung Hermann Görings, daß den Entwürfen von Nurflügelflugzeugen durch das Technische Amt (GL-C) künftig mehr Aufmerksamkeit zu schenken sei. Der antriebslose Gleiter als Vorstufe eines Jagdflugzeuges, also die Horten H IX V1, sollte laut der Auskunft von Hauptmann Horten bis Februar 1944 für Schleppversuche bereit stehen. Mit der Triebwerksausrüstung rechnete er im Juni 1944. Ab August 1944, so Walter Horten, stände die erste Mustermaschine mit voller Ausrüstung für die

Technische Daten

Horten Ho 229 V2

Spannweite:	16,80 m
Pfeilung:	32,2 °
Flügelfläche:	52,8 m²
Rüstgewicht:	6876 kg
Höchstgeschw.:	1000 km/h
Reisegeschw.:	900 km/h
Reichweite:	1500 km
Triebwerk (2):	Jumo 004 B

Flugerprobung bereit. Am 1. März 1944 war der Erstflug der H IX V1 auf dem Flugplatz Göttingen angesetzt. Schon beim Start mußte der Pilot, Heinz Schneidhauer, ausklinken, da die Schleppmaschine nicht rechtzeitig freizukommen schien. Vier Tage später folgte im Schlepp einer He 111 H-6 der zweite Flug. Bei der Landung öffnete

■ Nach der ersten Landung mußte die Landestrecke durch bewußtes Einfahren des Bugfahrwerks, bedingt durch einen Bremsschirmversager, abgekürzt werden.

Foto: Archiv Griehl

■ Rückansicht der Horten H IX V1 nach der beabsichtigten Landung ohne Bugfahrwerk. Interessant die großen Flächen der Hauptfahrwerksverkleidungen.

Foto: Archiv Griehl

sich der Bremsschirm nicht, worauf Schneidhauer das Bugfahrwerk wieder einfuhr, um seine Maschine auf der Schneefläche schneller zum Stehen zu bringen.

Am 23. März 1944 wurde die Maschine nach Oranienburg überführt, wo die Flugerprobung wegen der längeren Startbahn problemloser durchgeführt werden konnte. An jenem Tag besichtigten Oberst Theodor Rowehl und Oberstleutnant Siegried Knemeyer, zusammen mit Walter Blume, Heinrich Hertel, Carl Franke sowie den Gebrüdern Horten, auf dem Flugplatz Oranienburg mehrere Nurflügelkonstruktionen, darunter die H IX V1. Die Maschinen wurden von Flugzeugbaumeister (FBM) Dipl. Ing. Egon Scheibe nacheinander in einer Halle erklärt, nachdem die Wetterlage eine Flugvorführung nicht zugelassen hatte.

Die sich anschließende Besprechung ergab die grundsätzliche Bereitschaft der Luftfahrtindustrie, die Gebrüder Horten, zumindest in Einzelbereichen

(Fahrwerk, Triebwerke, Bewaffnung usw.) zu unterstützen, da es der Firma Horten an eigenen Spezialisten fehlte. Für die praktische Erprobung der Horten H IX sollte die Ausführung als Segelflugzeug in einigen Exemplaren gebaut werden. Erst nach deren umfassender fliegerischer Bewertung wollte man bei der Gothaer Waggonfabrik (GWF) mit dem Bau einer ersten Serie von immerhin 100 Maschinen beginnen. Bis Mitte März 1944 waren die Außenflächen für die geplante Kleinserienproduktion durchkonstruiert und die erforderlichen Zeichnungssätze erstellt. Allerdings stockten die Arbeiten am Flächenmittelstück, das nach dem Wunsch der Gebrüder Horten eigentlich von einem größeren Flugzeugwerk entwickelt werden sollte. Infolge der als dringender eingestuften Rüstungsaufträge konnte im Frühjahr 1944 keine der großen Luftfahrtfirmen eine Zusage machen. Während jener Wochen wurde die erste Mustermaschine (H IX V1) leicht beschädigt, als das Bug-

fahrwerk infolge Flatterns brach. Damals befand sich die zweite Mustermaschine, die H IX V2, in Göttingen in fortgeschrittenem Bauzustand. Allerdings fehlten noch die beiden Strahlturbinen. Diese wurden, wegen einer nicht rechtzeitig erteilten Dringlichkeitseinstufung, nicht wie zugesagt im März 1944, sondern erst Monate später ausgeliefert. In den folgenden Wochen sorgten nicht angelieferte Teile und Ausrüstungsgegenstände dafür, daß es zu neuen, gravierenden Verzögerungen kam. Es zeichnete sich jedoch ab, daß anstelle der Jumo 004-Triebwerke zwei BMW 003-Turbinen eingebaut werden sollten, da nahezu die gesamte Jumo-Produktion für die Me 262 bereitgestellt werden mußte.

Ende Juni 1944 besuchten Vertreter der Gothaer Waggonfabrik die kleine Fertigungsstätte der Gebrüder Horten bei Göttingen. Inzwischen war das gesamte Rumpfgerüst für den Flächenmittelteil im Großen Ganzen ausgearbeitet. Eine endgültige Entscheidung über die

■ Werksaufnahme der Horten H IX V1. Deutlich erkennbar die Anordnung der Landeklappenanlage.   Foto: Archiv Griehl

für die Serienfertigung geplante Auslegung sollte aber erst nach dem Einflug der Ho 229 V3 erfolgen. Bis zum damaligen Zeitpunkt waren etliche Details, beispielsweise der Einbau der Bewaffnung, noch nicht festgelegt.

■ Diese traumhafte Archivaufnahme der Fliegerbildschule Hildesheim zeigt die Horten H IX V1 in ihrer ganzen Schönheit. Verglichen mit heutigen „Stealth"-Flugzeugen ist die Herkunft der Konstruktionsmerkmale eindeutig.   Foto: Archiv Griehl

■ Die Horten H IX V1 wurde einer eingehenden Flugerprobung unterzogen. Hier eine Flugaufnahme vom Frühjahr 1944.

Foto: Archiv Griehl

Da man bei der Firma Horten weiterhin – infolge fehlender Fachleute – nicht rasch genug mit den Arbeiten vorankam und sich die Auslieferung der Zeichnungen für die mittlere Zellenproduktion merklich verzögert hatte, sagte die Geschäftleitung von GWF im Juni 1944 zu, unterstützend einzugreifen. Insbesondere sollte die Fahrwerksanlage, deren Räder von der He 177 Spornradanlage und deren Federbeine von der Bf 109 stammten, sowie das gesamte Treibstoffsystem von GWF überarbeitet werden. Der Hauptflügel sollte bis zum 15. Juli 1944, die inneren und äußeren Klappen sowie das Flächenmittelstück bis zum 1. August 1944 konstruktiv fertiggestellt werden. Bis Mitte August wollte man zudem die Instrumentierung und die Steuerungsanlage in den Griff bekommen haben. Die fliegerische Überprüfung des antriebslosen Musterflugzeuges, also der Horten H IX V1, erfolgte im Sommer 1944. Das Institut für Flugmechanik der Deutschen Versuchsanstalt für Luftfahrt e.V. legte am 7. Juli 1944 dem Luftwaffenkommando IX (Fa. Horten/Göttingen) und dem RLM (Abteilung GL/CE) einen entsprechenden Bericht vor. Die Bewertung hatte ergeben, daß zwar einige Details zu verbessern waren, die Maschine im Grunde

■ Der gehobene Arm des Starthelfers bedeutet, daß die Maschine abflugbereit ist. Hier die H IX V1 beim Erstflug am 1. März 1944.

Foto: Archiv Griehl

jedoch den Anforderungen, insbesondere als künftiges Jagdflugzeug, vorläufig genügte. Gegen eine Verwendung als Bomber sprachen jedoch merkliche Gierschwingungen, die man durch eine konstruktive Änderungen der Klappen beheben wollte.

Am 7. September 1944 fand nochmals eine Besprechung über die künftige Ausrüstung der Ho 229 A-O/A-1 in Gotha statt. Hieran nahm außer Unteroffizier Brüne (Fa. Horten) und Vertretern der Gothaer Waggonfabrik auch Oberstleutnant Brüning (GL-C-E2) teil. Anstelle des FuG 16 ZY sollte die Serienausführung mit dem FuG 15 sowie einer Kurssteuerung (Siemens oder Patin) ausgerüstet werden. Daneben waren nunmehr Einbaumöglichkeiten für alle Arten von Reihenbildanlagen und die verschiedensten Bewaffnungen (2 x MK 108, 4 x MK 108 oder 2 x MK 103) eingeplant. Für

die Mitnahme von Abwurfwaffen sollten zwei ETC 503 unter dem Rumpf angebracht werden.

Im Spätsommer 1944 war die 1:1-Attrappe der Ho 229 in Friedrichsroda nahezu fertiggestellt. Am 13. Oktober 1944 erfolgte eine Besichtigung, an der unter anderem Oberstleutnant Brüning von der E-Stelle Rechlin, mehrere Fliegeringenieure des RLM sowie Vertreter der Gothaer Waggonfabrik und der Firma Horten teilnahmen.

Die Besprechung diente vor allem der Festlegung des Bauzustandes für die ersten 40 Horten Ho 229. Hierbei ergab sich die Notwendigkeit für eine maßgebliche Überarbeitung nebst abschließender Neuabnahme durch das RLM und das Kommando der Erprobungsstellen.

Insbesondere wurde nun gefordert, daß die Maschine eine Aufstiegmög-

lichkeit zum Betreten der Kanzel sowie der Flächen zum Zwecke von Wartungsarbeiten besitzen müßte. Auch sollte so das Betanken der Ho 229 wesentlich erleichtert werden. Der Sitz des Piloten mußte geändert werden, da die Sichtverhältnisse für den Jagdeinsatz kaum genügten. Neben Änderungen der Instrumentierung sollte die Maschine als Tagjäger endgültig mit einem FuG 15, FuG 125 und FUG 25a ausgerüstet werden. Da die Reihenbildanlage Rb 75/30 zu groß war, um leicht im Rumpf untergebracht zu werden, kam man überein, drei Rb 50/18 (ein Gerät senkrecht, die beiden anderen nach links und rechts geschwenkt) einzubauen.

Die angeordneten Änderungen führten zu etlichen Umbauten an der bisherigen Attrappe. Wegen der angestrebten Änderungen befand sich die zweite Mustermaschine noch längst nicht in

■ Bei der Horten IX V2 war schon der Einbau von Strahltriebwerken vorgesehen. Hier eine Aufnahme der V2 kurz vor der Fertigstellung in Göttingen.

Foto: Archiv Griehl

■ Flächenbau an der Horten Ho IX V2. Die deutlich sichtbaren, dunklen Streifen waren verspachtelte Klebenähte, die später verschliffen wurden, um die Aerodynamik des Flugzeuges zu verbessern.

Foto: Archiv Griehl

flugfähigem Zustand. Dafür wurde am 22. November 1944 die vorläufige Baubeschreibung der Ho 229 fertiggestellt. Inzwischen wurde durchweg der Verwendungszweck „einsitziges Jagdflugzeug" genannt, das aber jederzeit als Kampfflugzeug mit bis zu 2000 kg Bombenlast oder als schneller Aufklärer hätte eingesetzt werden können. Da die BMW 003-Turbinen nicht genügend betriebssicher waren, war man zwangsläufig auf zwei Jumo 004 B Strahltriebwerke zurückgegangen. Gleichzeitig war es gelungen, die 1:1 Attrappe der künftigen Serienausführung (V6) bis auf kleine Details fertigzustellen. Über die Ho 229 V4 und V5, mit welchen die fliegerische Erprobung auf eine breitere Basis gestellt werden sollte, lag noch kein Auftrag vor. Die Attrappenbesichtigung der Ho 229 V6 fand am 23.November 1944 in Gotha statt. Hierbei ordnete Generalingenieur Hermann (OKL Fl-E) an, daß von der Gothaer Waggonfabrik eine Umkonstruktion des Flügelmittelstücks

vorzunehmen sei. Der Grund lag vor allem in den Forderungen des OKL, Raum für den Einbau einer Druckkabine zu schaffen und die Triebwerksräume gegen die übrige Zelle besser abzuschotten. Ferner sollte die Möglichkeit gegeben sein, an jeder Flächenseite entweder zwei MK 108 oder eine MK 103 einzubauen.
Das Profil im Bereich des Flügelmittelstücks wurde daraufhin um 17,5 % verdickt. Die Kabine wurde sodann als Panzerkabine ausgeführt, wobei die Panzerplatten an vier Stellen mit dem Hauptholm zu verbinden waren. Gleichzeitig mußte Gotha das Rohrgerüst im Flügelmittelstück fertigungstechnisch überarbeiten, was auch die Triebwerkslagerung einschloß. Das Fahrwerk wurde, im Vergleich zum Horten-Entwurf, um 0,25 m nach vorn verschoben.
Am 24. November 1944 wurde von der Geschäftsleitung der Gothaer Waggonfabrik festgelegt, daß zunächst drei Flugzeuge in der Göttinger Ausfüh-

rung hergestellt werden. Es handelte sich dabei um die Ho 229 V3 bis V5. Allerdings sollten die Musterflugzeuge ein abgeändertes Fahrwerk, eine neue Instrumentierung, eine Schleudersitzanlage sowie verstärkte Flügelmittelstücke, Klappen und Ruder erhalten. Aus Gründen des Schwerpunkts und des leichteren Einbaus galt es noch dazu die beiden Jumo-Turbinen zu verlegen.
Am 18. Dezember 1944 soll Leutnant Erwin Ziller mit der strahlgetriebenen H IX V2 Rollversuche in Oranienburg unternommen haben. Dafür spricht, daß das Kriegstagebuch des Chefs der Technischen Luftrüstung vermerkt, daß sich Ende Dezember 1944 die ersten beiden Versuchsmuster der Horten Ho 229 in Oranienburg kurz vor der fliegerischen Erprobung befunden hätten. Um zu vermeiden, daß die beiden Maschinen vorzeitig durch Flugunfälle verlorengingen wurde angeordnet, eine Höchstgeschwindigkeit von 550 km/h nicht zu überschreiten.

■ Rückansicht der Horten Ho IX V2 Attrappe.

Foto: Archiv Griehl

■ Die Horten Ho IX V2 kurz vor einem Erprobungsstart in Oranienburg. Das Außenstromaggregat ist noch angeschlossen. Dem Piloten, Erwin Ziller, werden letzte Anweisungen gegeben.

Foto: Archiv Griehl

■ **Startvorbereitungen an der H IX V2 in Oranienburg. Links im Bild der Batteriestartwagen.** Foto: Archiv Griehl

Zum Jahreswechsel 1944/45 wurde Erwin Ziller in Rechlin mit einer Me 262 A-1 kurz in den Strahlflug eingewiesen. Am 12. Januar 1945 wurde die Ho 229 V3 erneut, diesmal durch Fliegerstabsingenieur Gudde (Chef TLR FI-E5V), besichtigt und letzte Details im Bereich des elektrischen Systems geklärt. Ein erster Flug der Horten 229 V1 mit laufenden Triebwerken erfolgte am 2. Februar 1945. Bei der Landung kam es jedoch zum Bruch des Bugfahrwerks. Die Reparaturen zogen sich etwa drei Wochen hin und verzögerten so den Fortgang der weiteren Erprobung. Bereits am 17. Februar 1945 ging die Ho 229 V2 bei ihrem zweiten Flug in Oranienburg durch einen schweren Unfall verloren. Nach nur 17 Minuten Flugdauer kippte die Maschine beim Anschweben zur Landung im Augenblick der Notbetätigung des Fahrwerks nach kurzem Pendeln um die Längsachse über den rechten Flügel ab und ging völlig zu Bruch. In den Trümmern starb der Flugzeugführer, Leutnant Erwin Ziller. Als Ursache wurde festgestellt, daß es infolge des überzogenen Flugzustands zu einer plötzlichen Strömungsstörung durch die Fahrwerksbetätigung gekommen war.

Bereits seit einigen Wochen baute die Gothaer Waggonfabrik (GWF) nach

■ **Das Bewegen der Maschinen, hier das Rollen zum Startpunkt, mußte mit Handkraft durchgeführt werden, da andere Mittel fehlten.** Foto: Archiv Griehl

notdürftig überarbeiteten Bauunterlagen – entsprechend den Entwürfen der Gebrüder Horten – an den nächsten drei Mustermaschinen (Ho 229 V3 bis V5). Da das Rumpfwerk des bisherigen Entwurfs für leistungsfähigere TL-Geräte jedoch zu gering dimensioniert war, sollte der Rumpfquerschnitt – wie bereits erwähnt – erhöht werden. Eine Zwischenlösung wurde notwendig, konnte kriegsbedingt jedoch nicht mehr realisiert werden.

Da man bei Gotha eigentlich nicht mit den Entwürfen der Gebrüder Horten einverstanden war, legte das Entwicklungsbüro dem Chef TLR eigene Entwürfe (Go P 60) vor. Im Gegensatz zur Ho 229 befanden sich die Triebwerke auf der Ober- und Unterseite des Nurflügelentwurfs. Obwohl die rechnerischen Leistungen höher waren als die des Horten-Entwurfs, verhinderte

die Kriegslage eine Realisierung der Vorschläge.

Zwar gelangte auch der Chef der Technischen Luftrüstung (TLR), Generalmajor Diesing, bis Ende Februar 1945 zu der Erkenntnis, daß die Entwürfe der Gebrüder Horten nicht die Gewähr für eine reibungslose und einwandfreie Fertigung der Ho 229 in Großserie boten, doch Anfang 1945 blieben faktisch kaum mehr Möglichkeiten, etwas zu ändern.

Die von der Gothaer Waggonfabrik zwischenzeitlich aufgestellten, verbesserten Arbeitsentwürfe schienen ihm wesentlich günstiger und sollten daher baldmöglichst verwirklicht werden.

Kriegsbedingt mußte der Chef TLR auch im März 1945 von der baldigen Verfügbarkeit der Ho 229 ausgehen. Die Maschine war schließlich Teil des „Führernotprogramms", das erst am

28. Februar 1945 aufgestellt worden war und die Entwicklung der neuesten Waffensysteme regelte.

Anfang März 1945 beschäftigten sich Reimar und Walter Horten mit der Weiterentwicklung der (Ho) 8-229. Kurz zuvor hatten sie die Richtlinien und Leistungsvorgaben für einen zweistrahligen, möglichst zweisitzigen Schlechtwetter- und Nachtjäger erhalten. Die Zelle der bisherigen Ho 229 sollte unverzüglich nach den neuen Richtlinien überarbeitet werden. Da die Zeit drängte, sollten die neuen Pläne bis zur Sitzung der Entwicklungshauptkommission am 20. März 1945 vorgelegt werden.

Auch Anfang April 1945 mußte sich der Chef TLR mit der Ho 229-Entwicklung befassen. Die letzten Eintragungen in dessen Kriegstagebuch datieren vom 4. April 1945 und besagen, daß trotz des Zusammen-

■ Zur Erprobung von Höhenflügen war die Entwicklung eines Druckanzuges für den Piloten erforderlich. Hier wird dieser monströse Anzug in der Horten H IX V2 erprobt.

Foto: Archiv Griehl

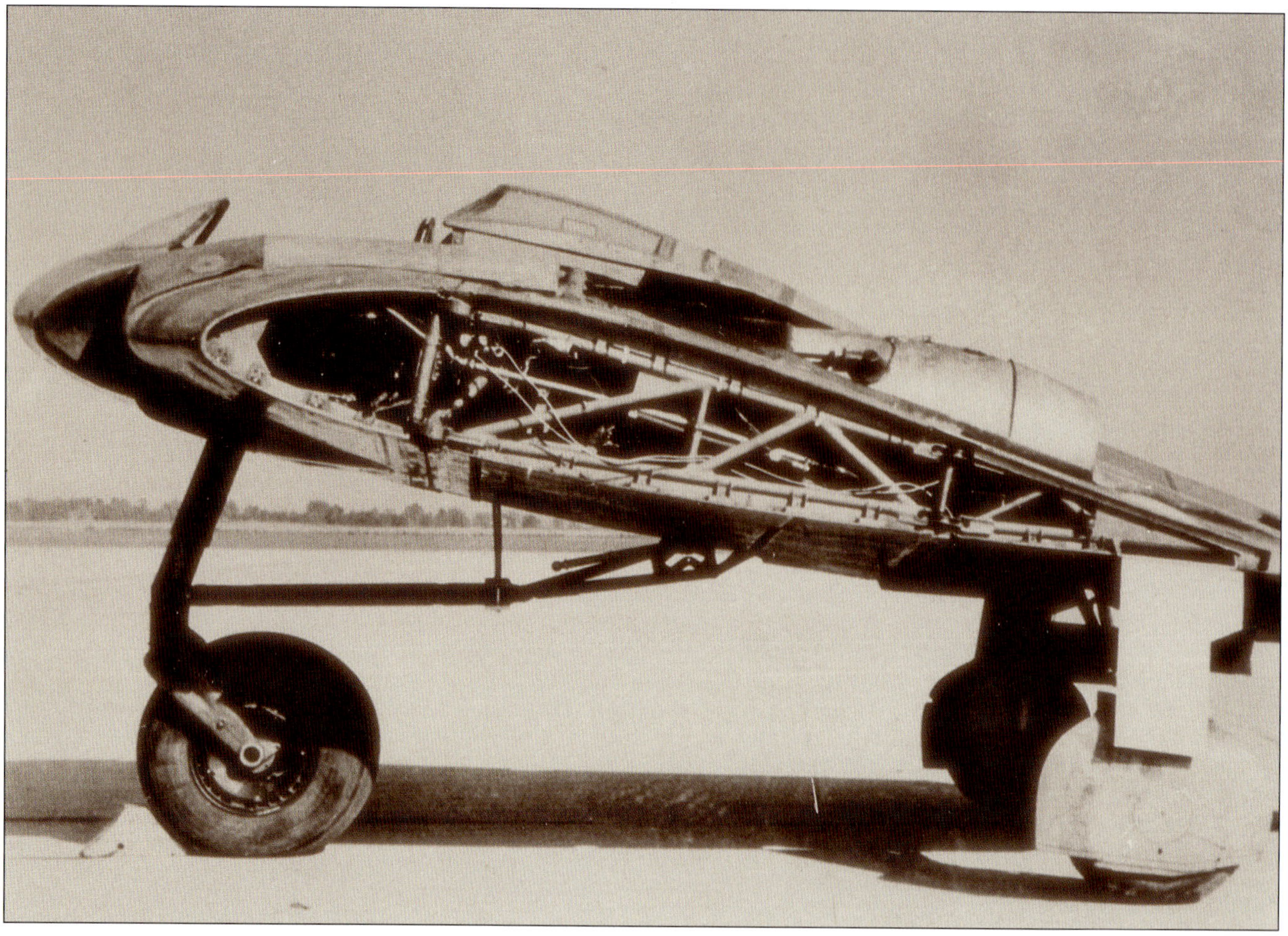

■ Seitenansicht der Horten 229 V3 mit demontierten Flächen. Die Rohrkonstruktion im Innenflügelbereich ist sehr schön sichtbar. Interessant auch die schiebbare Kabinenhaubenkonstruktion.

Foto: Archiv Griehl

bruchs der Fronten, an der Ho 229 V3 bis V5 als „Göttinger Ausführung" weitergebaut werden sollte. Die Rohrkonstruktion dieser Maschinen war im April 1945 in Friedrichsroda bei Gotha nahezu fertiggestellt worden, wobei die Endmontage der Ho 229 V3 und V4 bereits relativ weit fortgeschritten war. Von der einsitzigen Ho 229 V5 war Mitte April 1945 nur der Rohrrahmen im Bau. Gleichzeitig mit diesen Arbeiten lief bei GWF eine aus zehn Maschinen bestehende Nullserienproduktion an. Die Serie (A-0) sollte die Ho 229 V6 bis V15 umfassen. Von den geplanten Maschinen war nur eine 1:1 Attrappe hergestellt worden. Die Ho 229 V6 sollte als Musterflugzeug für die Vorserie dienen und galt als der erste, komplett von GWF überarbeitete Einsitzer. Auf der Basis der modifizierten Ausführung der Ho 229 V6 entstand schließlich noch ein als „Zerstörer" bezeichneter Zweisitzer. Trotz des allgemeinen Zusammenbruchs und des Ausfalls der Fertigungs-

führung (RLM) im April 1945, gingen die Arbeiten noch einige Tage weiter. Die von GWF inzwischen umfassend verbesserte Horten-Konstruktion lag nun endgültig fest und vermied alle wesentlichen Nachteile der ersten Ausführung. An die Serienproduktion war nun jedoch nicht mehr zu denken. Am 14. April 1945 erreichte das V. Corps der 3. US Army die Fertigungsstätte in Friedrichsroda sowie das Gotha-Werk und erbeutete dort die im Bau befindlichen Mustermaschinen V3 bis V5. Das erste Versuchsflugzeug, die H IX V1, fanden Soldaten der 9. US Panzerdivision auf dem Flugplatz in Brandis bei Leipzig vor. Außerdem hatte GWF neue Projektunterlagen geschaffen, worin alle Verbesserungen eingegangen waren. Ein erheblicher Teil dieser Unterlagen wurde von den Alliierten unversehrt erbeutet und diente nach 1945 zur Vervollkommnung eigener Nurflügelmaschinen, die aufgrund moderner Flugführungsanlagen in die „Stealth-Technologie" mündeten.

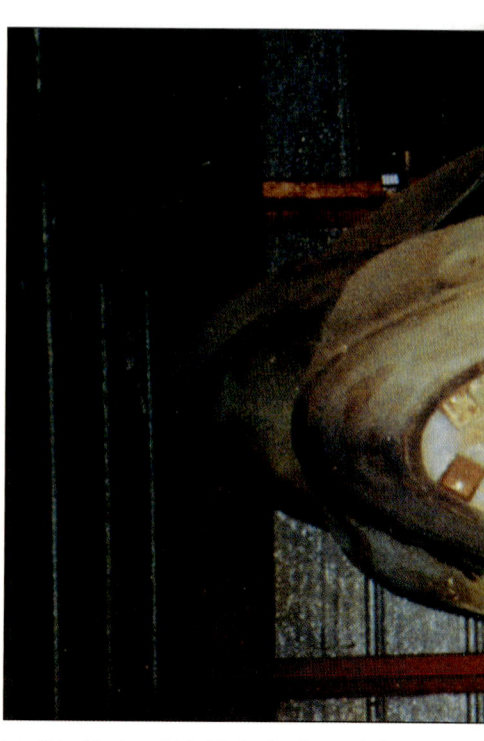

■ Die Horten 229 V3 befindet sich heute in de

■ Die Rückansicht läßt einen sehr schönen Blick auf die Triebwerksaustrittsöffnungen zu.

Foto: Archiv Griehl

A im Smithsonian Institute eingelagert und harrt weiter ihrer Restaurierung.

Foto: Archiv Griehl

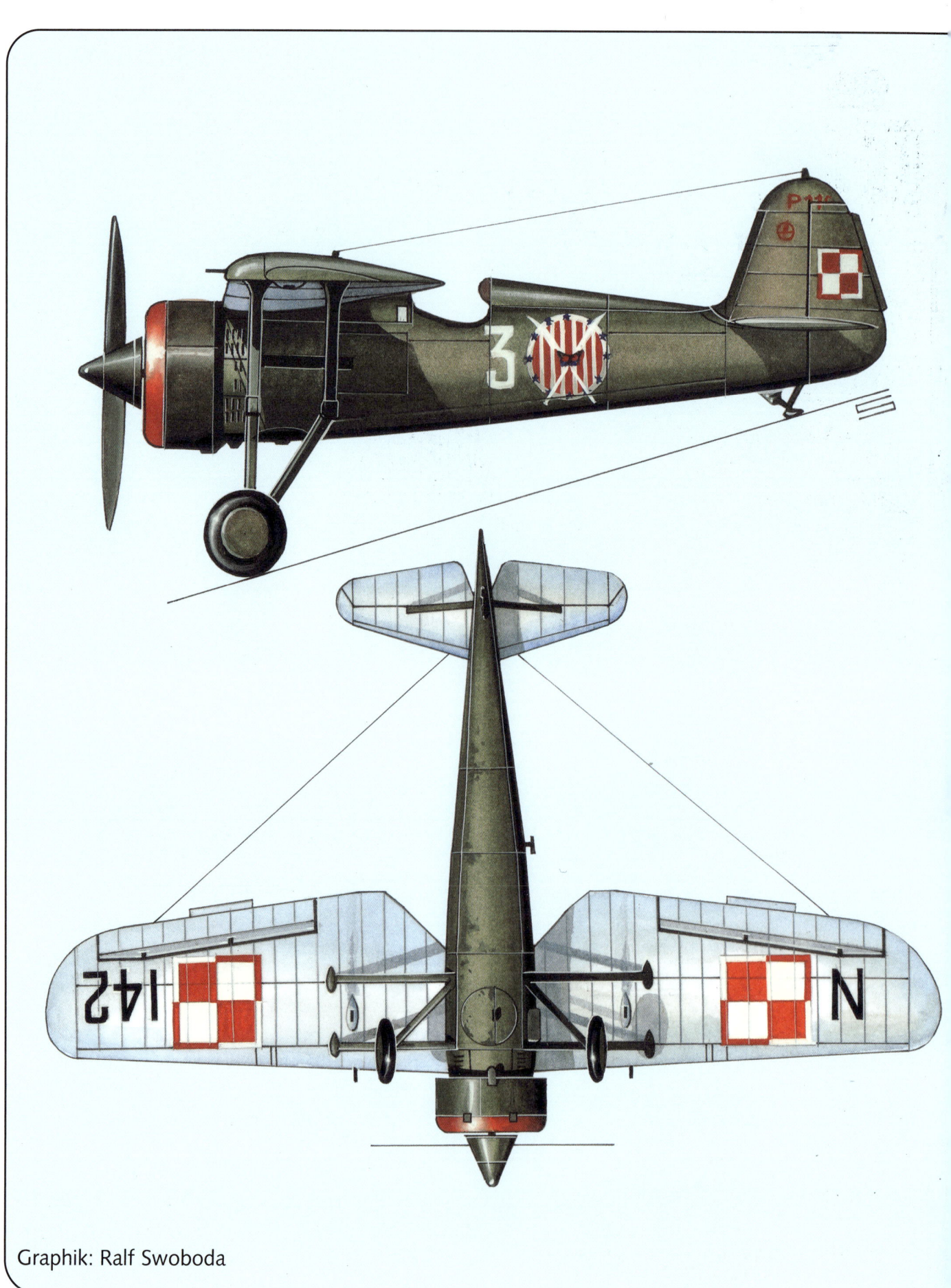

Graphik: Ralf Swoboda